高校实验室安全基础

主　编　朱莉娜　孙晓志
　　　　弓保津　李振花

天津大学出版社
TIANJIN UNIVERSITY PRESS

内 容 摘 要

本书作为高等学校实验室安全教育课程的配套教材,内容涵盖高等学校实验室安全的普适知识与技术、理工科专业实验室的专业安全知识、实验者安全意识培养及实验室安全管理等方面。全书共 14 章,主要包括绪论、化学品安全基础知识、实验室消防安全、实验室电气安全、实验室辐射安全、实验室仪器设备使用安全、化学实验操作安全、化工过程安全、实验室生物安全、实验事故应急处理、实验室废弃物的处理、特种设备安全、实验室信息安全及实验室安全管理等方面内容。本书具有内容全面、专业突出、理工兼备、与时俱进的特点。

本书可作为高等院校理工科相关专业的实验室安全课程配套教材,或作为高等学校各专业学生学习实验室安全知识及安全技术的参考书,亦可供科研人员和技术工作者及实验室管理人员参考使用。

图书在版编目(CIP)数据

高校实验室安全基础/朱莉娜等主编. —天津:天津大学
出版社,2014.5(2024.2 重印)
ISBN 978-7-5618-5046-6

Ⅰ.①高…　Ⅱ.①朱…　Ⅲ.①高等学校 – 实验室 – 安
全管理 – 教材　Ⅳ.①G642.423

中国版本图书馆 CIP 数据核字(2014)第 087140 号

出版发行	天津大学出版社
地　　址	天津市卫津路 92 号天津大学内(邮编:300072)
电　　话	发行部:022-27403647
网　　址	www. tjupress. com. cn
印　　刷	天津泰宇印务有限公司
经　　销	全国各地新华书店
开　　本	185mm×260mm
印　　张	15.5
字　　数	387 千
版　　次	2014 年 5 月第 1 版
印　　次	2024 年 2 月第 16 次
定　　价	39.00 元

本书编委会

主　编：朱莉娜　孙晓志　弓保津　李振花
副主编：唐向阳　杨　柳　侯德俊　余莉萍

序

    高等学校实验室是隶属于学校或依托学校管理,从事实验教学、科学研究、生产试验、技术开发及技术服务的实体,是全面实施素质教育、培养学生实验技能、提高创新和创业能力的重要场所,也是衡量学校综合实力、办学条件和管理水平的重要标志。随着我国高等教育事业不断向前发展,高等学校实验室的规模不断扩大,加之种类繁多的化学药品、易燃易爆物品、剧毒物品和仪器设备在实验室使用和保存,给实验室的安全管理工作提出了新的更高的要求。

    高等学校实验室安全管理工作直接关系到广大师生的身体健康和生命财产安全。在全国范围内,各高等学校虽已采取多种有效措施加强实验室安全管理,但各类安全事故仍时有发生,未能完全杜绝。2013年上半年,教育部及其他部门相继发布了多个关于加强实验室安全管理工作的文件。加强管理、保证实验室安全已成为大家高度关注的问题。

    发生在高等学校实验室的安全事故多种多样,但人为轻视、制度休眠和监督缺失被认为是导致实验室安全事故发生的最主要原因。如果将实验室安全工作视为一种文化来组织管理实施,发挥文化对个人影响和规范的作用,很多事故或许就可以避免,很多问题就能够迎刃而解。

    近年来,各高等学校高度重视实验室安全管理工作。天津大学在实验室安全管理工作中坚持"安全第一、预防为主"的方针,积极开展实验室安全文化活动,推进实验室安全文化建设。一是建设实验室安全意识文化。帮助师生树立自我保护意识,增强全员安全观念,培养及时发现实验室安全隐患的观察能力和处理安全事故的应急能力。二是建设实验室安全制度文化。强化制度建设,制定完善包括管理制度、监察制度和评价制度在内的实验室安全管理的规章制度,加强对已有制度落实情况的检查。三是建设实验室安全预警文化。为师生营造安全、规范的实验环境,配备可靠、稳定的防护设施,制定实用、全面的应急方案。

    为进一步营造尊重制度、敬畏生命、严谨求实的校园实验室安全文化,使实验室安全工作的重心前移,包括天津大学在内的国内部分高等学校开始推行实验室安全准入制度。所有学生进入实验室之前,必须参加学校组织的实验室安全知识培训和考试,考试合格并签订实验室安全责任书后,才能进入实验室学习和工作。

开设实验室安全课程是开展实验室安全教育的有效途径，天津大学也尝试建立实验室安全教育的课程体系。为了保证课程的顺利实施，学校多个部门密切配合，多次讨论修改，编写了《高校实验室安全基础》教材。教材内容涵盖高等学校实验室安全管理所涉及的消防安全、化学品安全、生物安全、辐射安全、特种设备安全以及安全事故应急处理等多个方面，对于进入实验室人员掌握安全知识、避免安全事故的发生，必将起到积极的作用。

希望通过本教材的出版，进一步促进实验室安全教育课程体系的建设，提升高等学校实验室安全文化建设水平。

李家俊

2014 年 3 月

前　言

　　天津大学一贯重视安全教育,在天津大学研究生院、教务处、资产处和保卫处的联合支持下,我们编写了本书。

　　本书共 14 章,内容分别是绪论、化学品安全基础知识、实验室消防安全、实验室电气安全、实验室辐射安全、实验室仪器设备使用安全、化学实验操作安全、化工过程安全、实验室生物安全、实验事故应急处理、实验室废弃物的处理、特种设备安全、实验室信息安全及实验室安全管理。内容涵盖了高校实验室安全教育与文化、实验室安全基本知识与技术、理工科专业实验室的专业安全知识、实验室安全管理等方面内容。本书可作为高等院校理工科相关专业的实验室安全课程配套教材,或作为高校各专业学生学习实验室安全知识及安全技术的参考书,亦可供科研人员和技术工作者及实验室管理人员参考使用。

　　全书较为全面地介绍了高等学校实验室安全的普适知识,内容既包括安全教育,又包括环保教育;既介绍"物防""技防"知识,又传授"人防"手段。同时,在编写中作者还特别针对事故多发的一些专业实验室,增加了其专业安全知识内容(如化学、化工、生物等专业)。因此本书具有普适性和专业性兼备、理工科兼备的特点,有较强的实用性。随着科技技术和信息技术的发展,实验室安全知识内容在不断更新。在编写过程中本书特别注意国内外高等学校实验室安全的新形势、新问题及安全防护措施的新改进和新方法,从中甄选出先进和实用的内容写入书中,努力使内容与时俱进。

　　特别感谢天津大学张力新教授,本书正是在张力新教授的策划和督促下完成的,同时张力新教授还对本书的编写提出了宝贵的建议。天津大学资产处的张社荣处长及贺强副处长、研究生院怀丽科长在本书编写过程中提供了有益的建议,在此表示感谢。在书稿资料收集和整理过程中还得到天津大学理学院赵恩琪老师和许延芳同志的帮助,在此表示感谢。本书在编写过程中参阅了很多国内外已经出版的实验室安全方面的书籍和资料,并从中借鉴了很多有益的内容,尽管我们对参考的文献尽量加注,但很难一一列出,在此一并表示感谢。也感谢天津大学出版社的同志为本书的顺利出版付出的辛勤劳动。

　　由于作者水平有限,错误之处在所难免,敬希同行专家和广大读者批评指正。

编者

2014 年 2 月

目　　录

第1章　绪论

高等学校实验室作为实践教学的基地,既是培训本科生、研究生实验能力及专业技能的重要场所又是培养学生创新能力和科研素质的重要基地,是高等教育"培养适应新世纪我国现代化建设需要的具有创新精神、实践能力和创业精神的高素质人才"的主要领域。

随着高等学校的快速发展,办学规模的不断扩大,实验室安全问题也日益严峻。近年来高等学校实验室安全事故频出,轻者造成实验仪器、设施损毁,实验进展终止;重者造成实验人员伤亡;同时对出事校方、院系也造成不良的社会影响。加强高等学校实验室安全工作刻不容缓。

1.1　实验室安全的重要性

1.1.1　实验室安全内涵

高等学校实验室安全涉及人身、化学品、防火防爆、用水用电、实验操作、仪器设备、辐射、危险废物处置及环保、病原微生物、科研成果保密、物质财产的防盗等诸多方面,是高等学校实验室建设与管理的重要组成部分,也是校园安全教育与文化的重要组成部分。

1.1.2　实验室安全的重要意义

1. 实验室安全是贯彻"以人为本"理念,保证师生人身安全的基本需要

高等教育"以人为本",高校的一切工作都是为学生服务的,学校以学生为主体,以教师为主导,"以人为本"是教学科、研工作的灵魂。高等学校实验室的主体是人。人的生命是最宝贵的社会财富,而人身安全则是人不同需求层次中最为基本、重要的一个。生命安全得不到保障还谈什么教学、科研?因此,保证实验室安全是尊重人、尊重生命、满足人性安全感的基本需要。在高等学校实验室安全建设中,保障人员的生命安全与健康是一切工作的出发点和立足点。因此,实验室必须首先建立一个安全的教学和科研实验环境,减少实验过程中发生灾害的风险,确保师生员工的安全与健康,"以人为本,生命至上"。

2. 实验室安全是保证高等学校教学、科研工作顺利开展的需要

高等学校担负着知识传播和创新两大任务,即教学和科研。高等学校实验室是高等学校完成实验教学任务的重要基地,也是科技创新的主要场所。实验室由于其自身功能的特殊性,不仅存在各种涉及水、电、气、高温、高压、低温、真空、高速、强磁、辐射等危险因素的仪器设备,往往还存放有大量易燃、易爆、有毒、有害的化学、生物药品或试剂,在客观上自身的不安全因素较多。在人员、设施、管理上稍有疏忽就可能发生实验室安全事故。一旦出现安全事故,教学工作或科研工作将会立即中断,甚至终止;仪器、资料可能损毁,为国家财产造成重大损失;当事师生人身安全可能受到威胁,也可能形成对专业的负面认识,这与高等教育教学、科研及服务社会的职责背道而驰。实验室安全无事故,才能为培养学生实验能力、保证教学任务的顺利完成以及进行科学研究创新提供重要平台。只有在安全、稳定、和谐的

实验环境下,师生才能精力充沛地投入教与学和科研创新工作中。

3. 实验室安全是高等教育改革与发展的需要

随着我国高等教育事业的迅猛发展和高等教育投入的不断增加,高等学校实验室呈现出设备、药品、技术密集特点。同时高等学校的扩招,使从事实验的本科生及研究生人数大幅增加,从事实验人员的安全素质良莠不齐,实验室安全管理人员相对较少及管理水平相对滞后。这些因素进一步使实验室的安全问题更加复杂而严峻。

在2012年教育部发布的《高等学校"十二五"科学和技术发展规划》中明确指出"高等教育是科技第一生产力和人才第一资源的结合点",要"进一步强化高校的基础研究主体地位和在知识创新体系建设中的重要作用",要"建设一批学科综合的高水平研究院和国家实验室","建设一批关键共性技术研发重大平台","建设一批国家工程(技术)研究中心、国家工程实验室"。高校作为科研创新的主体,其基础地位日益凸显,国家对高等学校科技投入将进一步加大,高等学校实验室中各种贵重、先进的仪器将越来越多。而科学研究试验本身具有探索性和未知性,具有潜在的危险性,实验室安全问题也是从事科学研究的风险问题。在当前实验项目不断增加,实验室开放性和人员流动性不断增强的情况下,保证实验室安全,减少实验研究工作风险,保障实验人员和仪器设备安全,才能实践高校实验室科技创新基地的功能,使国家财产免于损失,保证国家科技战略的实施。

4. 实验室安全是构建平安、和谐校园的需要

实验室一旦发生安全事故,事故责任人不仅可能致伤致残,给个人和家庭的生活造成严重影响;如果是由于自身的原因造成重大安全事故,事故责任人还将会受到行政和经济甚至刑事处罚,其工作和事业发展也会受到影响。事故也会给出事校方造成不良的社会影响,甚至会牵扯上官司和处罚。2008年美国加州大学洛杉矶分校(UCLA)学生S. Sangji在化学实验过程中被烧伤致死。S. Sangji的导师P. Harran和UCLA也因此牵扯上官司。安全稳定第一,安全问题无小事! 保证实验室安全是建设平安、和谐校园的必要条件。

5. 实验室安全是国家法律、法规的要求

为保证人身及财产安全,保护环境,国家出台了一系列安全环保政策法规(与实验室安全相关的法律、法规、规章可详见附录Ⅰ),如:《中华人民共和国安全生产法》《中华人民共和国放射性污染防治法》《中华人民共和国固体废弃物污染环境防治法》《危险化学品安全管理条例》《易制毒化学品管理条例》《生物安全实验室建筑技术规范》《实验室生物安全通用要求》等。国家教委还颁布了《高等学校实验室工作规程》《国家教育委员会关于加强学校实验室化学危险品管理工作的通知》等章程及通知。这些法律、法规、规章为高等学校实验室安全与环境治理工作提供了法律依据,也为高等学校制定相应的规章制度及实施细则提供了重要指南。

1.2 实验室常见安全事故类型及原因分析

1.2.1 实验室常见安全事故类型

高等学校实验室安全事故类型主要有火灾、爆炸、毒害污染、细菌或病毒感染、机械电气

伤人事故等。

1. 火灾

火灾在高校实验室事故案例中并不鲜见。其主要类型及直接诱因有如下几点。

（1）电气火灾，占实验室火灾的大多数。过载、短路、设备过热及违规操作是这类火灾发生的主要诱因。

（2）化学品火灾，主要是由于化学品使用或储存不当引起。由于许多化学品具有易燃、易爆性，一旦发生火灾，火势迅猛，难以控制，危害性大。

（3）操作不慎或违规吸烟使火源接触易燃物导致的火灾等。

事故案例：2011 年湖南某大学化学化工学院理学楼火灾，过火面积约 790 平方米，火灾直接财产损失 42.97 万元，未造成人员伤亡。起火原因是存放在储柜内的化学药品遇水自燃引起火灾。2008 年美国加州大学洛杉矶分校学生 S. Sangji 在化学实验过程中被烧伤致死。起火原因是未按正确操作规范使用叔丁基锂。

2. 爆炸

爆炸性事故多发生在具有易燃易爆化学品或存有压力容器的实验室，主要类型有可燃气体爆炸、化学品爆炸、活泼金属爆炸、高压容器爆炸、粉尘爆炸等。导致这类事故的主要原因有如下几点。

（1）操作不当，引燃易燃蒸气导致爆炸。

（2）搬运时使爆炸品受热、撞击、摩擦等激发引起爆炸。

（3）易燃易爆药品储存不当，造成泄漏引发爆炸。

（4）高压装置操作不当或使用不合格产品引发物理爆炸。

（5）在密闭或狭小容器中进行反应，反应产生的热量或大量气体难以释放导致爆炸。

（6）加错试剂，形成爆炸反应或形成爆炸混合物，引发爆炸。

（7）用普通冰箱储存闪点低的有机试剂引发冰箱爆炸。

（8）实验室火灾事故中引发的爆炸。

事故案例：2001 年广东某大学化工研究所实验室发生爆炸，两人大面积烧伤。事故原因是环氧乙烷、丙烯酸等化学药剂在加温聚合时突然发生了聚合实验中最凶险的"爆聚"。2006 年天津某高校药学实验室发生石油醚泄漏，冰箱电打火引发爆炸。

3. 毒害污染

毒害性事故多发生在涉化类实验室，有毒药品或反应产生的有毒物质的泄漏、外流是导致这类事故的主要原因，如以下几种情况。

（1）使用有毒试剂时，疏于防护或违规操作造成的急性或慢性中毒。

（2）操作失误造成的中毒。

（3）设备老化、故障及违规操作导致有毒物质泄漏引起的中毒污染事故。

（4）排风不利引起的有毒气体中毒污染。

（5）管理不善引起有毒物质的外流造成的污染或被犯罪分子用于投毒引发的毒害事故等。

（6）环保观念淡漠，随意排放实验废液、废气及固体废弃物造成的环境污染等。

事故案例：2008 年上海有机所某博士生在使用过氧乙酸的时候，没有带防护眼镜，结果过氧乙酸溅到眼睛,致使双眼受伤。2012年南京某大学发生5 L甲醛反应釜泄漏的事故,事故原因与实验者脱岗有关。2013年上海某大学医学院研究生黄某遭同室同学投毒致死。

4. 细菌或病毒感染

感染性事故多发生在生物或医药学实验室,主要有细菌或病毒感染、传染事故,外源生物或转基因生物违规释放对生物多样性、生态环境及人体健康产生潜在危害等。这类事故一旦发生,对人类健康及生活环境将产生极大的危害作用。引发这类事故的主要原因是实验人员的疏忽、仪器老化故障以及对实验废弃物处理不当等。

事故案例:2010年东北某大学28名师生在"羊活体解剖学实验"课程中患上了布鲁氏杆菌传染病。事故原因是使用4只未经检疫的山羊进行实验。

5. 机械电气伤人

机械电气伤人事故多发生在有高速旋转或冲击运动的机械实验室,或有带电作业的电气实验室。如:操作不当或缺失防护造成的挤压、甩抛及碰撞伤人;违规操作、设备老化或设备故障造成的触电、漏电等电击、电伤事故等。

事故案例:2005年南京某大学材料科学与技术学院医学物理专业大二学生曹某进行电工实验"三相异步电动机的继电接触器控制"时不慎触电,送医院抢救无效身亡。

6. 其他实验室安全事故

实验室还可能发生使用不当造成设备损坏的事故,管理不善或违规操作造成辐射或放射性污染的事故以及物品失窃、信息资料被盗、网络被黑客攻击等事故。

事故案例:2013年日本的核物理实验室发生放射性物质泄漏事故,据报道,受辐射的人员至少4人,最多可能达55人,事故是由实验装置故障引起的。

1.2.2 实验室安全事故原因分析

根据博德(Frank Bird)提出的现代事故因果连锁理论,事故的直接原因是人的不安全行为和物的不安全状态,基本原因是个人因素和工作条件,本质原因则是管理缺陷。实验室安全事故发生的原因可从人的不安全因素、物的不安全因素(指实验室的不安全环境)以及管理问题及缺陷三方面分析。

1. 人的不安全因素

人的不安全因素主要包括实验室中从事教学科研的师生和实验室人员安全意识淡薄,缺乏安全知识或技能,不遵守操作规程,不正确、规范操作,不当的个人防护,不良实验习惯,行为动机不正确,生理或心理有问题等因素。据英国健康保护机构(Health Protection Agency)报道,安全事故中90%是人为因素导致的。从根本上讲人的不安全因素在于实验室相关人员的安全观念不强,安全意识淡薄。

2. 物的不安全因素

实验室物的不安全因素包括实验室规划设计不合理,设备密集,危险化学生物试剂较多等。部分实验室还存在设施陈旧,设备、线路老化,实验室安全应急设施缺乏等因素。

3. 管理问题及缺陷

管理上的问题主要体现在两方面,一方面是安全管理制度不完善,奖罚不明;另一方面则是管理人员不足、不专业,或管理人员本身安全责任认识不够,对安全管理工作敷衍了事。

近年来,高等学校实验室建设步伐在不断加快,开放力度不断加大,但相应的实验室安全管理制度及安全操作规程却没有及时根据实验室的发展而调整完善,针对新情况的具体管理细则缺失,使实验室安全的某些方面出现了管理盲区。高等学校的迅速扩招,实验室的新建、扩建使实验室工作人员的相对数量出现紧缺,有时只能聘请临时工或学生等非专业人员管理实验室,他们缺乏相应的安全知识和技能,为实验室安全留下隐患。此外,缺乏事故责任追究制度,对安全事故奖惩不明,也使相关人员对安全工作不重视、流于形式。

1.2.3　实验室安全事故预防对策

墨菲法则(Murphy's Law)指出,只要存在发生事故的原因,不管其发生可能性有多小,事故就一定会发生,并且会造成最大可能的损失。对待实验室中的安全隐患,我们不能抱有任何侥幸心理!实验室工作要始终坚持"安全第一,预防为主"的基本原则,采取切实有效的措施,健全管理制度和操作规章,完善管理队伍建设,提升管理水平,加强管理,奖惩分明;改善硬件设施条件,消除实验室环境中物的不安全因素;而最重要和关键的措施,则是加强实验人员的安全教育工作,消除人的不安全行为。

1.3　实验室安全教育与文化

在实验室安全事故的发生和预防中,人为因素占据主要地位。要想有效地预防和控制实验室安全事故的发生,必须首先开展有效的实验室安全教育工作,通过教育与宣传让实验者本人提高自身的安全意识及认识,同时通过形式多样的教育培训使实验者具备基本的实验室安全知识、环保知识、安全技能及事故应急能力,以提高其安全素质,把安全第一的观念变为个人的自觉行动,进而培育整个实验室乃至校园的安全文化。

1.3.1　实验室安全教育的目的与内容概要

实验室安全教育的目的在于通过教育教学手段,提高实验者的安全意识及安全素质,使之掌握必要的安全知识和技能,减少和消除安全隐患及事故,掌握必要的逃生自救常识,一旦发生事故,能及时补救或正确逃生;通过教育也起到提高管理人员的责任感和处理事故能力的作用。

实验室安全教育既包括安全教育,又包括环保教育;既介绍"物防"、"技防"知识,又传授"人防"手段。其内容涵盖实验室安全文化与管理、实验室安全基本知识、实验室安全技术培训及实践、环保教育四大方面。具体内容则涉及实验室安全的重要性、化学危险品基础知识、消防知识与技术、实验室电气安全、生物安全、辐射安全、信息安全、常用及特种设备安全、实验操作安全、应急事故处理方法、实验废弃物的处理及实验室安全管理等多个方面。

1.3.2　实验室安全教育工作的必要性

1. 实验室安全教育是国家法律、法规的要求

《中华人民共和国高等教育法》《高等学校学生行为准则(试行)》《高等学校校园秩序管理若干规定》《普通高等学校学生安全教育及管理暂行规定》《高等学校内部保卫工作规定(试行)》《学生伤害事故处理办法》和《高等学校消防安全管理规定》等法律、法规,既明

确了学校在大学生安全教育和管理中的职责，又规定了大学生在安全教育与管理中应该享受的权利和必须履行的义务。这些法律、法规的颁布表明我国高等学校安全教育已经逐步纳入制度化、法制化的轨道。

2. 实验室安全教育是消除人的不安全行为隐患，提升安全管理水平的根本举措

人作为实验室活动或管理的主体，其本身的安全意识和安全素质是控制安全事故是否发生的决定因素。安全意识淡薄、违章操作、安全知识技能缺乏、管理不善是导致实验室安全事故发生的重要原因。因此保证实验室安全的根本之道是进行有效的安全教育与宣传，提高实验者及实验管理者本身的安全意识和安全素质！

另一方面，一个不容忽视的问题是：研究生作为高等学校科研的主力军和生力军多从事探索性实验，其本身就存在着潜在的危险性。近年来高等学校实验室事故的发生主体也多为研究生。就目前在高等学校科研一线工作的硕士、博士研究生而言，其中大多数在进入实验室前并没有接受过专门、专业的实验安全教育或培训，其实验安全防护知识往往来自实验室其他人员的简单传授和自身的操作实践。而实验室内张贴的有关实验室安全防护方面的规章制度和条文则成了"样子货"。在没有充分的实验安全认识和防护技术的情况下开展实验，事故往往在实验者麻痹大意和非规范操作中发生。将实验室安全教育纳入高校的教育教学体系，开展专业的实验室安全教育，实施严格的实验室准入制度，是保证这些人才顺利成长的基本要求。

3. 实验室安全教育是素质教育的需求

加强素质教育，培养全面发展的人才，已成为当前高等学校教育改革的主旋律，安全素质则是大学生及研究生综合素质中最基本的素质。通过实验室安全教育，不断提高学生的安全素质，使学生形成自觉的安全环保意识，将安全文化融入他们的生活、工作及社会活动中，这对个人、国家和社会都有重要的意义。

4. 实验室安全教育是高等教育国际化的要求

高等教育国际化是新时期国家对高等学校发展提出的要求，这就需要国内高等学校借鉴国际先进教育理念，引入国外优质教育资源，推动我国高等教育的发展。在实验室安全教育和校园安全文化建设方面，欧美国家及中国的香港、台湾的实验室安全管理和教育工作相对领先，值得我们借鉴。目前，中国内地很多高等学校对学生的实验室安全教育和培训不够重视，一些高等学校的实验室安全教育制度缺失，实验室安全教育流于形式，其实验室安全教育仅为实验操作前学生观看短暂的安全教育录像，安全教育工作相对滞后。而欧美及中国的香港、台湾的实验室实行严格的准入制度，把实验室安全教育和培训作为相关学科学生的必修课程，要求学生必须参加安全环保学习，成绩合格才准许进入实验室。因此，加强我国高等学校实验室安全教育，构建一个长效、科学的实验室安全教育体系，为学生及教职员工开展专业的实验室安全教育培训是当前我国高等学校国际化的必然要求。

1.3.3 实验室安全文化的培育

文化是人类能力的高度发展，是人类借训练与经验而促成的身心的发展、锻炼、修养，是人类社会智力发展的证据。实验室安全文化是高等学校在实验室安全管理实践中，经过长期积淀、不断总结完善形成的，为全体师生员工所认同的，并与学校文化有机融合的安全价值观、安全理念和行为准则，是师生员工在校园中对安全的意识、观念、态度、素养和能力等

的综合。其作用是从理念、制度、行为及环境等多方面影响师生员工,使其树立"以人为本,安全第一"的责任和意识,使实验者、决策者和管理者对安全的重视变成主动、内在的需要,而不是被规章制度强制的要求,自觉建立安全、健康、环保的实验室环境。对实验室安全文化的培育是高等学校构建成功、有效的实验室安全管理系统的基础,是高等学校校园安全文化建设的重要组成部分,也是"关爱生命,以人为本"教育理念的重要体现,更是高等教育发展的要求。

培育实验室安全文化,既要着眼于"物质",具体反映为实验室基础设施,仪器、设备质量,规章制度,实验条件和环境等;又要着眼于"精神",主要反映为安全理念、价值标准、行为规范、工作作风等。具体做法则可从以下四个方面整体结合推进。

1. 培育安全理念文化

安全理念是一种精神理念,可以通过"安全第一"的宣传教育、阶段性安全形势教育、安全事故警醒教育,同时结合演讲、征文、竞赛等多种方式,通过生动活泼、喜闻乐见的教育形式,潜移默化地对师生员工的理念、意识、态度、行为等形成从无形到有形的影响,使之树立正确的实验安全意识、态度、责任,并确立牢固的安全价值观、人生观等,从而在整个校园营造出良好的实验室安全文化氛围。

2. 培育安全行为文化

通过专业的教育、培训及实践演练等手段,提高师生员工的基本安全素质,安全技能以及自我保护、逃生自救的能力。用先进的安全观念、安全知识、安全技术、安全行为方式,培育、规范每一位师生员工。不仅使他们掌握正确的安全知识和技能,而且使其养成良好的安全习惯,形成共同的安全行为准则,使每一位师生员工都能在安全文化的约束下自觉地规范自己的安全行为,养成遵章守纪的习惯,变"要我保安全"为"我要保安全"。

3. 培育安全制度文化

把机制建设放在实验室安全管理实践过程中加以运用和把握,用发展的眼光,根据实验室软硬件条件、专业特点、实验者安全素质等情况,结合当前的实验室安全形势及未来的目标,不断对规章制度进行整合、完善,找出科学的、规律的东西,健全适应时代发展的安全目标、行为规范和规章制度,建立为广大师生员工所主动接受、自觉遵循的安全管理机制和行为规范。

4. 培育安全环境文化

要保证必要的投入,加快实验室硬件建设,推进先进的实验安全防护技术,探索现代安全管理手段,重视实验者的精神需要。通过不断改善实验室设施,提升实验室工作环境和人文环境,创造出整洁、健康、安全、和谐的实验室环境,使实验室中的每一个人能健康、快乐、敬业、进取地教与学和进行研究工作。促进实验室安全文化的形成,体现学校"以人为本"的核心价值观,激发师生的自豪感和凝聚力,提高学校教学、科研的竞争力。

居安思危,才能防患于未然!保障实验室安全需要每一个与实验室相关的人,包括学生、教师、实验员、管理者、决策者每日对安全工作的坚持。要从根本上重视实验室安全问题,通过健全规章制度、提高硬件设施及管理水平、加强安全教育、培育安全文化等多方面举措彻底消除安全隐患,创造一个安全、和谐的实验教学和科学研究环境。

主要参考文献及资料

[1] 李五一. 高等学校实验室安全概论[M]. 杭州:浙江摄影出版社,2006.

［2］ 何晋浙. 高校实验室安全管理与技术［M］. 北京：中国计量出版社，2009.

［3］ LISA MORAN，TINA MASCIANGIOLI. Chemical laboratory safety and security：A guide to prudent chemical management［M］. Washington，D. C. ：The National Academies Press，2010.

［4］ 黄晓玫. 高等学校实验室技术安全与环保教育手册［M］. 武汉：华中师范大学出版社，2011.

［5］ 彭冶，金钢. 高等学校实验室管理的法规和管理制度建设进展［J］. 法制与社会，2012，12（下）：194 – 196.

［6］ 钟茂华，魏玉东，范维澄，等. 事故致因理论综述［J］. 火灾科学，1999，8（3）：36 – 42.

第2章　化学品安全基础知识

目前世界上大约存在数百万种化学物质,常用的约7万种,每年有大约上千种新化学物质问世。可以说,现代社会中的每一个人都生活在化学物质的包围中,这其中有相当部分的化学物质具有反应性、燃爆性、毒性、腐蚀性、致畸性、致癌性等。若对化学品缺乏安全使用知识,在化学品的生产、储存、操作、运输、废弃物处置中防护不当,则有可能发生损害健康、威胁生命、破坏环境和损毁财产的事故。高等学校实验室中常常会涉及各种危险化学品的使用。学习、掌握危险化学品的知识对预防与化学品相关的实验室事故具有非常必要的作用。

2.1 危险化学品的概念和分类

2.1.1 危险化学品的概念

危险化学品是指具有毒害、腐蚀、爆炸、燃烧、助燃等性质,对人体、设施、环境具有危害的剧毒化学品和其他化学品(《危险化学品安全管理条例》中华人民共和国国务院令第591号,2011年)。

2.1.2 危险化学品的分类

我国现行的危险化学品分类标准是《危险货物分类和品名编号》(GB 6944—2005)和《化学品分类和危险性公示 通则》(GB 13690—2009),这两个标准在技术内容方面分别与联合国推荐的危险化学品或危险货物分类标准"橙皮书"和"紫皮书"一致(非等效)。"橙皮书"指《联合国关于危险货物运输的建议书 规章范本》,英文名称 *The UN Recommendations on the Transport of Dangerous Goods , Model Regulations*,简称 TDG;"紫皮书"指《全球化学品统一分类和标签制度》,英文名称 *Globally Harmonized System of Classification and Labelling of Chemicals*,简称 GHS。

《危险货物分类和品名编号》将化学品按其危险性或最主要的危险性划分为9个类别的21项。这9个类别分别为:①爆炸品;②气体;③易燃液体;④易燃固体、易于自燃的物质和遇水放出易燃气体的物质;⑤氧化性物质与有机过氧化物;⑥毒性物质和感染性物质;⑦放射性物质;⑧腐蚀性物质;⑨杂项危险物质和物品。

《化学品分类和危险性公示 通则》按理化危险、健康危险和环境危险将化学物质和混合物分为28个危险性类别,具体见表2.1。

表2.1　《化学品分类和危险性公示 通则》(GB 13690—2009) 对危险化学品的分类

理化危险	健康危险	环境危险
爆炸物	急性毒性	危害水生环境
易燃气体	皮肤腐蚀/刺激	(1)急性水生毒性
易燃气溶胶	严重眼损伤/眼刺激	(2)慢性水生毒性
氧化性气体	呼吸或皮肤致敏	
压力下气体	生殖细胞致突变性	
易燃液体	致癌性	
易燃固体	生殖毒性	
自反应物质或混合物	特异性靶器官系统毒性(一次接触)	
自燃液体	特定靶器官系统毒性(反复接触)	
自燃固体	吸入危险	
自热物质和混合物		
遇水放出易燃气体的物质或混合物		
氧化性液体		
氧化性固体		
有机过氧化物		
金属腐蚀剂		

2.2　化学物质的危险特性

化学物质有气、液、固三态,它们在不同状态下分别具有相应的化学、物理、生物、环境方面的危险特性。了解并掌握这些危险特性是进行危害识别、预防、消除的基础。

2.2.1　理化危险性

危险化学品的理化危险性主要体现在易燃性、爆炸性和反应性三方面。

1. 易燃性

燃烧是物质与氧化剂发生强烈化学反应并伴有发光发热的现象。物质燃烧的发生需要同时具备三个条件(燃烧三要素):可燃物(一定浓度的可燃气体或蒸气)、助燃物(氧化气氛,通常为空气)、着火源。

易燃物质是指在空气中容易着火燃烧的物质,包括固体、液体和气体。气体物质不需要经过蒸发,可以直接燃烧。固体和液体发生燃烧,需要经过分解和蒸发,生成气体,然后由这些气体成分与氧化剂作用发生燃烧。

下面是与物质易燃性相关的重要概念。

1)闪点

易燃或可燃液体挥发出来的蒸气与空气混合后,遇火源发生一闪即灭的燃烧现象被称作闪燃。发生闪燃的最低温度点称为闪点。闪点是表示易燃液体燃爆危险性的一个重要指标。从消防观点来说,液体闪点是可能引起火灾的最低温度。闪点越低,液体的燃爆危险性越大。

闪点的测试方法有两种,即闭杯闪点和开杯闪点。闭杯闪点的测定原理是把试样装入试验杯中,在连续搅拌下用很慢的、恒定的速度加热试样,在规定的温度间隔,同时中断搅拌的情况下,将一小试验火焰引入杯中,用试验火焰引起试样上的蒸气闪火时的最低温度作为闭杯闪点。开杯闪点测定原理是把试样装入试验杯中,首先迅速升高试样温度,然后缓慢升温,当接近闪点时,恒速升温,在规定的温度间隔,以一个小的试验火焰横着通过试杯,用试验火焰使液体表面上的蒸气发生点火的最低温度作为开杯闪点。一般闭杯闪点测得值低于开杯闪点。闭杯闪点方法较开杯闪点方法重现性及精密度高。

2）燃点

着火是指可燃物质在空气中受到外界火源或高温的直接作用,开始起火持续燃烧的现象。物质开始起火持续燃烧的最低温度点称为燃点或着火点。燃点越低,物质着火危险性越大。一般液体燃点高于闪点,易燃液体的燃点比闪点高 1 ~ 5 ℃。一闪即灭的火星不一定导致物质的持续燃烧。

3）着火源

凡能引起可燃物质燃烧的能量源统称为着火源(又称点火源)。包括明火、电火花、摩擦、撞击、高温表面、雷电等。

4）自燃点

自燃是指可燃物质在没有外部火花、火焰等点火源的作用下,因受热或自身发热并蓄热所产生的自行燃烧。使某种物质发生自燃的最低温度就是该物质的自燃点,也叫自燃温度。

5）助燃物

大多数燃烧发生在空气中,助燃物是空气中的氧气。但对由氧化剂驱动的还原性物质发生的燃烧和爆炸,氧气不一定是必需的。可作为助燃物的气体物质还可以是氯气、氟气、一氧化二氮等。液溴、过氧化物、硝酸盐、氯酸盐、溴酸盐、高氯酸盐、高锰酸盐等都可以作为助燃物。

从上述知识可知,阻止可燃物和点火源共存是消除火灾危险性的最好方法。有时阻止易燃液体向空气中挥发比较困难,这时,严格控制点火源则是控制危险的最好措施。

2. 爆炸性

爆炸是指化合物或混合物在热、压力、撞击、摩擦、声波等激发下,在极短时间内释放出大量能量,产生高温,并放出大量气体,在周围介质中造成高压的化学反应或物理状态变化。通常爆炸会伴随有强烈放热、发光和声响的效应。爆炸生成的高温高压气体会对它周围的介质做机械功,而导致猛烈的破坏作用。

下面是有关爆炸的一些重要概念。

1）物理爆炸

物理爆炸是由物理变化(温度、体积和压力等因素)引起的,在爆炸的前后,爆炸物质的性质及化学成分均不改变。如高压气体爆炸、水蒸气爆炸等。

2）爆炸性混合物爆炸及爆炸极限

可燃气体、可燃液体蒸气或可燃固体粉尘与空气混合后,其相对组成在一定范围内时,形成爆炸性混合物,遇点火源(如明火、电火花、静电等)即发生爆炸。把爆炸性混合物遇到着火源能够发生燃烧爆炸的浓度范围称为爆炸浓度极限(又称燃烧极限),该范围的最低浓度称为爆炸下限(LEL),最高浓度称为爆炸上限(UEL)。浓度低于爆炸下限,遇到明火既不会燃烧,又不会爆炸;高于爆炸上限,不会爆炸,但是会燃烧;只有在下限和上限之间时才会发生爆炸。可燃气体、易燃液体蒸气的爆炸极限一般可用其在混合物中的体积分数来表示。可燃粉尘的爆炸极限用 g/m^3 来表示,由于可燃粉尘的爆炸上限很高,一般达不到,所以通常只标明爆炸下限。爆炸下限小于10%,或爆炸上限和下限之差值大于等于20%的物质,一般称为易燃物质。如当温度升高或空气中的氧含量增加时,爆炸浓度范围会变宽;其他组分的存在(如惰性气体等)也会影响其范围。表2.2列出常见气体及蒸气的爆炸极限。

表 2.2 常见气体及蒸气的爆炸极限

气体名称	化学分子式	在空气中的爆炸极限/(%)	
		下限	上限
甲烷	CH_4	5.0	15.0
乙烷	C_2H_6	3.0	15.5
丙烷	C_3H_8	2.1	9.5
丁烷	C_4H_{10}	1.9	8.5
乙烯	C_2H_4	2.7	36
乙炔	C_2H_2	2.5	100
苯	C_6H_6	1.3	7.1
甲苯	$C_6H_5CH_3$	1.2	7.1
苯乙烯	$C_6H_5CHCH_2$	1.1	6.1
环氧乙烷	$(CH_2)O$	3.6	100
乙醚	$(C_2H_5)O$	1.9	36
甲醇	CH_3OH	6.7	36
乙醇	C_2H_5OH	3.3	19
丙酮	CH_3COCH_3	2.6	12.8
氢气	H_2	4.0	75
一氧化碳	CO	12.5	74
硫化氢	H_2S	4.3	45.5
氨气	NH_3	15	30.2
天然气		3.8	13
城市煤气		4.0	—

注:摘自《石油化工可燃气体和有毒气体检测报警设计规范》(GB 50493—2009)。

3)爆炸性物质爆炸

爆炸性物质爆炸是指易于分解的物质,由于加热或撞击而分解,产生突然汽化、放热的分解爆炸。爆炸性物质较爆炸性混合物爆炸时反应速度更快、压力更大、温度更高、机械功更大,其破坏力也更大。爆炸性物质爆炸可分为简单分解爆炸和复杂分解爆炸两种。引起简单分解爆炸的爆炸物在爆炸时并不一定发生燃烧反应,爆炸所需的热量,是由于爆炸物质本身分解时产生的。如:叠氮铅、乙炔银、乙炔铜、碘化氮、氯化氮等,这些物质具有直接分解生成其组成元素的稳定单质的爆炸现象。这类物质是非常危险的,受轻微震动即引起爆炸。复杂分解爆炸的危险性较简单分解爆炸低,物质在爆炸时伴有燃烧现象,燃烧所需的氧由本身分解供给。构成炸药的物质发生的即是复杂分解爆炸。如硝酸酯类,含多个硝基的化合物,重金属的高氯酸盐等。

4)核爆炸

核爆炸是由物质的原子核在发生"裂变"或"聚变"的连锁反应瞬间放出巨大能量而产生的爆炸,如原子弹、氢弹的爆炸就属于核爆炸。

5)起爆能

发生燃烧或爆炸所需的外界提供的最小能量被称作最小着火能量(或起爆能,MIE)。小于此能量,燃烧和爆炸将不能发生。

6)爆炸压力

可燃气体、可燃液体蒸气或可燃粉尘与空气的混合物及爆炸性物质在密闭容器中着火爆炸时所产生的压力称爆炸压力。爆炸压力的最大值称最大爆炸压力。最大爆炸压力越高,最大爆炸压力时间越短,最大爆炸压力上升速度越快,说明爆炸威力越大,该混合物或化学品越危险。

3.反应性

1)与水反应的物质

与水反应的物质是指那些和水反应剧烈的物质。例如碱金属、许多有机金属化合物及金属氢化物等,这些物质与水反应放出的氢气和空气中的氧气混合发生燃烧、爆炸。另外,无水金属卤化物(如三氯化铝)、氧化物(如氧化钙)、非金属化合物(如三氧化硫)及卤化物(如五氯化磷)会与水反应放出大量的热,造成危害。

2)发火物质

发火物质指即使只有少量物品与氧气或空气接触短暂时间(一般指不到 5 min)内便能燃烧的物质,如金属氢化物、活性金属合金、低氧化态金属盐、硫化亚铁等。

3)自反应物质

自反应物质指即使没有氧气(空气)也容易发生激烈的放热分解的热不稳定物质或混合物。

4)不相容的化学品

一些化学物质一旦混合就会发生剧烈反应,引起爆炸或释放高毒物质,或者二者皆有之。这些物质一定要分开存放,避免混存。氧化剂一定要与还原剂分开存放,即使其氧化性或还原性不强。例如:强还原物质钾、钠常用来去除有机溶剂中痕量的水,但却不能用于去除卤代烷烃中的水,因为虽然卤代烷烃的还原性很弱,但仍会和钾、钠反应。正是因为这个原因,不能用卤代烷烃灭火器灭除钾、钠火灾。附录Ⅱ列出了常用化学试剂及与之不相容的化学品。

2.2.2　健康危害性

实验室中大多数化学药品都有不同程度的毒性,会对人体产生健康危害。广义的毒性

（Toxicity）是指外源化学物质与机体接触或进入体内的易感部位后引起机体损害的能力,包括急性毒性、慢性毒性、腐蚀性、刺激性、致敏性、感染性、窒息性、神经毒性、生殖毒性、遗传毒性及致癌性等。

1. 健康危害性种类

1）急性毒性

急性毒性是指机体（人或实验动物）一次（或 24 h 内多次）接触外来化合物之后所引起的中毒甚至死亡效应。实验室常见的高急性毒性化学物质有丙烯醛、羰基镍、甲基汞、四氧化锇、氢氰酸、氰化钠、氟化氢等。

通常,在实验室进行实验时,因为用量很少,除非严重违反使用规则,否则不会由于一般性的药品而引起中毒事故。但是,对毒性大的物质,一旦用错就会发生事故,甚至会危及生命。因此,在化学品的使用中,必须关注其毒性危险因素,做好防护措施,遵照有关规定进行使用。

2）慢性毒性

慢性毒性是指长期接触毒性物质或染毒对机体所致的功能或结构形态的损害。慢性毒性是衡量蓄积毒性的重要指标。其症状可能不会立即出现,经过数月甚至数年才会表现。在实验室中长期接触重金属（如铅、镉、汞及其化合物等）及一些有机溶剂（如苯、正己烷、卤代烷烃等）往往会发生慢性中毒。

3）腐蚀性

腐蚀性指通过化学反应对机体接触部位的组织（如皮肤、肌肉、视网膜等）造成的不可逆性的组织损伤。化学实验室常见的腐蚀性物质有氨、过氧化氢、溴、浓酸、强碱、酚类、氢氟酸等。在操作这些物质时,需要确保皮肤、面部、眼睛得到充分保护。

4）刺激性

刺激性是指通过化学反应对机体的接触部位的组织造成的可逆性的炎症反应（红肿）。接触有刺激性的化学药品需要采取防护措施,将药品与皮肤、眼睛接触的可能性降至最小。

5）致敏性

致敏性是机体对材料产生的特异性免疫应答反应,表现为组织损伤和（或）生理功能紊乱。一些过敏反应非常迅速,接触几分钟机体就会发生反应;延迟性过敏则需要几小时甚至几天才发作。过敏通常发生在皮肤,如出现皮肤红肿、瘙痒;严重的如过敏性休克,是一种急性的、全身性的严重过敏反应,如果救治不及时,过敏者常在 5~10 min 死亡。因为极其微量的致敏性物质就能引发过敏性体质者的过敏反应,实验室工作人员应当对化学药品引发的过敏症状保持警觉。

6）窒息性

窒息性是指可使机体氧的供给、摄取、运送、利用发生障碍,使全身组织、细胞得不到或不能利用氧,而导致组织、细胞缺氧窒息,丧失功能,坏死。乙炔、二氧化碳、惰性气体、氮气、甲烷等都是常见的窒息性物质。一氧化碳、氰化物则可以与血红蛋白结合,使血液失去携氧能力,造成缺氧昏迷甚至死亡。

7）神经毒性

神经毒性指对中枢神经、周边神经系统的结构和功能有毒副作用,有些可恢复,有些会造成永久性伤害。许多神经毒素的伤害作用在短期内没有明显症状,容易被忽视。实验室可接触到的神经毒素有汞(包括有机汞和无机汞化合物)、有机磷酸酯、农药、二硫化碳、二甲苯等。

8)生殖毒性与生长毒性

生殖毒素是一种可以引起染色体变异或损伤的物质,它可以导致婴儿夭折或畸形。这类物质可以在生殖过程的多个层面引发问题,在某些情况下可导致不育。许多生殖毒素都是慢性毒素,它们只有在被多次或长时间接触时才能对人造成伤害,有些伤害只有经过了青春期之后才会慢慢显现出来。

生长毒素作用于孕妇的怀孕期并且对婴儿有很大伤害。一般在怀孕期前三个月作用最为明显,需要特别注意,尤其是容易通过皮肤迅速被吸收的物质,如甲酰胺,接触前一定要做好防护措施。

9)特异性靶器官系统毒性

特异性靶器官系统毒性物质包括大部分卤代烃、苯及其他芳香烃、金属有机化合物、氰化物、一氧化碳等,对机体的器官(肝脏、肾脏、肺等)会产生多种影响。

10)致癌性

致癌物即能导致癌症的物质。致癌物是慢性毒性物质,只有在多次或长时间接触后才会造成损伤,且具有潜伏性。很多研究中的新物质都未经过致癌性检测,在使用可能具有潜在致癌性的物质时,要进行适当保护。

2. 毒性物质侵入人体途径

毒害性物质主要通过消化道、呼吸道和皮肤三种途径入侵人体。其中多数物质被人吞食才会中毒。而一些物质,无论通过什么样的途径进入体内,都会对身体造成毒害。了解毒害性物质的入侵途径有助于做好针对性的防护措施。

1)通过消化道入侵

食入毒害性物质时,毒物会通过口腔进入食道、胃、肠,有毒物质会被口腔、胃部、肠道逐步吸收,其中大部分会被小肠吸收。如果这些器官发炎、溃疡或者感染了,那么它们的保护层就会吸收更多的有毒物质。具体吸收量还和当时肠胃里所含的食物种类以及质量有关。毒害性物质通过消化道入侵时,多数情况下都会导致立刻中毒,甚至会造成意外死亡。

2)通过呼吸道入侵

当通过口、鼻吸入空气中的毒害性物质时,鼻腔、咽喉和肺部会产生刺激。此外,这些毒素会直接进入我们的血液,快速游经大脑、心脏、肝脏以及肾脏等人体器官。人体吸入有毒化合物的毒量通常与毒物浓度、呼吸的频率和深度、肺部功能有关,患有哮喘或其他肺部疾病的人更易中毒。吸入中毒是一种更为常见的中毒方式,它比食入更有危害。通常情况下,肺部可将吸入的气体迅速吸收,而其中的灰尘、雾气以及微粒会被困在肺部。

3)通过皮肤入侵

有毒物质或其蒸气与皮肤接触时,可通过表皮屏障、毛囊,极少数通过汗腺进入皮下血管并传播到身体各部位。吸收的数量与毒物的溶解度、浓度、皮肤的温度、出汗等有关。当皮肤被烫伤、烧伤、割破时,有毒物质就更易入侵。

另外,毒物也会通过皮肤注射而进入体内。而有害物质溅入眼内,则会通过眼结膜或眼角膜吸收进入体内。

3. 量效关系

一种外源化学物质对机体的损害能力越大,其毒性就越高。外源化学物质毒性的高低仅具有相对意义。物质与机体的接触量、接触途径、接触方式及物质本身的理化性质是影响其对机体毒作用的因素,但在大多数情况下与机体接触的数量是决定因素。在某种意义上,只要达到一定的数量,任何物质对机体都具有毒性;如果低于一定数量,任何物质都不具有毒性。

一般用半数致死量(LD_{50})或半数致死浓度(LC_{50})来表示急性毒性的作用程度。LD_{50}(Lethal Dose 50)是指能杀死一半试验总体之有害物质、有毒物质或游离辐射的剂量,是描述有毒物质或辐射毒性的常用指标,常以 mg/kg 或 g/kg 为单位表示药剂对单位千克机体的作用。LC_{50}(Lethal Concentration 50)是指能杀死一半试验总体的毒物浓度,国际单位为 mg/L,也常用 ppm 为单位。一般来说,LD_{50} 或 LC_{50} 越高,表示外源化学物质的毒性越低。但对外源化学物质毒性的评价,不能仅以急性毒性高低来表示。一些外源化学物质的急性毒性是属于低毒或微毒,但却有致癌、致畸等毒作用。如近年来世界各国纷纷禁止将双酚 A 用于食品容器的加工制造中(双酚 A 也称 BPA,在工业上双酚 A 被用来合成聚碳酸酯(PC)和环氧树脂等材料,这些材料曾广泛用作食品容器材质),尽管双酚 A 的急性毒性很低,但却具有致癌性和生殖毒性。

4. 影响毒性作用的因素

物质的毒性与物质的溶解度、挥发性和化学结构等有关。一般而言,溶解度(包括水溶性或脂溶性)越大的有毒物质,其毒性越大,因其进入体内溶于体液、血液、淋巴液、脂肪及类脂质的数量多、浓度大,生化反应强烈所致。挥发性越强的有毒物质,其毒性越大,因其挥发到空气中的分子数多,浓度高,与身体表面接触或进入人体的毒物数量多,毒性大。物质分子结构与其毒性也存在一定关系,如脂肪族烃系列中碳原子数越多,毒性越大;含有不饱和键的化合物化学毒性较大。

2.2.3 环境危害性

1. 危害水生环境

一些化学物质可对水生环境产生急性或慢性毒性,其毒害性可能存在潜在的或实际的生物积累,最终将影响人类健康。

2. 危害臭氧层

一些化学物质,如卤化碳,会对大气平流层造成臭氧层消耗,从而使紫外线更多地辐射到地球表面,危害人体健康(如皮肤癌、白内障、免疫系统削弱等),减少作物产量及破坏海洋食物链等。

2.3 各类危险化学品简介

本节将参照《危险货物分类和品名编号》(GB 6944—2005)分类方法介绍各类危险化学品。

2.3.1 爆炸性物质

1. 定义和分类

爆炸性物质指自身能够通过化学反应产生气体,其温度、压力和速度高到能对周围造成破坏的固体或液体物质(或这些物质的混合物),也包括不放出气体的烟火物质。爆炸性物质按组成可分为爆炸化合物和爆炸混合物。

爆炸化合物具有一定的化学组成,在分子中含有某种活性基团(又称作爆炸基团),这些基团结构中多含有双键、三键或键长较长的单键,化学键活性高,不稳定,在外界能量的作用下很容易被活化,发生爆炸反应。对震动敏感的爆炸性化合物包括乙炔类化合物(如乙炔亚汞),叠氮类化合物(如叠氮铅),氮的卤化物(如三碘化氮),硝酸酯类,含多个硝基的化合物,高氯酸盐(尤其是重金属的高氯酸盐,如高氯酸钌、高氯酸铯),有机过氧化物及结构中带有重氮、亚硝基、臭氧基团的化合物等。

爆炸混合物是由两种或两种以上爆炸化合物,或性质不相容的两种化合物经机械混合而成的,例如硝铵炸药是以硝酸铵为其主要成分的粉状爆炸性机械混合物,是由硝酸铵再加入还原剂、有机物、易燃物(如硫、磷或金属粉末)等构成的;黑火药的成分是木炭、硫黄和硝酸钾;氢气和氯气的混合气体,光照可以引发其爆炸反应;在酸、碱存在下,丙烯醛会发生爆炸性的聚合反应等。

2. 危险特性

1)爆炸性强

爆炸性物质都具有化学不稳定性,在一定外界因素的作用下,会进行快速、猛烈的化学反应,一般在万分之一秒内完成化学反应,并放出爆炸能量。

2)敏感度高

热、火花、撞击、摩擦、冲击波、光、静电、特定的催化剂或杂质等都可能引发爆炸品发生爆炸反应。爆炸品的爆炸需要外界供给它一定的能量,即起爆能。一些化合物的起爆能非常低,十分敏感,稍有不慎即可引发爆炸。例如雷酸银,稍经触动即能发生爆炸。

3)破坏性大

爆炸时产生的大量热量由于来不及释放,会产生很高的温度,有时甚至高达数千度;同时产生的大量气体,形成高压,高温高压气体做功会对周围产生巨大的冲击波和破坏力。且绝大多数爆炸品爆炸时产生的 CO、HCN、CO_2、NO_2、NO、N_2 等气体具有毒性或窒息性,经呼吸道、皮肤、消化道吸收入人体后引起中毒。另外爆炸还容易引发次生灾害,如引发大面积的火灾,导致有毒有害化学品泄漏等。

3. 实验室中常见的爆炸品

1)高氯酸盐或有机高氯酸化合物

高氯酸盐主要用作火箭燃料、烟火中的氧化剂和安全气囊中的爆炸物。多数高氯酸盐可溶于水,因此在实验室中被广泛用于无机合成或金属有机合成。一般高氯酸盐对热和碰撞并不敏感,但许多重金属的高氯酸盐、有机高氯酸盐、有机高氯酸酯、高氯酸肼、高氯酸氟等极易爆炸。在还原性物质的存在下,操作任何一种高氯酸化合物均具有潜在的爆炸可能,因此操作时必须谨慎。近年来已发生多起实验室高氯酸类物质爆炸的事故,如某研究所化学工程师将高氯酸与有机化合物共热实验发生爆炸,造成该工程师爆炸性耳聋的事故。

2)硝酸酯类或含硝基的有机化合物

硝酸酯类物质及含多个硝基的有机化合物其燃爆危险性大,许多该类化合物被用作炸药。如:硝酸甘油、硝化棉、乙二醇二硝酸酯及黄色炸药三硝基甲苯(TNT)和苦味酸(TNP、PA)等。曾经发生过在蒸馏硝化反应物的过程中,当蒸至剩下很少残液时,突然发生爆炸的实验事故,因为在蒸馏残物中有多硝基化合物,具有爆炸性,故不能将其过分蒸馏。

3)叠氮化合物

有机和无机叠氮化合物均为叠氮酸衍生物。叠氮酸的重金属盐,如叠氮银(AgN_3)、叠氮铅($Pb(N_3)_2$)具有高度爆炸性。由于叠氮铅对撞击极为敏感,是起爆剂的重要成分。一般碱金属的叠氮酸盐无爆炸性,如叠氮钠,遇水会分解,释出水解产物叠氮酸(HN_3)。烷基叠氮化合物在室温较稳定,但加热易爆炸;温度升高可分解释出叠氮酸。芳基叠氮化合物为有色的,相对稳定的固体,撞击时易爆,熔化时可分解,释出叠氮酸。叠氮钠易和铅或铜急剧化合生成易爆炸的金属叠氮化合物。

4)重氮化合物

重氮化合物是一类由烷基与重氮基(—N≡N—)相连接而成的有机化合物,如重氮甲烷、重氮乙酸乙酯。重氮化合物大多具爆炸性,且多数有毒,对皮肤、黏膜等有刺激性。重氮化合物与碱金属接触或高温时可发生爆炸。常用的重氮化合物有重氮甲烷(CH_2N_2),CH_2N_2在有机合成上是一个重要的试剂,能够发生多种类型的反应,非常活泼,具有爆炸性,而且是一种有毒的气体,所以在制备及使用时要特别注意安全,反应时必须用光洁的玻璃仪器,不能使用磨口玻璃,因为玻璃磨口接头能引发重氮甲烷的爆炸性分解。

2.3.2 气体

1.定义和分类

属于危险化学品的气体符合下述两种情况之一:

(1)在50 ℃时,其蒸气压力大于300 kPa的物质;

(2)20 ℃时在101.3 kPa压力下完全是气体的物质。

本类危险化学品包括压缩、液化或加压溶解的气体和冷冻液化气体,一种或多种气体与一种或多种其他类别物质的蒸气的混合物,充有气体的物品和烟雾剂。

按危险特性可将本类化学品分为易燃气体、有毒气体和非易燃无毒气体三类。

1)易燃气体

易燃气体指在20 ℃时在101.3 kPa下与空气的混合物按体积分数占13%或更少时可点燃的气体;或不论易燃下限如何,与空气混合,燃烧范围的体积分数至少为12%的气体。此类气体极易燃烧,与空气混合能形成爆炸性混合物。在常温常压下遇明火、高温即会发生燃烧或爆炸。实验室中常见的可燃性气体包括氢气、甲烷、乙烷、乙烯、丙烯、乙炔、环丙烷、丁二烯、一氧化碳、甲醚、环氧乙烷、乙醛、丙烯醛、氨、乙胺、氰化氢、丙烯腈、硫化氢、二硫化碳等。常见气体及蒸气的爆炸极限见表2.2。

2)有毒气体

有毒气体指具有毒性或腐蚀性,对人类健康造成危害的气体。常见的有毒气体有光气、溴甲烷、氰化氢、磷化氢、氟化氢、氧化亚氮等。

3）非易燃无毒气体

本类气体的是指在 20 ℃ 时在不低于 280 kPa 压力下的压缩或冷冻的非上两类气体的其他气体,包括窒息性气体和氧化性气体。这类气体中的氧化性气体指能提供比空气更能引起或促进气体材料燃烧的气体(如纯氧等),为助燃气体,遇油脂能发生燃烧或爆炸。窒息性气体则会稀释或取代空气中的氧气,在高浓度时对人有窒息作用,如氮气、二氧化碳、惰性气体等。

2. 危险特性

1）膨胀爆炸性

由于压缩气体和液化气体是把气体经高压压缩贮藏于钢瓶内,无论是哪类气体处于高压下时,它们在受热、撞击等作用时均易发生物理爆炸。

2）易燃易爆性

在常用的压缩气体和液化气体中,超过半数是易燃气体。与易燃液体、固体相比,易燃气体更易燃烧,燃烧速度快,着火爆炸危险性大。

3）健康危害性

本类中的绝大多数气体对人体健康具有危害性,如毒性、刺激性、腐蚀性或窒息性。

4）氧化性

危险气体中很多具有氧化性,包括含氧的气体,如氧气、压缩空气、臭氧、一氧化二氮、二氧化硫、三氧化硫等;还包括不含氧的气体,如氯气、氟气等。这些气体遇到还原性气体或物质(如多数有机物、油脂等)易发生燃烧爆炸。在储存、运输和使用中要将这些气体与其他可燃气体分开,并远离有机物。

5）扩散性

气体由于分子间距大,相互作用力小,所以非常容易扩散。比空气轻的气体在空气中容易扩散,易与空气形成爆炸性混合物;比空气重的气体往往沿地面扩散,聚集在沟渠、隧道、房屋角落等处,长时间不散,遇着火源发生燃烧或爆炸。

3. 实验室常见气体及性质

1）氧气

氧气是强烈的助燃气体,高温下纯氧十分活泼;温度不变而压力增加时,可以和油类发生急剧的化学反应,并引起发热自燃,进而产生强烈爆炸。氧气瓶一定要防止与油类接触,瓶身严禁沾染油脂,并绝对避免让其他可燃性气体混入,禁止用(或误用)盛其他可燃性气体的气瓶来充灌氧气。氧气瓶禁止放于阳光暴晒的地方,应储存在阴凉通风处,远离火源,避免阳光直射。

2）氢气

氢气密度小,易泄漏,扩散速度很快,易和其他气体混合。氢气与空气的混合气极易引起自燃自爆,燃烧速度约为 2.7 m/s。在高压条件下的氢和氧,能够直接化合,因放热而引起爆炸;高压氢、氧混合气体冲出容器时,由于摩擦发热,或者产生静电火花,也可能引起爆炸。氢气应单独存放,最好放置在室外专用的小屋内,以确保安全,严禁放在实验室内,严禁烟火。

2.3.3 易燃液体

1. 定义和分类

易燃液体是指闭杯闪点小于或等于60 ℃时放出易燃蒸气的液体或液体混合物,或是在溶液或悬浮液中含有固体的液体。表2.3是实验室中常用到的易燃、可燃液体的闭杯闪点。

表 2.3 常见易燃、可燃液体的闪点

液体名称	闪点/℃	液体名称	闪点/℃
乙醚	−45	乙腈	6 开杯闪点
四氢呋喃	−14	甲醇	12
二甲基硫醚	−38	乙酰丙酮	34
二硫化碳	−30	乙醇	13
乙醛	−38	异丙苯	44
丙烯醛	−25	苯胺	70
丙酮	−18	正丁醇	29
辛烷	13	异丁醇	24
苯	−11	叔丁醇	11
乙酸乙酯	−4	氯苯	29
甲苯	4	1,4-二氧六环	12
环己烷	−20	石脑油	42
二戊烯(松油精)	46	樟脑油	47
醋酸戊酯	21	汽车汽油	−38
航空汽油	−46	柴油	66
煤油	38		

注:摘自 *Fire and explosion hazards handbook of industrial chemicals*。

易燃液体的分类标准较多。

《化学品分类、警示标签和警示性说明安全规范 易燃液体》(GB 20581—2006)将易燃液体按其闪点划分为以下4类:

第1类(极易燃液体和蒸气),闭杯闪点小于23 ℃和初沸点不大于35 ℃,如乙醚、二硫化碳等;

第2类(高度易燃液体和蒸气),闭杯闪点小于23 ℃和初沸点大于35 ℃,如甲醇、乙醇等;

第3类(易燃液体和蒸气),闭杯闪点不小于23 ℃和不大于60 ℃,如航空燃油等;

第4类(可燃液体),闭杯闪点大于60 ℃和不大于93 ℃,如柴油等。

2. 易燃液体危险特性

1)易燃性

易燃液体的闪点低,其燃点也低(高于闪点1～5 ℃),在常温下接触火源极易着火并持续燃烧。易燃液体燃烧是通过其挥发的蒸气与空气形成可燃混合物,达到一定的浓度后遇火源而实现的,实质上是液体蒸气与氧发生的氧化反应。由于易燃液体的沸点都很低,易燃液体很容易挥发出易燃蒸气,其着火所需的能量极小,因此,易燃液体都具有高度的易燃性。

2)蒸气的爆炸性

多数易燃液体沸点低于 100 ℃,具有很强挥发性,挥发出的蒸气易与空气形成爆炸性混合物,当蒸气与空气的比例在爆炸极限范围内时,遇火源会发生爆炸。挥发性越强的易燃液体,其爆炸危险性就越大。

3)热膨胀性

易燃液体和其他液体一样,也有受热膨胀性。储存于密闭容器中的易燃液体受热后,体积膨胀,蒸气压力增加,若超过容器的压力限度,就会造成容器膨胀,发生物理爆炸。因此,盛放易燃液体的容器必须留有不少于 5% 的空间,并储于阴凉处。

4)流动性

易燃液体的黏度一般都很小,本身极易流动。同时还会通过渗透、浸润及毛细现象等作用,沿容器细微裂纹处渗出容器壁外,并源源不断地挥发,使空气中的易燃液体蒸气浓度增高,增加了燃烧爆炸的危险性。

5)静电性

多数易燃液体是有机化合物,是电的不良导体,在灌注、输送、流动过程中能够产生静电。当静电积聚到一定程度时就会放电,引起着火或爆炸。

6)毒害性

易燃液体大多本身(或蒸气)具有毒害性。一般不饱和、芳香族碳氢化合物和易蒸发的石油产品比饱和的碳氢化合物、不易挥发的石油产品的毒性大。一些易燃液体还具有麻醉性,如乙醚,长时间吸入会使人失去知觉,发生其他灾害事故。

3. 实验室中常见易燃液体

1)乙醚

乙醚的分子式是 $(C_2H_5)_2O$,是无色透明液体,有特殊刺激气味,带甜味,极易挥发,易燃,低毒,闪点 -45 ℃,沸点 34.6 ℃,是一种用途非常广泛的有机溶剂,具有麻醉作用,可作为麻醉药使用。纯度较高的乙醚不可长时间敞口存放,否则其蒸气可能引来远处的明火起火。乙醚在空气的作用下被氧化成过氧化物、醛和乙酸,光线能促进其氧化。蒸馏乙醚时不可过尽,蒸发残留物中的过氧化物加热到 100 ℃ 以上时能引起强烈爆炸。乙醚与硝酸、硫酸混合发生猛烈爆炸,曾发生过用盛放乙醚的试剂空瓶装浓硝酸发生爆炸的事故。应将乙醚贮于低温通风处,远离火种、热源,与氧化剂、卤素、酸类分储。

2)丙酮

丙酮的分子式是 C_3H_6O,也称作二甲基酮。是无色液体,有特殊气味,辛辣甜味,易挥发,易燃,闪点 -20 ℃,沸点 56.05 ℃,能溶解醋酸纤维和硝酸纤维,低毒,属易制毒化学品。丙酮反应活性高,其蒸气与空气可形成爆炸性混合物,遇明火、高热极易燃烧爆炸。与氧化剂能发生强烈反应。其蒸气比空气重,能在较低处扩散到相当远的地方,遇火源会着火回燃。若遇高热,容器内压增大,有开裂和爆炸的危险。丙酮应储存于密封的容器内,置于阴凉干燥通风良好处,远离热源、火源和有禁忌的物质。

3）甲苯

甲苯的分子式是 $C_6H_5CH_3$，是一种无色带特殊芳香气味的易挥发液体，闪点 4.4 ℃，沸点 110.63 ℃，易燃，低毒，高浓度的蒸气有麻醉性、刺激性。其蒸气与空气可形成爆炸性混合物，遇明火、高热能引起燃烧爆炸，由于其蒸气比空气重，因此能在较低处扩散到相当远的地方，遇火源会着火回燃。与氧化剂能发生强烈反应。流速过快容易产生和积聚静电。甲苯是芳香族碳氢化合物的一员，很多性质与苯相似，常常替代苯作为有机溶剂使用；是一种常用的化工原料，同时也是汽油的一个组成成分。应储存于阴凉、通风的库房。远离火种、热源，应与氧化剂分开存放。

2.3.4 易燃固体、易于自燃的物质和遇水放出易燃气体的物质

1. 易燃固体

易燃固体是指燃点低，对热、撞击、摩擦、高能辐射等敏感，易被外部火源点燃，燃烧迅速，并可能散发出有毒烟雾或有毒气体的固体，但不包括已列入爆炸品的物质。常见易燃固体有红磷与含磷化合物，如三硫化四磷、五硫化二磷等；硝基化合物，如二硝基苯，二硝基萘等；亚硝基化合物，如亚硝基苯酚等；易燃金属粉末，如镁粉、铝粉、钍粉、锆粉、锰粉等；萘及其类似物，如萘、甲基萘、均四甲苯、茋烯、樟脑等；其他如氨基化钠、重氮氨基苯、硫黄、聚甲醛、苯磺酰肼、偶氮二异丁腈、氨基化锂等。

1）危险特性

（1）易燃性。易燃固体的着火点都比较低，一般都在 300 ℃ 以下，在常温下很小能量的着火源就能引燃易燃固体发生燃烧。有些易燃固体在受到摩擦、撞击等外力作用时也能引起燃烧。

（2）爆炸性。绝大多数易燃固体与酸、氧化剂，尤其是与强氧化剂接触时，能够立即引起着火或爆炸。易燃固体粉末与空气混合后容易发生粉尘爆炸，如硫粉及易燃金属粉末等。

（3）毒害性。很多易燃固体本身具有毒害性，或燃烧后产生有毒物质。

2）实验室中常见的易燃固体

（1）硫黄，别名硫、胶体硫、硫黄块。外观为淡黄色脆性结晶或粉末，有特殊臭味，闪点为 207 ℃，熔点为 119 ℃，沸点为 444.6 ℃，硫黄难溶于水，微溶于乙醇、醚，易溶于二硫化碳。硫黄易燃，与氧化剂混合能形成爆炸性混合物，与卤素、金属粉末等接触后也会发生剧烈反应，粉尘或蒸气与空气或氧化剂混合后就会形成爆炸性混合物。硫黄为不良导体，在储运过程中易产生静电荷，可导致硫尘起火。硫黄本身低毒，但其蒸气及固体燃烧后产生的二氧化硫对人体有剧毒。

（2）氨基化钠，别名氨基钠，分子式 $NaNH_2$，室温下为白色或浅灰色（带铁杂质）固体，有氨的气味，熔点 208 ℃，沸点 400 ℃，在空气中易氧化，易燃，有腐蚀性和吸湿性，能与水强烈反应生成氢氧化钠和氨。在遇高热、明火、强氧化剂或受潮时均可产生爆炸。粉状固体飘浮于空气中时，容易形成爆炸性粉尘。氨基钠变成黄色或棕色后，表示已经有氧化产物生成，不可再用，否则可能发生爆炸。因此，氨基钠应该用时制备，不要久贮。在贮存或使用时，应注意防水，打开盖子时盖口不要对着脸部。

2. 易于自燃的物质

易于自燃的物质指自燃点低，在空气中易发生氧化反应，放出热量，而自行燃烧的物质，

22

包括发火物质和自热物质两类。发火物质是指与空气接触不足 5 min 便可自行燃烧的液体、固体或液体混合物。自热物质是指与空气接触不需要外部热源便自行发热而燃烧的物质。常见的这类物质有黄磷、还原铁、还原镍以及金属有机化合物三乙基铝、三丁基硼等。另外,一些含有不饱和键化合物,如油脂类物质可在空气中氧化积热不散而引起自燃。

1)危险特性

(1)自燃性。自燃性物质都是比较容易氧化的,接触空气中的氧时会产生大量的热,积热达到自燃点而着火、爆炸。同时,潮湿、高温、包装疏松、结构多孔(接触空气面积大)、助燃剂或催化剂存在等因素,可以促进发生自燃。

(2)化学活性。自燃物质一般都比较活泼,具有极强的还原性,遇氧化剂可发生激烈反应、爆炸。

(3)毒害性。有相当部分自燃物质本身及其燃烧产物不仅对机体有毒或剧毒,还可能有刺激、腐蚀等作用,如黄磷、亚硝基化合物、金属烷基化合物等。

2)实验室中常见的自燃物质

(1)黄磷,又叫白磷,为白色至黄色蜡性固体,熔点 44.1 ℃,沸点 280 ℃,密度 1.82 g/cm^3,着火点是 40 ℃,特臭,剧毒,人吸入 0.1 g 白磷就会中毒死亡。性质活泼,极易氧化,燃点特别低,一经暴露在空气中很快引起自燃,必须放置在水中保存,远离火源、热源。其燃烧的产物五氧化二磷也为有毒物质,遇水还能生成磷酸,对皮肤有腐蚀作用。在使用黄磷时,要注意防护,不能用手指或其他部位皮肤与它接触。

(2)三乙基铝,化学式为 $Al(C_2H_5)_3$,无色透明液体,具有强烈的霉烂气味,熔点 −52.5 ℃,闪点 < −52 ℃,沸点 194 ℃,溶于苯。化学性质活泼,能在空气中自燃,遇水即发生爆炸,也能与酸类、卤素、醇类和胺类起强烈反应。主要用于有机合成,也用作火箭燃料。极度易燃,具强腐蚀性、强刺激性,主要损害呼吸道、眼结膜和皮肤,高浓度吸入可引起肺水肿,皮肤接触可致灼伤、充血、水肿和起水泡,疼痛剧烈。储存时必须用充有惰性气体或特定的容器包装,包装要求密封,不可与空气接触,储存于干燥阴凉通风处,远离火种、热源。应与氧化剂、酸类、醇类等分开存放,切忌混储。取用时必须对全身进行防护。

3.遇水放出易燃气体的物质

遇水放出易燃气体的物质又称遇湿易燃物质,指遇水或受潮时,发生剧烈化学反应,易变成自燃物质或放出危险数量的易燃气体和热量的物质。有些甚至不需明火,即能燃烧或爆炸。常见该类物质有活泼金属锂、钠、钾、锶等及其氢化物、碳化物,磷化钙、磷化锌,碳化钙、碳化铝等,这些物质通常显示自燃倾向,易引起燃烧或爆炸,危险性很大。还有一些物质较上述物质危险性小,可引起燃烧或爆炸,但不常引起自燃或自发爆炸,如氢化钙、锌粉、保险粉(连二亚硫酸钠)等。

1)危险特性

(1)遇水易燃性。这是这类物质的共性。遇水、潮湿空气、含水物质可剧烈反应,放出易燃气体和大量热量,引起燃烧、爆炸,或可形成爆炸性混合气体,从而造成危险。

(2)遇氧化剂、酸反应更剧烈。除遇水剧烈反应外,也能与酸类或氧化剂发生剧烈反应,且反应更加剧烈,燃烧爆炸的危险性更大。

(3)自燃危险性。磷化物,如磷化钙、磷化锌,遇水生成磷化氢,在空气中能自燃,且有毒。

（4）毒害性和腐蚀性。一些遇水放出易燃气体的物质本身具有毒性或放出有毒气体。由于易与水反应，故对机体有腐蚀性，使用这类物质时应防接触皮肤、黏膜，以免灼伤，取用时要戴橡皮手套或用镊子操作，不可直接用手拿。

2）实验室中常见的遇水放出易燃气体的物质

（1）金属钠、钾。钠，熔点 97.81 ℃，沸点 882.9 ℃；钾，熔点 63.25 ℃，沸点 760 ℃。钠、钾均为银白色金属，质软而轻，密度比水小。钾和钠化学性质非常相似，均具有强还原性，能和大量无机物、绝大部分非金属单质、大部分有机物反应，在空气中暴露会迅速氧化。钠、钾物质与水反应，会放出氢气和热量而引起着火、燃烧或爆炸，具有很高的危险性。金属钠或钾等物质与卤化物反应，往往会发生爆炸。金属钠、钾需密封保存。一般实验室将钠或钾保存在盛有液体石蜡的玻璃瓶中并将瓶子密封，在阴凉处保存。处理不用的废金属钠时，可把它切成小片投入过量乙醇中使之反应，但要注意防止产生的氢气着火。处理废金属钾时，则须在氮气保护下，按同样的操作进行处理。

（2）氢化铝锂，化学式为 $LiAlH_4$，是有机合成中非常重要的还原剂。纯的氢化铝锂是白色晶状固体，在干燥空气中相对稳定，但遇水即发生爆炸性反应。其粉末在空气中会自燃，但大块晶体不易自燃。加热至 125 ℃ 即分解出氢化锂和金属铝，并放出氢气。在空气中磨碎时可发火。受热或与湿气、水、醇、酸类接触，即发生放热反应并放出氢气而燃烧或爆炸。与强氧化剂接触猛烈反应而爆炸。本品对黏膜、上呼吸道、眼和皮肤有强烈的刺激性，可引起烧灼感、咳嗽、喘息、喉炎、气短、头痛、恶心、呕吐等。可发生因吸入导致喉及支气管的痉挛、炎症、水肿、化学性肺炎或肺水肿而致死的情况。由于氢化铝锂具有高度可燃性，储存时需密封防潮、隔绝空气和湿气、充氮气并在低温下保存。使用时需全身防护，且必须佩戴防毒面具，以防吸入粉尘。

2.3.5 氧化性物质和有机过氧化物

1. 氧化性物质

氧化性物质是指本身不一定可燃，但通常能分解放出氧或起氧化反应而可能引起或促进其他物质燃烧的物质。氧化性物质具有较强的获得电子能力，有较强的氧化性，氧化剂对热、震动或摩擦较敏感，遇酸碱、高温、震动、摩擦、撞击、受潮或与易燃物品、还原剂等接触能迅速反应，引发燃烧、爆炸危险，与松软的粉末状可燃物能组成爆炸性化合物。

凡品名中有"高""重""过"字，如高氯酸盐、高锰酸盐、重铬酸盐、过氧化物等都属于氧化剂。此外，碱金属和碱土金属的氯酸盐、硝酸盐、亚硝酸盐、高氧化态金属氧化物以及含有过氧基（—O—O—）的无机化合物也属于此类物质。

2. 有机过氧化物

有机过氧化物是指分子组成中含有过氧基（—O—O—）的有机物质，该类物质为热不稳定物质，可能发生放热的自加速分解。所有的有机过氧化物都是热不稳定的，易分解，并随温度升高分解速度加快。本身易燃、易爆、极易分解，对热、震动和摩擦极为敏感。具有较强的氧化性，遇酸、碱、还原剂可发生剧烈的氧化还原反应，遇易燃品则有引起燃烧、爆炸的危险。分子中的过氧键一般不稳定，有很强的氧化能力，容易发生断裂生成两个 RO·，可引发自由基反应，其蒸气与空气会形成爆炸性的混合物。过氧键对重金属、光、热和胺类敏感，能发生爆炸性的自催化反应。有些有机过氧化物具有腐蚀性，尤其对眼睛。常见的有机过氧化物有过氧化二苯甲酰、过氧化二异丙苯、叔丁基过氧化物、过氧化苯甲酰、过甲酸、过氧化环己酮等。

3. 危险特性

1）强氧化性

氧化剂和有机过氧化物最突出的特性是具有较强的获得电子能力，即强的氧化性、反应性。无论是无机过氧化物还是有机过氧化物，结构中的过氧基易分解释放出原子氧，因而具有强的氧化性。氧化剂中的其他物质则分别含有高氧化态的氯、溴、碘、氮、硫、锰、铬等元素，这些高氧化态的元素具有较强的获得电子能力，显示强的氧化性。在遇到还原剂、有机物时会发生剧烈的氧化还原反应，引起燃烧、爆炸，放出反应热。

2）易分解性

氧化剂和有机过氧化物均易发生分解放热反应，引起可燃物的燃烧爆炸。尤其是有机过氧化物本身就是可燃物，易发生放热的自加速分解而迅速燃烧、爆炸。

3）燃烧爆炸性

氧化剂多数本身是不可燃的，但能导致或促进可燃物燃烧。有机过氧化物本身是可燃物，易着火燃烧，受热分解后更易燃烧爆炸。有机过氧化物比无机氧化剂具有更大的火灾危险性。同时两者的强氧化性使之遇到还原剂和有机物会发生剧烈反应引发燃烧爆炸。一些氧化剂遇水易分解放出氧化性气体，遇火源可导致可燃物燃烧。多数氧化剂和有机过氧化物遇酸反应剧烈，甚至发生爆炸，尤其是碱性氧化剂，如过氧化钠、过氧化二苯甲酰等。

4）敏感性

多数氧化剂和有机过氧化物对热、摩擦、撞击、震动等极为敏感，受到外界刺激，极易发生分解、爆炸。

5）腐蚀毒害性

一些氧化剂和有机过氧化物具有不同程度的毒性、刺激性和腐蚀性，如重铬酸盐，既有毒性又会灼伤皮肤，活泼金属的过氧化物则具有较强的腐蚀性。多数有机过氧化物具有刺激性和腐蚀性，容易对眼角膜和皮肤造成伤害。

4. 实验室中常见氧化性物质和有机过氧化物

1）过氧化氢

过氧化氢化学式 H_2O_2，是除水外的另一种氢的氧化物，一般以 30% 或 60% 的水溶液形式存放，其水溶液一般称为双氧水。过氧化氢有很强的氧化性，且具弱酸性。低浓度的双氧水可用于消毒。浓的双氧水具有腐蚀性，其蒸气或雾会对呼吸道产生强烈刺激，眼直接接触可致不可逆损伤甚至失明，口服中毒则会导致多种器官损伤，长期接触本品可致接触性皮炎。过氧化氢本身不可燃，但能与可燃物反应放出大量热量和氧气而引起着火爆炸。过氧化氢在 pH 值为 3.5～4.5 时最稳定。碱性条件、重金属（如铁、铜、银、铅、汞、锌、钴、镍、铬、锰等）的氧化物或盐、粉尘、杂质、强光照等都会诱发、催化其分解，当遇到有机物，如糖、淀粉、醇类、石油产品等物质时会形成爆炸性混合物，在撞击、受热或电火花作用下能发生爆炸。过氧化氢应贮存于密封容器中，置于阴凉、避光、清洁、通风处，远离火源、热源，避免撞击、倒放。应与易燃或可燃物、还原剂、碱类、金属粉末等分开存放，避免与纸片、木屑等接触。

2）过氧化二苯甲酰

过氧化二苯甲酰化学式为 $[C_6H_5C(O)O]_2$，简称 BPO，是一种有机过氧化物，强氧化剂，白色结晶，有苦杏仁气味，熔点 $103 \sim 106\ ℃$（分解）。溶于苯、氯仿、乙醚、丙酮、二硫化碳，微溶于水和乙醇。性质极不稳定，摩擦、撞击、遇明火、高温、硫及还原剂，均有引起爆炸的危险。对皮肤有强烈的刺激和致敏作用，刺激黏膜。储存时应注入 $25\% \sim 30\%$ 的水，避免光照和受热，勿与还原剂、酸类、醇类、碱类接触。

2.3.6　毒性物质和感染性物质

1．毒性物质

毒性物质是指经吞食、吸入或皮肤接触后可能造成死亡、严重受伤或健康损害的物质。如氰化钾、氯化汞、氢氟酸等。

毒性物质的毒性分为急性口服毒性、皮肤接触毒性和吸入毒性。分别用口服毒性半数致死量 LD_{50}、皮肤接触毒性半数致死量 LD_{50}、吸入毒性半数致死浓度 LC_{50} 衡量。

毒性物质的认定标准如下。

经口摄取半数致死量：固体 $LD_{50} \leqslant 200\ mg/kg$，液体 $LD_{50} \leqslant 500\ mg/kg$。

经皮肤接触 24 h 半数致死量：$LD_{50} \leqslant 1\ 000\ mg/kg$。

粉尘、烟雾吸入半数致死浓度：$LC_{50} \leqslant 10\ mg/L$ 的固体或液体。

2．感染性物质

感染性物质指含有病原体的物质，包括生物制品、诊断样品、基因突变的微生物、生物体和其他媒介，如病毒蛋白、病毒株、病理样品、使用过的针头等。有关感染性物质的安全知识详见第 9 章。

3．毒性物质的分类

毒性物质化学属性可分为无机毒性物质和有机毒性物质两类。

1）无机毒性物质

常见的无机毒性物质包括：有毒气体，如卤素、卤化氢、氢氰酸、二氧化硫、硫化氢、氨、一氧化碳等；氰化物，如 KCN、NaCN 等；砷及其化合物，如 As_2O_3；硒及其化合物；如 SeO_2；其他，如汞、锑、铍、氟、铊、铅、钡、磷、碲、铊及其化合物。

2）有机毒性物质

常见的有机毒性物质包括：卤代烃及其卤化物类，如氯乙醇、二氯甲烷、光气等；有机金属化合物类，如二乙基汞、四乙基铅、硫酸三乙基锡等；有机磷、硫、砷及腈、胺等化合物类，如对硫磷、丁腈等；某些芳香环、稠环及杂环化合物类，如硝基苯、糠醛等；天然有机毒品类，如鸦片、尼古丁等；其他有毒物质，如硫酸二甲酯、正硅酸甲酯等。

4．毒性物质的危险特性

1）毒性

毒性是这类物质的主要特性。无论通过口服、吸入，还是皮肤吸入，毒性物质侵入机体后会对机体的功能与健康造成损害，甚至死亡。毒性物质溶解性越好，其危害越大。这里指的溶解性不仅包括水溶性还包括脂溶性。如易溶于水的氯化钡对人体危害大，而难溶的硫酸钡则无毒；具有致癌，生殖、遗传毒性的二噁英就是脂溶性毒害品。多数有机毒害品挥发性较强,容易引起吸入中毒,尤其需要注意无色、无味的有毒物质。对于固体毒物颗粒越小,分散性越好,越容易通过呼吸道和消化道进入体内。

2)隐蔽性

有相当部分的毒性物质没有特殊气味和颜色,容易和面粉、盐、糖、水、空气等混淆,不易识别和防范。如氰化银,为白色粉末,无臭无味;铊盐溶液为无色透明状液体,容易和水混淆;一氧化碳为无色无味气体等。另一些毒性物质,如苯、四氯化碳、乙醚、硝基苯等蒸气久吸会使人嗅觉减弱,使人放松警惕。

3)易燃易爆性

目前列入危险品的毒害品有 500 多种,有火灾危险的占其总数近 90%。这些毒害品遇火源和氧化剂容易发生燃烧、爆炸。对于含硝基和亚硝基的芳香族有机化合物遇高热、撞击等都可能引起爆炸并分解出有毒气体。

4)遇水、遇酸反应

大多数毒害品遇酸或酸雾,会放出有毒的气体,有的气体还具有易燃和自燃危险性,有的甚至遇水会发生爆炸。

5. 实验室中常接触到的毒性物质

1)一氧化碳

一氧化碳(CO)纯品为无色、无臭、无刺激性的气体,分子量 28.01,密度 1.250 g/L,冰点 -207 ℃,沸点 -190 ℃,与空气混合能形成爆炸性混合物,遇火星、高温有燃烧爆炸危险,空气混合爆炸极限为 12.5% ~74%。一氧化碳具有毒性,进入人体之后会和血液中的血红蛋白结合,进而使血红蛋白不能与氧气结合,从而引起机体组织出现缺氧,导致人体窒息死亡,其直接致害浓度为 1 700 mg/m³。由于一氧化碳是无色、无味的气体,因此容易发生忽略而致中毒的事故。

2)氰化钠

氰化钠,俗称山奈、山奈钠,化学式为 NaCN,是氰化物的一种。为白色结晶粉末或大块固体,极毒,吸湿而带有苦杏仁味,能否嗅出与个人的基因有关。氰化钠强烈水解生成氰化氢,水溶液呈强碱性。常用于提取金、银等贵金属,也用于电镀、制造农药及有机合成。各种规格的氰化钠均为剧毒化学品,氰化钠致死剂量为 0.1 ~1 g。当与酸类物质、氯酸钾、亚硝酸盐、硝酸盐混放时,或者长时间暴露在潮湿空气中,易产生剧毒、易燃易爆的 HCN 气体。当 HCN 在空气中浓度为 20 ppm 时,经过数小时人就产生中毒症状,致死。

3)硫酸二甲酯

硫酸二甲酯,化学式为 $(CH_3)_2SO_4$,无色或微黄色,是略有洋葱气味的油状可燃性液体,分子量 126.14,自燃点 187.78 ℃。溶于乙醇和乙醚,在水中溶解度是 2.8 g/100 ml。在 18 ℃易迅速水解成硫酸和甲醇。在冷水中分解缓慢。遇热、明火或氧化剂可燃。在有机合成中作为甲基化试剂。它与所有的强烷基化试剂类似,具高毒性,皮肤接触或吸入均有严重危害。在有机化学中的应用已逐渐被低毒的碳酸二甲酯和三氟甲磺酸甲酯所取代。

6. 易制毒化学品

易制毒化学品是指国家规定管制的可用于制造麻醉药品和精神药品的原料和配剂,既广泛应用于工农业生产和群众日常生活,流入非法渠道又可用于制造毒品。我国自 2005 年 11 月 1 日起施行《易制毒化学品管理条例》(国务院令第 445 号),颁布了易制毒化学品名录。2008 年 6 月开始施行的《中华人民共和国禁毒法》第二十一条规定,国家对易制毒化学品的生产、经营、购买、运输实行许可制度。《中华人民共和国刑法》第三百五十条规定:违反国家规定,非法运输、携带醋酸酐、乙醚、三氯甲烷或者其他用于制造毒品的原料或者配剂进出境的,或者违反国家规定,在境内非法买卖上述物品的,处三年以下有期徒刑、拘役或者管制,并处罚金;数量大的,处三年以上十年以下有期徒刑,并处罚金。

表 2.4 列出了易制毒化学品的分类和品种目录。2012 年 9 月 15 日前,易制毒化学品分为三类 24 个品种,第一类主要是用于制造毒品的原料,第二类、第三类主要是用于制造毒品的配剂。

表 2.4 易制毒化学品的分类和品种目录

序号	第一类	序号	第二类
1	1-苯基-2-丙酮	1	苯乙酸
2	3,4-亚甲基二氧苯基-2-丙酮	2	醋酸酐
3	胡椒醛	3	三氯甲烷
4	黄樟素	4	乙醚
5	黄樟油	5	哌啶
6	异黄樟素	序号	第三类
7	N-乙酰邻氨基苯酸	1	甲苯
8	邻氨基苯甲酸	2	丙酮
9	麦角酸*	3	甲基乙基酮
10	麦角胺*	4	高锰酸钾
11	麦角新碱*	5	硫酸
12	麻黄素、伪麻黄素、消旋麻黄素、去甲麻黄素、甲基麻黄素、麻黄浸膏、麻黄浸膏粉等麻黄素类物质*	6	盐酸
13	邻氯苯基环戊酮		

注:(1)第一类、第二类所列物质可能存在的盐类,也纳入管制;

　　(2)带有*标记的品种为第一类中的药品类易制毒化学品,第一类中的药品类易制毒化学品包括原料药及其单方制剂。

2.3.7　放射性物质

放射性物质指那些能自然地向外辐射能量,发出射线(α 射线、β 射线、γ 射线及中子流)的物质。一般放射性物质都是原子质量很高的金属,像钍、铀等,而其辐射出的射线对人体的危害都很大。有关放射性物质的安全知识详见第 5 章。

2.3.8　腐蚀性物质

1. 定义和分类

腐蚀性物质指通过化学作用使生物组织接触时会造成严重损伤,或在渗漏时会严重损害甚至毁坏其他物质或运载工具的物质。《危险货物分类和品名编号》(GB 6944—2005)将腐蚀性物质界定为包含与完好皮肤组织接触不超过 4 h,在 14 d 的观察期中发现引起皮肤全厚度损毁,或在温度 55 ℃时,对 S235JR + CR 型或类似型号钢或无覆盖层铝的表面年均匀腐蚀率超过 6. 25 mm/a 的物质。

腐蚀性物质按化学性质分为三类:酸性腐蚀品、碱性腐蚀品和其他腐蚀品。

1)酸性腐蚀品

酸性腐蚀品如硝酸、硫酸、氢氟酸、氢溴酸、高氯酸、王水(由 1 体积的浓硝酸和 3 体积的浓盐酸混合而成)、乙酸酐、氯磺酸、三氧化硫、五氧化二磷、酰氯等。

2)碱性腐蚀品

碱性腐蚀品如氢氧化钠、氢氧化钙、氢氧化钾、硫氢化钙、硫化钠、烷基醇钠类、水合肼、有机胺类及有机铵盐类等。

3)其他腐蚀品

其他腐蚀品如氟化铬、氟化氢铵、氟化氢钾、二氯乙醛、氯甲酸苄酯、苯基二氯化磷等。

2. 危险特性

1)强烈的腐蚀性

腐蚀性物质的化学性质比较活泼,能和很多金属、有机化合物、动植物机体等发生化学反应,从而灼伤人体组织,对金属、动植物机体、纤维制品等具有强烈的腐蚀作用。腐蚀品中的酸能与大多数金属反应,溶解金属;酸还能和非金属发生作用。腐蚀品中的强碱也能腐蚀某些金属和非金属。

2)毒性

多数腐蚀品有不同程度的毒性,有的还是剧毒品,如氢氟酸、重铬酸钠等。

3)易燃性

许多有机腐蚀物品都具有易燃性,这是由它们本身的组成和分子结构决定的,如冰醋酸、甲酸、苯甲酰氯、丙烯酸等接触火源时会引起燃烧。

4)氧化性

腐蚀品中有些物质具有很强的氧化性,其中多数是含氧酸和酸酐,如浓硫酸、硝酸、氯酸、高锰酸、铬酸酐等。当强氧化性的腐蚀品接触木屑、食糖、纱布等可燃物时,会发生氧化反应,引起燃烧、爆炸。

3. 实验室中常见腐蚀品

1)硫酸

硫酸是一种无色透明黏稠的油状液体,难挥发,在任何浓度下与水都能混溶并且放热,常用的浓硫酸中 H_2SO_4 的质量分数为 98.3%,沸点 338 ℃,密度 1. 84 g/cm³,物质的量浓度为 18. 4 mol/L。硫酸具有非常强的腐蚀性。高浓度的硫酸不仅具有强酸性,还具有脱水性和强氧化性,会与蛋白质及脂肪发生水解反应并造成严重化学性烧伤,还会与碳水化合物发生高放热性脱水反应并将其炭化,造成二级火焰性灼伤,因此会对皮肤、黏膜、眼睛等组织造成极大刺激和腐蚀作用。硫酸具有强氧化性,与易燃物(如苯)和有机物(如糖、纤维素等)接触会发生剧烈反应,甚至引起燃烧。能与一些活性金属粉末发生反应。遇水大量放热,可发生沸溅。存储时,应保持容器密封,储存于阴凉、通风处,与易(可)燃物、还原剂、碱类、碱金属、食用化学品分开存放。

2）氢氧化钠

氢氧化钠（NaOH），白色颗粒或片状固体，其水溶液无色透明、有涩味和滑腻感，呈强碱性，俗称烧碱。纯氢氧化钠有吸湿性，易吸收空气中的水分和二氧化碳，常用作碱性干燥剂。溶于水、乙醇，或与酸混合时产生剧热。能与许多有机、无机化合物起化学反应。具有强烈的刺激性和腐蚀性。其粉尘或烟雾会刺激眼和呼吸道，腐蚀鼻中隔；皮肤和眼与氢氧化钠直接接触会引起灼伤；误服可造成消化道灼伤，黏膜糜烂、出血和休克。氢氧化钠能够与玻璃发生缓慢的反应，生成硅酸钠，因此固体氢氧化钠一般不用玻璃瓶装，装氢氧化钠溶液的试剂瓶使用胶塞。

3）氯磺酸

氯磺酸（ClSO$_3$H）为无色油状液体，熔点 -80 ℃，沸点 152 ℃，属酸性腐蚀品。氯磺酸很容易水解，与空气中的水蒸气也能反应生成酸雾并放出大量的热，若在容器中漏进水就会发生猛烈反应，甚至使容器炸裂。若与多孔性或粉末状的易燃物质接触，会引起燃烧。氯磺酸不仅对金属有强烈的腐蚀作用，而且对眼睛也有强烈的刺激作用，还会侵蚀咽喉和肺部。

4）氢氟酸

氢氟酸是氟化氢（HF）气体的水溶液，为无色透明有刺激性气味的发烟液体。氢氟酸具有极强的腐蚀性，能强烈地腐蚀金属、玻璃和含硅的物质，吸入蒸气或接触皮肤则会造成难以治愈的灼伤，民间称其为"化骨水"。有剧毒，最小致死量（大鼠，腹腔）为 25 mg/kg。存放时需要放在密封的塑料瓶中保存于阴凉处。取用时需对人体实施全面防护。

2.3.9　杂项危险物质和物品

杂项危险物质和物品是指未被其他类别收录的危险物质和物品。主要包括三类。

1．危害环境的物质

危害环境的物质，如海洋污染物、水生环境危害物质。

2．在高温下运输或提交的物质

在高温下运输或提交的物质，如运输或要求运输的高温物质，液态温度达到或超过 100 ℃，或固态温度达到或超过 240 ℃。

3．经过基因修改的微生物或组织

经过基因修改的微生物或组织不属感染性物质，但可以非正常的天然繁殖结果的方式改变动物、植物或微生物物质。

其他的，如强磁性物品、白石棉、干冰、锂电池组、可危害健康的超细粉尘、具有较弱的燃烧或腐蚀性能的物质等均属于此项。

2.4　危险化学品防护信息来源

2.4.1　化学试剂标签

化学试剂的标签能以最简洁易读的形式提供该试剂的基本信息，包括危险性及防护措施，因此在使用试剂前，一定要重视并认真阅读化学试剂标签。

2013 年 10 月 1 日起,我国全面执行《化学试剂　包装及标志》(GB 15346—2012)标准来规范、统一我国的化学试剂包装及标志。GB 15346—2012 规定了化学试剂包装及标志的技术要求、包装验收、贮存与运输。该标准不适用于 MOS 试剂、临床试剂、高纯试剂和精细化工产品等的包装。按该规定,化学试剂标签内容将包括下述 13 条内容:

(1) 品名(中、英文);

(2) 化学式或示性式;

(3) 相对原子质量或相对分子质量;

(4) 质量级别;

(5) 技术要求;

(6) 产品标准号;

(7) 生产许可证号;

(8) 净含量;

(9) 生产批号或生产日期;

(10) 生产厂厂名及商标;

(11) 危险品按 GB 13690—2009 的规定给出标志图形(如图 2.1 所示),并标注"向生产企业索要安全技术说明书";

(12) 简单性质说明、警示和防范说明及 GB 15258—2009 的其他规定;

(13) 要求注明有效期的产品,应注明有效期。

图形符号			
图形特点	火焰	圆圈上方火焰	爆炸弹
危险性	易燃性	氧化物和有机过氧化物	爆炸性
图形符号			
图形特点	腐蚀	高压气瓶	骷髅和交叉骨
危险性	腐蚀性	压力下物质	毒性
图形符号			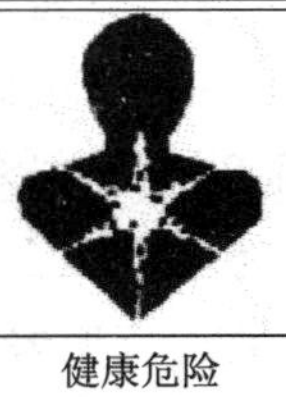
图形特点	感叹号	环境	健康危险
危险性	皮肤刺激性	环境危害性	健康危险性

图 2.1　GB 13690—2009 规定用于公示化学品危险性而在标签中使用的图形符号

2.4.2 材料安全性数据表 MSDS

材料安全性数据表(Material Safety Data Sheet,缩写为 MSDS,一些国家也称作物质安全资料表,缩写为 SDS),国际上称作化学品安全信息卡,是化学品生产商和经销商按法律要求必须提供的关于化学品理化特性、毒性、环境危害以及对使用者健康可能产生危害的一份综合性文件。材料安全性数据表(MSDS)为化学物质及其制品提供了有关安全、健康和环境保护方面的各种信息,并提供有关化学品的基本知识、防护措施和应急行动等方面的资料,包括危险化学品的燃、爆性能,毒性和环境危害以及安全使用,泄漏应急救护处置,主要理化参数,法律、法规等方面信息。

MSDS 将按照表 2.5 所示的 16 部分提供化学品的信息,每部分的标题、编号和前后顺序不能随意变更。16 个部分中,除第 16 部分"其他信息"外,其余部分不能留下空项,而信息来源一般不用详细说明。为方便 MSDS 编制者识别不同化学品,同时对化学品设定了MSDS 编号。

表 2.5 MSDS 需提供的化学品信息

(1)	化学品名称	(9)	理化特性
(2)	成分/组成信息	(10)	稳定性和反应性
(3)	危险性概述	(11)	毒理学资料
(4)	急救措施	(12)	生态学资料
(5)	消防措施	(13)	废弃处置
(6)	泄漏应急处理	(14)	运输信息
(7)	操作处置与储存	(15)	法规信息
(8)	接触控制,个体防护	(16)	其他信息

2.4.3 危险化学品防护资料及网络资源

在购买、使用化学品之前,首先要了解它的危险特性。很多资料都可以帮助我们了解实验室用到的化学品的危险性质及其防护方法。下面将介绍一些常用的资料手册和网络资源。

(1)《危险化学品安全技术全书》:周国泰,2003 年,化学工业出版社。

(2)《安全工程大辞典》:崔克清,1995 年,化学工业出版社。

(3)《化工安全技术手册》:冯肇瑞,杨有启,1993 年,化学工业出版社。

(4)《新编危险物品安全手册》:《新编危险物品安全手册》编委会,2001 年,化学工业出版社。

(5)材料安全性数据表(MSDS)。

(6)国际化学品安全卡(ICSC)。

(7)全球危险信息协调委员会(GHS)。

(8)职业接触限值(OEL)。

（9）国家化学品登记注册中心（中国化学品安全网站）：http：//www. nrcc. com. cn。

（10）美国国家标准技术研究所《化学物质电子信息》：http：//webbook. nist. gov/chemistry。

（11）美国职业安全与健康标准（Occupational Safety and Health Administration，OSHA）：http：//www. osha. gov。

（12）英国健康安全行政中心（Health and Safety Executive，HSE）：http：//www. hse. gov. uk。

（13）英国有毒药物控制管理条例（Control of Substances Hazardous to Health，COSHH）：http：//www. coshh-essentials. org. uk。

（14）国际劳工组织（International Labour Organization，ILO）的健康安全工作环境方案：http：//www. ilo. org/safework/lang--en/index. htm。

（15）国内搜索网站：百度百科，维基百科，互动百科等。

2.5　危险化学品的购买、存储与管理安全

2.5.1　订购化学品的注意事项

1. 订购化学药品前应当考虑的事项

订购化学药品时，应该谨慎。购买化学药品不仅是经济问题，还是一个安全、环保，甚至涉及法律的问题。在购买前应该考虑如下事项。

（1）该药品是否是实验必需的，能否用更安全、低毒的试剂替换。

（2）本实验室或课题组中是否还有未用的该药品。查找一下，或者询问药品管理员或其他同学。尽量避免重复购买。

（3）满足实验需要的最小剂量是多少。不要购买多余的药品，无用的药品不仅占用空间，还可能成为实验室的危险废物。

（4）了解该化学药品的基本物理化学性质及安全特性以及储存和防护措施。本实验室是否具有存储条件和防护设备。

（5）需要购买的药品是否属于易制毒、剧毒或爆炸品。国家对这三类化学品的生产、经营、购买、运输和进口、出口实行分类管理和许可制度。购买时应严格按国家法律、法规执行。

（6）购买渠道是否正规。不要通过非正规渠道购买化学药品，否则出现质量或经济纠纷，不受法律保护。

（7）实验产生的废物的性质和正确处置的方法。

2. 化学品购买及库存跟踪系统

建议在电脑中建立本实验室的化学品的购买、库存及使用情况跟踪系统。记录好每一种药品的名录、规格、购买渠道、储存位置、使用情况等。如果可以的话，还可将该药品的危险特性及可能发生的事故的应急预案输入系统内。化学药品跟踪系统说明详见 2.5.3。

2.5.2　危险化学品的存储注意事项

1．化学药品存放基本原则

(1)使用专门的架子或储物设备存放药品,这些装置、设备应该足够结实、牢固。

(2)每种药品都有固定的存放位置,药品用后必须将盖子盖好并及时放回原处。

(3)避免在高于1.5 m的架子上存放药品,重的药品不要放在高处。

(4)禁止在出口,通道,桌子、柜子等下面以及紧急设备区域存放药品。

(5)所有化学试剂或化学品容器必须贴有标签,摆放整齐,标签上注明购买日期及使用者名字。自配药品要标示其化学品名称、浓度、潜在危险性、配制日期及配制者名字。

(6)将药品分类存放,禁止将易发生反应的及不相容的化学药品存放在一起。

(7)一般化学试剂应保存在通风良好、干净、干燥、避光之处,要远离热源。

(8)将挥发性、有毒或有特殊气味的药品存放在通风橱中。

(9)爆炸品应单独存放,远离火源、热源,避光。

(10)易燃试剂与易爆试剂必须分开存放,放于阴凉、通风、避光处。

(11)剧毒品、易制毒品、爆炸品要严格执行"五双"管理制度(详见2.5.3),存放在保险柜内。

(12)腐蚀性药品应存放在指定容器中,最好在容器外增加辅助储存容器或设施,如托盘、塑料容器等,防止药品容器打碎时,腐蚀物外溢、泄漏。储存时,应置于阴凉、干燥、通风之处,远离火源。

(13)腐蚀玻璃的试剂应保存在塑料瓶等耐腐蚀容器中。

(14)吸水性强的试剂应严格密封(蜡封)。

(15)经常检查药品存储状况,存储危险药品的设备应由专人管理并定期检查。

2．冷藏、冷冻保存化学药品的注意事项

(1)存储化学药品的冰箱只能用于储存药品,不得与生活用品、食品混放。

(2)用防水标签对每种药品做好标记,包括组成,使用者,存放、使用或配制日期,危害性等。

(3)不得将易燃液体放入普通冰箱中保存。若易燃液体药品的存储有冷藏要求时,必须使用防爆冰箱,同时不得存入氧化剂和高活性物质。

(4)盛放药品的所有容器必须牢固、密封,必要时增加辅助存放容器。

(5)将冰箱内药品的目录及存放人,按顺序列表打印出来,贴在冰箱外部易看见的地方。

(6)定期清理冰箱,保持冰箱整洁、干净。及时清除没有标签、未知的或不用的药品。

3．易燃物质的存放

(1)实验室中不得大量存放易燃液体。

(2)易燃液体不得敞口存放,在存放及使用过程中必须保证通风良好。

(3)易燃液体存储时,要远离强氧化剂,如硝酸、重铬酸盐、高锰酸盐、氯酸盐、高氯酸盐、过氧化物等。

(4)易燃液体存储时要远离着火源。特别需要注意的是:比空气重的易燃液体蒸气可能引来远处的明火。

（5）如果条件允许,使用专业的易燃液体存储柜存放易燃液体。

4. 高反应活性物质的存放

（1）存放前,务必查阅该物质的 MSDS,用适合的容器存放。

（2）存放尽可能少的量,仅够完成当前实验需要的量即可。

（3）一定要及时做好标记,贴好标签。

（4）不要打开盛放过期高反应活性物质的容器。把它交由专门的化学品废物处理机构处理。

（5）不要打开出现结晶或沉淀的有机过氧化物液体或能够在空气中氧化形成过氧化物的容器。查阅其处理方法后再小心处理,把它作为高危险性的化学品废物处理。

（6）分开存储下列试剂:①氧化剂与还原剂;②强还原剂与易被还原的物质;③自燃物质要远离火源;④高氯酸要远离还原剂。

（7）存放高活性液体物质的试剂瓶不能过满,要留一定的空间。

（8）用陶瓷或玻璃的试剂瓶存放高氯酸。

（9）过氧化物要远离热源和火源。

（10）遇湿易燃物质的包装必须严密,不得破损,存储时远离水槽,且不得与其他类别的危险品混放。

（11）将对热不稳定的物质存储在安装有过温控制器和备用电源的防爆冰箱中。

（12）将高敏感物质或爆炸品存储在耐燃防爆型存储柜中。

（13）定期检测过氧化物,及时处理过期的过氧化物。

（14）酸应存储在玻璃瓶中（氢氟酸不可放在玻璃瓶中,应存放在塑料瓶中）,并且与其他试剂分开存放。

（15）对于特别危险的物质,其存储区应用警示语标明以示提醒。

5. 压缩气体的存放

有关压缩气体的存放注意事项详见12.2节。

2.5.3　化学品的安全管理

1. 化学药品跟踪系统

化学药品跟踪系统是记录实验室中每一种化学药品从购买、库存、使用,直至废弃处理情况的信息库,通过该系统可以科学地管理实验室中的化学药品。化学药品跟踪系统可以采用索引卡构建。现在更通用的形式是用计算机建立起电子数据库,更方便检索、跟踪药品的情况。一般化学药品跟踪系统由下面的内容信息构成:

（1）印在药品容器上的化学品名称;

（2）该化学品其他的名称,特别是在 MSDS 中的名称;

（3）分子式;

（4）CAS 索引号;

（5）购入日期;

（6）供货商;

（7）药品容器性状；

（8）危险特性（危险性、防护方法、应急预案等）；

（9）需要的存储条件；

（10）存储具体位置（房间号、药品柜号、货架号）；

（11）药品有效期；

（12）药品数量；

（13）购买者、使用者及使用日期。

建立该系统时，每一瓶药品都应在系统中对应一个唯一的检索号，并且要根据使用情况，及时更新药品信息。

2．"五双"管理制度与剧毒、易制毒和爆炸品的管理

剧毒、易制毒和爆炸品是国家管制类化学药品，这类化学品的购买、保存及使用需要严格按国家法律、法规进行。在管理中实行"五双"管理制度：双人领取、双人使用、双人管理、双把锁、双本账。

具体流程如下。

1）购买

课题负责人提出申请—院主管领导签字、盖学院公章—校分管部门（校保卫处或资产处）审批—归管公安局审批—批准后到指定供应商处购买。

2）登记、保管

购回药品统一交由指定老师登记、保管。保管时实行双人双锁制。即药品保管时须专设两人同时管理；药品须设专柜保存，且药品柜上两把锁，钥匙分别由两位保管人掌管。爆炸品需存入专业的阻燃防爆柜中，柜上也需两把锁。

3）领用

药品出入柜时，两位保管人均需在场监督签发，且需建立专用的登记本，记录化学品的存量、发放量及使用人姓名、用途等，随时做到账物相符，使用后的化学品应及时存回保险柜中。领取剧毒化学品的人员，要注意安全，必须配置防护用具，使用专用工具取用。

4）检查

剧毒与易制毒化学品要定期检查，防止因变质或包装腐蚀损坏等造成的泄漏事故。

5）废物处理

过期药品及实验废弃物应集中保存，统一由环保部门认可的单位处理。严禁乱扔乱放。销毁剧毒物品（包括包装用具）时，须经过处理使其毒性消失，以免造成环境污染。

6）其他

管制类药品使用者必须是单位正式员工、学生，临时人员不得取用；药品使用人不得将药品私自转让、赠送、买卖。

2.6　危险化学品的个人防护与危害控制

2.6.1　危险化学品的个人防护

为了减少实验室人身伤害事故的发生概率,降低实验风险,保护实验人员的安全、健康,每位实验人员都需要做好个人防护。做好个人防护,不仅需要正确选用和穿戴防护用品,还需要养成良好的实验习惯。

1. 实验室个人防护用品简介

1)眼睛防护

用于眼睛的防护用品有防护眼罩、防护眼镜和防护面罩。

(1)防护眼罩:可以防止有毒气体、烟雾,飞溅的液体、颗粒物及碎屑对眼睛的伤害。化学实验过程中要求实验者必须佩戴防护眼罩。

(2)防护眼镜:镜片采用能反射或吸收辐射线,但能透过一定可见光的特殊玻璃制成,用于防御紫外线或强光等对眼睛的危害,如防辐射护目镜和焊接护目镜等。

(3)防护面罩:当需要整体考虑眼睛和面部同时防护的需求时可使用防护面罩,如防酸面罩、防毒面罩、防热面罩和防辐射面罩等。

需要注意的是,普通眼镜不能起到可靠的防护作用,实验过程中需额外佩戴防护眼罩。另外,不要在化学实验过程中佩戴隐形眼镜。

2)手部防护

防护手套按用途可分为化学防护手套、高温耐热手套、防辐射手套、低温防护手套、焊接手套、绝缘手套、机械防护手套等。由于各种化学物质对相对材质的手套具有不同的渗透能力,因此化学防护手套又有多个品种。下面介绍几种实验室常用的化学防护手套。

(1)天然橡胶手套:材料为天然橡胶,柔曲性好,富有弹性,佩戴舒适,具备较好的抗撕裂、刺穿、磨损和切割的性能,广泛用于实验室中。橡胶手套对水溶液,如酸、碱、盐的水溶液具有良好的防护作用。但不能接触油脂和碳氢化合物的衍生物,接触后会发生膨胀降解而老化。天然橡胶中含有可能引起过敏反应的乳胶蛋白,不能很好地适合每一位使用者。

(2)一次性乳胶手套:基本材质同天然橡胶手套,采用无粉乳胶加工而成,无毒、无害;拉力好,贴附性好,使用灵活;表面化学残留物低,离子含量低,颗粒含量少,适用于严格的无尘室环境,常用于生物医药、医疗、精密电子、食品行业。一次性乳胶手套也含有可能引起过敏反应的乳胶蛋白。

(3)PE 手套:又称一次性 PE 手套,采用聚乙烯吹膜压制而成的一次性透明薄膜手套,可左右手混用,具有无毒、防水、防油污、防细菌、抗菌、耐酸耐碱的特性,使用起来非常方便,但不耐磨损。广泛用于化验检验、餐饮、食品、卫生、家庭清洁、机械园艺等。

(4)氯丁橡胶防化手套:氯丁橡胶的防酸、酒精、溶剂、酯、油脂和动物油的性能非常好,也能抗撕裂、刺穿、磨损和切割,且不含可能引起过敏反应的乳胶蛋白。氯丁橡胶手套防化、抗老化性能出色,广泛用于化学、化工、石油等涉化行业,是天然橡胶和乙烯基手套的有效替代产品。

(5)丁腈橡胶手套:丁腈橡胶手套的防酸、碱、溶剂、酯、油脂和动物油的性能非常好,对碳氢化合物的衍生物耐受性也很强。手套的防撕裂、刺穿、磨损和切割的性能要比氯丁橡胶和聚乙烯好,且不含可能引起过敏反应的乳胶蛋白。丁腈手套是最有效的天然橡胶、乙烯基和氯丁橡胶的替代产品。

(6)氟橡胶防化手套:氟化的聚合物,基底类似于特氟龙(聚四氟乙烯)类,其表面活化能低,所以液滴不会停留在表面,可防止化学渗透,对于含氯溶剂及芳香族烃具有很好的防护效果。

要使防护手套对手部发挥真正有效的防护作用,仅选择出合适的手套品种是不够的,还需要正确使用。使用时需要注意下述几点:

(1)每次使用之前要检查手套是否老化、损坏;

(2)脱下手套前要适当清洗手套外部;

(3)在脱下已污染的手套时要避免污染物外露及接触皮肤;

(4)已被污染的手套要先包好再丢弃;

(5)可重复使用的手套在使用后要彻底清洁及风干;

(6)选择适当尺码的手套;

(7)接触有毒物质的手套要在通风橱内脱下;

(8)禁止在实验室外戴实验手套,禁止戴着实验手套接触日常用品,如电话、开关、键盘、笔、门把手等;

(9)手套不用时要放在实验室里,远离挥发性物质,不要带到办公室、休息室及饭厅里。

3)防护服

防护服可以防止躯体受到各种伤害,同时防止日常着装不受污染。普通的防护服,即实验服,一般多以棉或麻为材料,制成长袖、过膝的对襟大褂形式,颜色多为白色,俗称白大褂。实验危害性和污染较小时,还可穿着防护围裙。当进行一些对身体危害较大的实验时,需要穿着专门的防护服。如防射线的铅制防护服,适用于高温或低温作业要能保温;潮湿或浸水环境要能防水;可能接触化学液体要具有化学防护功能;在特殊环境注意阻燃、防静电、防射线等。

4)呼吸防护

实验室中一般使用防护口罩、防毒面具防止有毒气体或粉尘对呼吸系统的伤害。

(1)棉布/纱布口罩:其功能与厚度相关,但由于纱布纤维之间的间隙大,仅能过滤空气中较大的颗粒物,阻挡口鼻飞沫,但对空气中微粒的过滤能力极为有限,对有害气体的过滤作用几乎没有。优点是可以洗涤后反复使用。

(2)一次性无纺布口罩:经过静电处理的无纺布不仅可以阻挡较大的粉尘颗粒,而且还可利用其表面的静电荷引力将细小的粉尘吸附住,具有较高的阻尘效率。同时滤料的厚度很薄,大大降低了使用者的呼吸阻力,舒适感很好。

(3)活性炭口罩:由无纺布、活性炭纤维布、熔喷布材料构成,为一次性口罩。由于口罩内装有活性炭素钢纤维滤片,对空气中低浓度的苯、氨、甲醛及有异味和恶臭的有机气体、酸性挥发物、农药、刺激性气体等多种有害气体及固体颗粒物可起到吸附、阻隔作用,具备防毒和防尘的双重效果。

(4)防尘口罩:美国国家职业安全卫生研究院(NIOSH)将粉尘类呼吸防护口罩按中间滤网的材质分为 N、R、P 三种。N 代表 Not resistant to oil,可用来防护非油性悬浮微粒;R 代表 Resistant to oil,可用来防护非油性及含油性悬浮微粒;P 代表 oil Proof,可用来防护非油性及含油性悬浮微粒,其防油程度更高。按滤网材质的最低过滤效率,又可将口罩分为下列三种等级:95 等级,表示最低过滤效率为 95%;99 等级,表示最低过滤效率为 99%;100 等级,表示最低过滤效率为 99.97%。达到这些标准的口罩都能有效过滤悬浮微粒或病菌。N95 口罩可阻挡北方冬天的雾霾进入呼吸系统,而对呼吸系统起到有效的防护作用。

（5）防毒面具:防毒面具根据配套的滤盒不同,可以对颗粒、粉尘、病毒、有机气体、酸性气体、无机气体、酮类、氨气、汞蒸气、二氧化硫等几十种气体起防护作用。防毒面具本身不具有防毒功能,防毒面具需与相对应的滤盒、滤棉等过滤产品配套时,才能达到滤毒效果。使用时面具可以长期使用,配套滤盒需定期更换,滤盒一般可以使用 15 ~ 30 天。

5）头部防护

实验过程中长发必须束起,必要时候佩戴防护帽或头罩。在存在物体坠落或击打危险环境中,还需佩戴安全帽。

6）足部防护

实验人员不得在实验室内穿着拖鞋。根据实验的危险特点,需穿着防腐蚀、防渗透、防滑、防砸、防火花的保护鞋。

2. 实验室防护设备

1）通风柜（通风橱）

通风柜是实验室中最常用的一种局部排风设备（图 2.2）。通风柜的结构是上下式,其顶部有排气孔,可安装风机。上柜中有导流板、电路控制触摸开关、电源插座等,透视窗采用钢化玻璃,可左右或上下移动。下柜采用实验边台样式,上面有台面,下面是柜体。台面可安装小水杯和龙头。当实验操作中涉及有害气体、臭气、湿气以及易燃、易爆、腐蚀性物质时,需在通风柜内进行,这样可以保护使用者自身安全,同时防止实验中的污染物质向实验室内扩散。使用时,人站或坐于柜前,将玻璃门尽量放低,手通过门下伸进柜内进行实验。由于排风扇通过开启的门向内抽气,在正常情况下有害气体不会大量溢出。

图 2.2　通风柜

2）紧急冲淋洗眼器

紧急洗眼器和冲淋设备是在有毒有害危险作业环境下使用的应急救援设施。按功能可分为紧急洗眼器、紧急喷淋器和复合式洗眼器（具备洗眼和冲淋双重功能）三种。当发生意外伤害事故时,可通过快速喷淋、冲洗,降低有害物质对人体皮肤、眼表层的伤害与刺激作用。但这些设备只是对眼睛和身体进行初步的处理,不能代替医学治疗,情况严重的,必须尽快进行进一步的医学治疗。目前高等学校实验室中安装的多是台式紧急洗眼器和复合式洗眼器。

3）急救药箱

急救药箱用于实验室意外事故的紧急处理,药箱内常备的药品和医疗器具有医用酒精、碘酒、红药水、紫药水、止血粉、创可贴、烫伤油膏（或京万红）、鱼肝油、饱和硼酸溶液或 2% 醋酸溶液、1% 碳酸氢钠溶液、20% 硫代硫酸钠溶液,医用镊子、剪刀、纱布、药棉、棉签、绷带等。医药箱专供急救用,不允许随便挪动,平时不得动用其中器具。

4)灭火器具

实验室常备的灭火器具有灭火器、消火栓、防火毯、灭火沙箱等。有关这些器具的知识将在3.3.2中详述。

3. 个人卫生习惯和实验室内务

1)个人卫生习惯

做好个人防护,实验人员必须首先具备良好的卫生习惯,如实验室内禁止吃饭、喝水、吸烟、吃零食;实验后必须洗手,必要时淋浴;饭前要洗脸洗手;工作衣帽与便服隔开存放;定期清洗工作衣帽等。

2)良好的实验室内务是保证实验室环境整洁、有序、安全、文明的基础,也是保证实验安全的基本条件。下面列出了普通实验室的基本内务标准。

(1)实验室地面必须平整、干净,通道要利于通行,没有无用的物品阻碍。

(2)合理规划实验室内物品,做到摆放整齐、有序,无用的或使用效率低的物品放置到储存处,常用的物品要容易寻找到。

(3)抽屉、柜子、文件类物品要做好标记,以方便识别。

(4)实验结束后要及时对台面进行清洁、消毒。

(5)定期对实验室进行扫除,平时注意保持实验室卫生整洁。

(6)实验人员必须熟悉仪器性能方允许操作,严格遵守操作规程。

(7)每天了解仪器运转情况及试剂使用情况,保持仪器的整洁、安全,检查电源、水龙头。

(8)严禁在室内抽烟、吃零食。

(9)每天下班前要关门、关窗、检查空调和仪器的电源是否关闭。

(10)节假日应指定人员负责检查实验室的仪器、设备,确保安全。

(11)非本室工作人员未经允许不得进入实验室。

2.6.2 危险化学品的危害控制

1. 防止浪费

在实验中的每一个步骤里使用最少量的实验药品对防止浪费非常重要,更重要的是,它也是降低实验风险、保证实验室安全的有效策略。下面列出了防止浪费的一些方法。

(1)计划好所需反应产物的量,并且只合成所需的量。

(2)寻找可以有效减少实验步骤的合成路线。

(3)提高产率。

(4)将未用的原料储存好,以备他用。

(5)尽可能回收或再利用原料和溶剂。

(6)与那些可能用到同一种化学品的同事合作,分担花费。

(7)需要分析测试时,使用可实现的最灵敏的分析方法进行测量。

(8)比较自己合成和购买的成本及造成的危害,选择相对经济、环保的方式。

(9)将无毒的废物和有毒的废物进行分离。

2．用微型/微量试验替代常规试验

用小型或微型的试验替代常规试验,是减少危害的一种有效方法。在微量化学里,实验原料的用量控制在 25～100 mg 的固体,或 100～200 ml 的液体;而普通实验一般要用 100～500 ml 的液体或 10～50 g 的固体。用微量试验代替常规试验,不仅可以节省原料和经费,而且还能降低发生火灾爆炸隐患的概率及降低发生这些事故的严重性。

3．使用更安全的溶剂和药品

尽可能选择无毒和危险性低的药品进行实验能有效提高实验室的安全性。建议在实验开始前的设计阶段考虑如下问题:

(1)能否使用低毒、低危险性的原料替代毒性大、危险性大的原料;

(2)能否将那些产生较多反应毒害性废物的原料替换成产率高、反应三废少的原料。

在选择有机溶剂时,需要考虑如下问题:

(1)避免使用那些产生生殖毒性、污染大气或有致癌性的溶剂;

(2)选择安全性高的溶剂。

好的替代溶剂应符合如下特点:与被替代溶剂具有相似的物理化学性质(如沸点、闪点、介电常数等),同时更安全、健康、环保,且价格经济。

4．绿色化学 12 项原则

Paul Anastas 和 John Warner 在《绿色化学:理论与实践》中提到绿色化学的 12 项原则,这些原则对我们安全、环保、经济地使用化学药品进行实验提供了指导。下面列出了这 12 项原则。

第 1 项　防止废物:设计化学合成路线时防止废物的产生,从而无须进行废物的处理。

第 2 项　设计更安全的化合物和产物:设计更有效,而且低毒或无毒的化合物。

第 3 项　降低化学合成方法的危险性:降低或消除生成产物的合成方法对人类及环境的毒性。

第 4 项　使用可再生的原料:使用可再生的原料而非消耗型原料;可再生的原料一般来源于农产品或是其他过程产生的废物;消耗型原料一般来源于石油、天然气、煤矿等。

第 5 项　使用催化剂而非当量试剂:通过催化反应将废物的量降到最低。催化剂是指少量而可以多次进行催化反应的试剂,而当量试剂一般过量且只能反应一次。

第 6 项　避免化合物的衍生物:避免使用保护基或其他暂时的修饰,衍生物的产生将使用额外的试剂,并产生废物。

第 7 项　使原子经济最大化:最大比例地利用起始反应物的原子。

第 8 项　使用更安全的溶剂和反应条件:避免使用溶剂、混合物分离试剂和其他的辅助化合物。如果必须使用这些化合物,选择无害的物质。如果需要使用溶剂,尽量选择水。

第 9 项　提高能源效率:可能的话,在常温常压下进行反应。

第 10 项　设计可降解的产物:产物在使用后,应可降解,而不会在环境累积。

第 11 项　全程分析并防止污染:在生产过程中进行全程监控,以减少或消除副产物的生成。

第 12 项　使事故的可能性降到最低:设计化合物及其状态(固态、液态、气态),以降低爆炸、火灾、泄漏发生的可能性。

主要参考文献及资料

［1］ 中国国家标准化管理委员会. GB 6944—2005　危险货物分类和品名编号［S］. 北京：中国标准出版社,2005.

［2］ 中国国家标准化管理委员会. GB 13690—2009　化学品分类和危险性公示 通则［S］. 北京:中国标准出版社,2009.

［3］ 中国国家标准化管理委员会. GB 15346—2012　化学试剂包装及标志［S］. 北京:中国标准出版社,2012.

［4］ 中国国家标准化管理委员会. GB 50493—2009　石油化工可燃气体和有毒气体检测报警设计规范［S］. 北京:中国标准出版社,2009.

［5］ 周国泰. 危险化学品安全技术全书［M］. 北京：化学工业出版社, 2003.

［6］ NICHOLAS P CHEREMISINOFF, TATYANA A DAVLETSHINA. Fire and explosion hazards handbook of industrial chemicals［M］. New Jersey：Noyes Publications, 1998.

［7］ LISA MORAN, TINA MASCIANGIOLI. Chemical laboratory safety and security：A guide to prudent chemical management［M］. Washington, D. C.：The National Academies Press, 2010.

［8］ PAUL T ANASTAS, JOHN C WARNER. Green chemistry：Theory and practice［M］. New York：Oxford University Press, 2000.

［9］ 冯肇瑞,杨有启. 化工安全技术手册［M］. 北京：化学工业出版社, 1993.

第3章　实验室消防安全

3.1　燃烧的基础知识

3.1.1　火与火灾

1. 火的概述

火是物质燃烧过程中散发出光和热的现象,是能量释放的一种方式。高温的火还是一种特殊的物质存在形态——等离子态。

火是人类赖以生存和发展的自然力,对人类发展和社会进步产生了深远的影响。火的使用使人类跨入了文明世界,正如恩格斯所说"摩擦生火第一次使人支配了一种自然力,从而最终地把人和动物分开"。

人类用火的历史,同时也是一部同火灾作斗争的历史。火给人类带来了光明和温暖,不断地促进人类的物质文明,但同时也给人类带来了巨大的灾难。火一旦失去控制,就可能变成灾害,威胁人类的物质财产、生命安全,甚至造成难以挽回和弥补的损失。

人类对灾害的认识始于"火"。《左传·宣公十六年》对火的解释为:"凡火,人火曰火,天火曰灾。"我国最早的文字,甲骨文中的"灾"字,写法为上水下火,说明早期对人类的危害最多的是水灾和火灾;而后来的篆体"灾"字,变化为只包含"火"字,则说明火灾的发生更为频繁,对人类的危害也更严重。

2. 火灾分类和等级划分

火灾,就是在时间或空间上失去控制的燃烧所造成的灾害。凡是失去控制并对财物和人身造成损害的燃烧现象,都是火灾。

1)火灾的分类

2009 年 4 月 1 日起开始实施的 GB/T 4968—2008《火灾分类》推荐性国家标准,不仅仅根据可燃物的性质定义火灾分类,而且根据可燃物的类型和燃烧特性将火灾定义为 6 个不同的类别。新规定的 6 类火灾如下。

A 类火灾:固体物质火灾。这种物质通常具有有机物性质,一般在燃烧时能产生灼热的余烬。如木材、棉、毛、麻、纸张等火灾。

B 类火灾:液体或可熔化的固体物质火灾。如汽油、煤油、柴油、原油、甲醇、乙醇、沥青、石蜡等火灾。

C 类火灾:气体火灾。如天然气、煤气、甲烷、氢气等火灾。

D 类火灾:金属火灾。如钾、钠、镁、铝等火灾。

E 类火灾:带电火灾。物体带电燃烧的火灾。

F 类火灾:烹饪器具内的烹饪物(如动植物油脂)火灾。

2)火灾等级划分

根据 2007 年公安部下发的《关于调整火灾等级标准的通知》,新的火灾等级标准由原来的特大火灾、重大火灾、一般火灾三个等级调整为特别重大火灾、重大火灾、较大火灾和一般火灾四个等级。

特别重大火灾是指造成 30 人以上死亡,或者 100 人以上重伤,或者 1 亿元以上直接财产损失的火灾;

重大火灾是指造成 10 人以上 30 人以下死亡,或者 50 人以上 100 人以下重伤,或者 5 000 万元以上 1 亿元以下直接财产损失的火灾;

较大火灾是指造成 3 人以上 10 人以下死亡,或者 10 人以上 50 人以下重伤,或者 1 000 万元以上 5 000 万元以下直接财产损失的火灾;

一般火灾是指造成 3 人以下死亡,或者 10 人以下重伤,或者 1 000 万元以下直接财产损失的火灾。

注:"以上"包括本数,"以下"不包括本数。该火灾等级标准从 2007 年 6 月 1 日起执行。

与其他的灾害不同,火灾的成因人为因素突出,大多数火灾事故都是人为过失引起的。我国某省的火灾事故原因统计资料显示,人为原因、管理原因和物质原因造成火灾的比例为 5∶4∶1。由此可见,要避免火灾事故的发生,控制好人的不安全行为是至关重要的。要远离火灾就必须提高全员的消防安全素质,提高社会的消防文明程度。

3.1.2　燃烧的本质及条件

1.燃烧的本质

燃烧,俗称"着火",是可燃物与氧化剂作用产生的放热反应,通常伴有火焰、发光和(或)发烟现象。近代链反应理论认为,游离基的链式反应,是燃烧反应的实质,光和热是燃烧过程中发生的物理现象。一般来说,链式反应机理大致可分为三个阶段。

(1)链引发:即生成游离基,使链式反应开始。生成的方法通常有热离解、光照法、催化法、放射线照射法、加入引发剂和氧化还原法等。

(2)链传递:游离基作用于其他参与反应的分子,在生成产物的同时,产生新的游离基,使链式反应自行地一个传一个,不断地进行下去。

(3)链终止:游离基消失使链式反应终止。终止的原因一般是游离基撞击器壁成为稳定分子,或两个游离基与第三个惰性分子相撞后失去能量成为稳定分子,或反应物全部耗尽。

2.燃烧的条件

燃烧必备的三要素:可燃物、助燃物和着火源,已在 2.2.1 中详细介绍。燃烧的充分条件为一定浓度的可燃物、一定含量的助燃物和一定能量的着火源,它们相互作用时,才能使燃烧发生和持续。

3.1.3　燃烧过程和产物

1.燃烧过程

1)气体物质的燃烧

可燃气体燃烧时所需要的热量仅用于氧化或分解,或将气体加热到燃点,因此容易燃烧,而且速度快。

气体燃烧有如下两种形式。

(1)如果可燃气体和空气的混合是在燃烧过程中形成的,则发生扩散燃烧,也称稳定燃烧。例如,用煤气炉做饭时的气体燃烧。

(2)如果可燃气体和空气的混合是在燃烧之前形成的,遇到火源则发生动力燃烧,也称预混燃烧或爆炸式燃烧。例如,泄漏的煤气与空气形成爆炸混合物,遇火源会发生爆燃或爆炸。

2)液体物质的燃烧

液体的燃烧叫蒸发燃烧。易燃和可燃液体受热时蒸发的蒸气被分解、氧化到燃点而燃烧。随着燃烧液体的表层温度升高,蒸发速度和火焰的温度也同时增加,甚至会使液体沸腾。

单质液体燃烧时,蒸发出来的气体与液体的成分相同。混合液体燃烧时,主要先蒸发低沸点的成分,剩余液体中高沸点成分的比例会随着燃烧的深入而增加。例如,重质石油产品在燃烧过程中常会产生沸溢和喷溅现象,造成大面积火灾。

3)固体物质的燃烧

单质固体物质燃烧时,先受热熔化,然后蒸发成气体燃烧。如硫、磷、钾、钠等。

低熔点固体物质燃烧时,先受热熔化,然后蒸发、分解、氧化燃烧。这类物质有蜡烛、沥青、石蜡、松香等。

复杂固体物质燃烧时,先受热分解,冒出气态产物,再氧化燃烧。如木材、煤、纸张、棉花、麻等。

由气体、液体、固体的燃烧特点可决定气体燃烧速度最快,其次是液体,然后是固体。

2．燃烧产物

由燃烧或热解产生的全部物质,称为燃烧产物,通常指燃烧生成的气体、能量、可见烟等。燃烧产物的成分取决于可燃物的组成和燃烧条件。如果燃烧生成的产物不能再燃烧,叫作完全燃烧,产物为完全燃烧产物;当氧气(氧化剂)不足,生成的产物还能继续燃烧,则叫作不完全燃烧,产物为不完全燃烧产物。

1)热量

大多数物质的燃烧是一种放热的化学氧化过程,所释放的能量以热量的形式表现。火灾的发生、发展的整个过程始终伴随着热传播,热传播是影响火灾发展的决定因素。除火焰直接接触外,热传播通常是以传导、辐射和对流三种方式向外传播的。火灾热量对人体具有明显的物理伤害。

2)烟雾

火灾中可燃物燃烧产生大量烟雾,对火场人员的危害极大。烟雾具有遮光性,影响视线,火场的高温烟雾会引起人员烫伤,还可能造成人员中毒、窒息。据统计,火灾人员伤亡80%以上不是直接烧死的,而是吸入有毒的烟雾窒息而死。

一般火灾会产生二氧化碳、一氧化碳以及其他一些有毒气体和水蒸气、灰分等。主要危害人体的是一氧化碳和二氧化碳。

(1)一氧化碳(CO)为不完全燃烧产物,其毒性和中毒原因见2.3.6。空气中含有1%的CO时,就会使人中毒死亡。在灭火抢险中,要注意防止CO中毒和CO遇新鲜空气形成爆炸性混合物而发生爆炸。

（2）二氧化碳（CO_2）是无色无味、毒性小的气体,密度比空气略大。高浓度的二氧化碳会抑制和麻痹人的呼吸中枢,引起酸中毒。火灾中,燃烧导致空气中氧气被消耗,同时二氧化碳浓度升高。因此,火灾会造成现场人员二氧化碳中毒,同时还伴随缺氧危害。

3）火灾致人死亡的原因

（1）有毒气体。一般情况下,导致火灾死亡的有毒气体主要是一氧化碳。在死者身上检查出的其他有毒气体,几乎不会直接造成死亡。

（2）缺氧。由于氧气被燃烧消耗,火灾中的烟雾常呈低氧状态,人吸入后会因缺氧而死亡。

（3）烧伤。由于火焰或热气流损伤大面积皮肤,引起各种并发症而致人死亡。

（4）吸入热气。如果在火灾中受到火焰的直接烘烤,就会吸入高温的热气,从而导致气管炎症和肺水肿等窒息死亡。

3.1.4　燃烧原理应用

1. 防火的基本措施

一切防火措施都是为了防止产生燃烧条件和燃烧条件的相互作用。按照燃烧原理,防火的基本措施主要有以下几种。

（1）控制可燃物。例如,以难燃或不燃材料替代可燃或易燃材料,用防火材料浸涂可燃材料。

（2）隔绝助燃物。对遇空气能自燃和火灾危险性大的物质应采取隔绝空气储存的方式。例如,将钠存放在煤油中、黄磷存放在水中等。

（3）消除或控制着火源。例如,严禁吸烟,禁止使用伪劣插座,有易燃易爆气体的室内,不要放置电冰箱等电气设备。实验用电吹风不要放置在木质桌面上,不用时要拔掉插头。

（4）防止火势蔓延。一旦发生火灾,不使新的燃烧条件形成,将着火和爆炸限制在较小的范围。例如,合理放置实验室室内设备、物品,做到分区隔离。

2. 灭火的基本方法

根据燃烧形成的条件,有以下 4 种灭火方法。

1）隔离法

将燃烧的物体或其周围的可燃物隔离或移开,燃烧会因缺少可燃物而终止。例如,搬离靠近火源的可燃、易燃、易爆和助燃的物品;把着火的物体移至安全地带;掩盖或阻挡流散的易燃液体;关闭可燃气体、液体管道的阀门,阻断可燃物进入燃烧区域等。

2）窒息法

阻止空气进入燃烧区域或用不燃物降低燃烧区域的空气浓度,使燃烧缺氧而熄灭。例如,用灭火毯、沙土、湿帆布等不燃或难燃物覆盖燃烧物;封闭着火房间门窗、设备的孔洞等。二氧化碳灭火剂就有通过隔绝空气,起到灭火的作用。

3）冷却法

将灭火剂直接喷射到燃烧物上,以降低燃烧物的温度至燃点以下,使燃烧终止;或者将灭火剂喷洒在火源附近的可燃物上,防止热辐射引燃周边物质。例如,用水或二氧化碳扑灭一般固体的火灾,通过大量吸收热量,迅速降低燃烧物温度,使火熄灭。

4）抑制法

该方法基于燃烧是游离基的链式反应机理。将化学灭火剂喷射至燃烧区,参与燃烧的化学反应,使燃烧反应过程中产生的游离基消失,链传递中断,造成燃烧反应终止。干粉灭火剂被认为具有一定的抑制火势的作用。

3.2　建筑消防设施、安全标志

3.2.1　建筑消防设施

建筑消防设施是建(构)筑物内用于防范和扑救建(构)筑物火灾的设备设施的总称。常见的消防设施包括自动报警、灭火设施,安全疏散设施,防火分隔物等。

1. 自动报警、灭火设施

1）自动报警系统

自动报警系统一般由火灾探测器(烟感、温感、光感等)、区域报警器和集中报警器组成,也可以根据要求同各种灭火设施和通信装置联动,形成中心控制系统。火灾产生的烟雾、高温和火光,可通过探测器转变为电信号报警或启动自动灭火系统,及时扑灭火灾。

2）自动灭火系统

自动灭火系统主要有自动水灭火、自动气体灭火两大类。常用的为自动喷水灭火系统,由洒水喷头、报警阀组、水流报警装置(水流指示器或压力开关)等组件以及管道、供水设施组成,能在发生火灾时喷水灭火。

3）室内消火栓(箱)

室内消火栓(箱)是安装在建筑物内的消防给水管路上,由箱体、消火栓头、消防接口、水枪、水带(高层建筑通常还有消防软管卷盘)及消火栓按钮设备等消防器材组成的具有给水、灭火、控制、报警等功能的箱状固定式消防装置。

室内消火栓一般设置在建筑物走廊或厅堂等公共空间的墙体内,箱体玻璃上标注醒目的"消火栓"红色字。

室内消火栓禁止被隔离在房间内。消火栓(箱)前禁止放置障碍物,以免影响消火栓门的开启。

4）灭火器

灭火器是可携式灭火工具,是扑救初起火灾的重要消防器材。

灭火器按其移动方式可分为手提式和推车式;按驱动灭火剂的动力来源可分为储气瓶式、储压式、化学反应式;按所充装的灭火剂又可分为泡沫、干粉、卤代烷(对臭氧层有破坏作用,已禁止在非必要场所配置该型灭火器或灭火系统)、二氧化碳、酸碱、清水等。

常见的灭火器主要包括干粉灭火器、二氧化碳灭火器及泡沫灭火器等。

2. 安全疏散设施

建立安全疏散设施的目的,就是要当建筑物内发生火灾时,能使建筑物内的人员和物资尽快转移到安全区域(室外或避难层、避难间等),以减少损失,同时也为消防人员提供有利的灭火条件。

安全疏散设施包括安全出口、疏散楼梯、疏散走道、消防电梯、火灾应急广播、防排烟设施、应急照明和安全指示标志等。

1）安全出口

凡是可供人员安全疏散用的门、楼梯、走道等统称为安全出口。如建筑物的外门、房间的门、经过走道或楼梯能通向室外的门等，都是安全出口。

安全出口遵循"双向疏散"的原则，即建筑物内的任意地点，均应有两个方向的疏散路线，以保证疏散的安全性。

每个防火分区的安全出口一般不得少于两个。人员密集的公共场所，则必须根据容纳的人数确定。

安全出口的布置应分散，有明显标志，易于查找。安全出口必须保证畅通，不得封堵，不能任意减少，使用时不得上锁。

2）疏散楼梯和楼梯间

疏散楼梯是在发生紧急情况的时候，用来疏散人群的通道。疏散楼梯包括普通楼梯、封闭楼梯、防烟楼梯及室外疏散楼梯等4种。楼梯间是指容纳楼梯的结构，包围楼梯的建筑部件。楼梯间分为敞开楼梯间、封闭楼梯间、防烟楼梯间。

（1）敞开楼梯间是指建筑物内由墙体等围护构件构成的无封闭防烟功能，且与其他使用空间相通的楼梯间。这种普通楼梯在人员疏散时安全度最低，只允许在低层建筑物中使用。

（2）封闭楼梯间是指用耐火建筑构件分隔，能防止烟和热气进入的楼梯间。封闭楼梯间的门应向疏散方向开启。

（3）防烟楼梯间。当封闭楼梯间不能天然采光和自然通风时，应按防烟楼梯间的要求设置。防烟楼梯间应设置防烟或排烟设施和应急照明设施；在楼梯间入口处应设置防烟前室、开敞式阳台或凹廊等。

（4）室外疏散楼梯。当在建筑物内设置疏散楼梯不能满足要求时，可设室外疏散楼梯作为辅助楼梯。

3）疏散走道

从建筑物着火部位到安全出口的这段路线称为疏散走道，也就是指建筑物内的走廊或过道。

疏散走道不准放置物品，不准人为设门（防火分区的门除外）、台阶、门垛、管道等，以免影响疏散，疏散走道内应有疏散指示标志和应急照明。

4）消防电梯

消防电梯是在建筑物发生火灾时供消防人员进行灭火与救援使用，并且具有一定功能的电梯。

普通电梯均不具备消防功能，发生火灾时禁止搭乘电梯逃生。消防电梯有备用电源，不受火灾时断电影响。

由于火灾并非经常发生，平时可将消防电梯与普通电梯兼用。

5）火灾应急照明和疏散指示标志（发光）

建筑物发生火灾时，正常电源往往被切断，黑暗会使人产生惊恐，造成混乱。应急照明和疏散指示标志疏散逃生，可以帮助人们在黑暗或浓烟中，及时识别疏散位置和方向，迅速沿疏散指示标志疏散，避免造成伤亡事故。

应急照明一般设置在墙面或顶棚上,安全出口标志设在出口的顶部,疏散走道的指示标志设在疏散走道及其转角处距地面 1 m 以下的墙上。

6）火灾应急广播

在人员比较集中的建筑物中,一旦发生火灾,影响很大。通过应急广播,能够使在场人员了解发生了什么事和该如何疏散,便于发生火灾时统一指挥,防止发生混乱,保障人员有秩序地快速疏散。事故广播系统可与火灾报警系统联动。

3. 防火分隔物

防火分隔物是指在一定时间内能够阻止火势蔓延,且能把整个建筑物内部空间划分出若干较小防火空间的物体。常用的防火分隔物有防火门、防火卷帘、防火墙、防火阀等。

1）防火门

防火门也称防烟门,是用来维持走火通道的耐火完整性及提供逃生途径的门。防火门可阻隔浓烟及热力,其目的是要确保在一段合理时间内（通常是逃生时间）,保护走火通道内正在逃生的人免受火灾的威胁。防火门应常闭。

2）防火卷帘

防火卷帘是一种活动的防火分隔物,平时卷起在门窗上口的转轴箱中,起火时将其放下展开,用以阻止火势从门窗洞口蔓延。防火卷帘广泛应用于建筑的防火隔断区,除具有普通门的作用外,还有防火、隔烟、抑制火灾蔓延、保护人员安全疏散等特殊功效。

3）防火墙

防火墙是由不燃材料构成,具有隔断烟火及其热辐射,防止火灾蔓延的耐火墙体。安装在通风、回风管道上,平时处于开启状态,火灾时当管道内气体温度达到 70 ℃时关闭,起阻隔烟火的作用。

4）防火阀

防火阀是安装在通风、空调系统的送、回风管路上,平时呈开启状态,火灾时当管道内气体温度达到 70 ℃时自动关闭,起隔烟阻火作用的阀门。

4. 其他设施

1）防火分区

防火分区是指采用防火分隔措施划分出的、能在一定时间内防止火灾向同一建筑的其余部分蔓延的局部区域（空间单元）。建筑物一旦发生火灾,防火分区可有效地把火势控制在一定的范围内,减少火灾损失,同时可以为人员安全疏散、灭火提供有利条件。

2）防烟分区

防烟分区是指用挡烟垂壁、挡烟梁、挡烟隔墙等划分的可把烟气限制在一定范围的空间区域。发生火灾时,防烟分区可在一定时间内,将高温烟气控制在一定的区域之内,并迅速排出室外,以利于人员安全疏散,控制火势蔓延和减少火灾损失。

3）防火间距

防火间距是指相邻两栋建筑物之间,保持适应火灾扑救、人员安全疏散和降低火灾时热辐射的必要间距。也就是指一幢建筑物起火,其相邻建筑物在热辐射的作用下,在一定时间内没有任何保护措施情况下,也不会起火的最小安全距离。建筑防火间距一般为消防车能顺利通行的距离,一般为 7 m。

4)消防通道

消防通道是指消防人员实施营救和被困人员疏散的通道。

每个公民都应自觉保护消防设施,不损坏、擅自挪用、拆除、停用消防设施、器材,不埋压、圈占消火栓,不占用防火间距,不堵塞消防通道。

3.2.2 常见的消防安全标志

消防安全标志是由安全色、边框、图像、图形、符号、文字所组成,能够充分体现消防安全内涵、规模和消防安全信息的标志。

悬挂消防安全标志的目的是为了能够引起人们对不安全因素的注意,树立安全意识,预防发生事故。

1.消防安全标志的颜色

红色表示禁止;黄色代表火灾或爆炸危险;绿色表示安全和疏散途径;黑色、白色主要表示文字。

2.消防安全标志的内容

常见的消防安全标志见表3.1。

表 3.1 常见的消防安全标志

(1)火灾报警和手动控制装置		
消防手动启动器 指示火灾报警系统或固定灭火系统等的手动启动器	发声报警器 指示该手动启动装置是启动发声警报器的	火警电话 指示在发生火灾时,可用来报警的电话及电话号码

(2)火灾时疏散途径			
紧急出口 指示在发生火灾等紧急情况下,可使用的一切出口		滑动开门 指示装有滑动门的紧急出口,箭头指示该门的开启方向	
推开 本标志置于门上,指示门的开启方向	拉开 本标志置于门上,指示门的开启方向	击碎板面 指示:①拿到钥匙或开门工具;②制造一个出口	禁止阻塞 表示阻塞(疏散途径或通向灭火设备道路等)会导致危险

续表

禁止锁闭 表示紧急出口、房门等禁止锁闭			
（3）灭火设备			
灭火设备 指示灭火设备集中存放的位置	灭火器 指示灭火器存放的位置	消防水带 指示消防水带、软管卷盘或消火栓箱的位置	地下消火栓 指示地下消火栓的位置
地上消火栓 指示地上消火栓的位置	水泵接合器 指示消防水泵接合器的位置	消防梯 指示消防梯的位置	
（4）具有火灾、爆炸危险的地方或物质			
当心火灾——易燃物质	当心火灾——氧化物	当心火灾——爆炸性物质	禁止用水灭火 表示：①该物质不能用水灭火；②用水灭火会产生危险
禁止吸烟	禁止烟火 表示吸烟或使用明火能引起火灾或爆炸	禁止放易燃物 表示存放易燃物会引起火灾或爆炸	禁止带火种 表示存放易燃易爆物质，不得携带火种
禁止燃放鞭炮			

（5）方向辅助标志			
疏散通道方向 指示到紧急出口的方向，该标志亦可制成长方形		灭火设备或报警装置的方向 指示灭火设备或报警装置的位置方向，该标志亦可制成长方形	
（6）文字辅助标志			
火灾报警按钮	安全楼梯	灭火器	

3.3 灭火常识与技术

3.3.1 室内火灾

1.室内火灾的发展过程

根据室内火灾温度的变化特点，火灾发展过程可分为三个阶段。

1）火灾初起阶段

火灾最初只是起火部位及附近可燃物着火燃烧，此时的燃烧范围不大，火势发展速度较慢。除燃烧区域温度较高，室内其他部位平均温度较低。该阶段是扑灭火灾和疏散人员的最佳时间段，应及时组织人员尽快将火灾扑灭。

2）火灾发展阶段

火灾发展阶段包括发展阶段和猛烈燃烧阶段。火灾初起阶段后期，燃烧范围迅速扩大，形成火灾的发展阶段。火灾发展时间因着火源、可燃物的分布及通风条件的影响，有很大差异。当室内火灾达到一定温度值时，房间内所有可燃物瞬时都被引燃，产生"轰燃"，形成火灾的猛烈燃烧阶段。"轰燃"是室内火灾最显著的特征之一，火场人员在"轰燃"时尚未疏散，则很难幸免。

3）火灾熄灭阶段

随着室内可燃物及其挥发物的减少，火灾的燃烧速度减慢。当室内平均温度逐渐下降至最高值的80%时，火灾进入熄灭阶段。直至可燃物全部烧尽，火灾结束。火灾熄灭前期，燃烧仍然剧烈，温度仍然较高，建筑构件会由于被烧损，出现掉落、倒塌现象，仍然会威胁人员安全。

2.室内火灾蔓延的途径

当室内火灾发展到轰燃后，就会通过可燃物的直接延烧、热传导、热辐射和热对流等方式向其他空间蔓延。建筑物内火灾蔓延的途径主要有如下几种。

1）内墙门

起火房间房门处于开启状态,或被烧穿,从门口喷涌出来的火焰、高温烟气,会将火蔓延到其他房间或区域。

2）外墙窗口

从起火房间窗口喷出的烟气和火焰,由窗口向上蹿跃,烧毁上部楼层窗户,并引燃房间内的可燃物,使火灾蔓延。

3）各种竖井管道和楼板的孔洞

建筑物内的电梯井、管道井、通风井、排烟井等各种竖井管道林立。如果防火设计不完善,这些竖井在发生火灾时会产生“烟囱效应”,火势通过这些竖井向上蔓延。实验研究表明,高温烟气在竖井内向上蔓延的速率为 3 ~ 5 m/s。

4）房间隔墙

房间隔墙采用可燃材料,或采用非燃、难燃材料而耐火性很差时,会被高温火势烧损,失去隔火作用。

5）穿越楼板、墙壁的穿孔缝隙和管线

火势会通过未用不可燃材料封堵的管道穿孔缝隙向其他区域蔓延;金属管线会通过热传导方式将热量传递到其他区域,将接触管线的可燃物引燃。

6）闷顶

闷顶,指吊顶与屋面板或上部楼板之间的空间。不少闷顶内为连通空间,没有防火分隔墙,一旦起火极易在内部蔓延,且难以及时发现,导致灾情扩大。

7）楼梯间

有些建筑的封闭楼梯间,起封闭作用的门未采用防火门,或人为造成防火门处于开启状态,未做到“防火门常闭”,不能有效阻止烟火,使火灾蔓延至通道,甚至造成人员伤亡。

3.3.2　灭火器及室内消火栓的使用方法

扑灭初起火灾可以减少火灾损失,杜绝火灾伤亡。火灾初起阶段的燃烧面积小、火势弱,在场人员如能采取正确扑救方法,就能在灾难形成之前迅速将火扑灭。据统计,以往发生火灾的 70% 以上是由在场人员在火灾形成的初起阶段扑灭的。因此,掌握灭火器材的使用,懂得扑灭初起火灾的方法是非常必要的。

实验室常用的灭火器材有干粉灭火器、二氧化碳灭火器和室内消火栓。

1. 灭火器的使用方法

1）手提式干粉灭火器(图 3.1)

(1)灭火原理:干粉灭火器利用二氧化碳气体或氮气气体作动力,将干粉灭火剂喷出灭火。对有焰燃烧的化学抑制作用是其灭火的基本原理,同时还有窒息、冷却的作用。

(2)适用范围:碳酸氢钠干粉(BC 类)灭火器适用于易燃、可燃液体、气体及电气设备的初起火灾;磷酸铵盐干粉(ABC 类)灭火器除可用于上述几类火灾外,还可扑救固体类物质的初起火灾。干粉灭火器不能扑救金属燃烧火灾。

(3)使用方法:使用前先将灭火器上下颠倒几次,使筒内干粉松动,然后将食指伸入保险销环,并拧转拔下保险销。一手握住启闭阀的压把,另一只手握住皮管,将喷嘴对准起火点,用力压下压把,即可灭火。

2)手提式二氧化碳灭火器(图3.2)

(1)灭火原理:二氧化碳具有不能燃烧,也不能支持燃烧的性质,通过压力将液态二氧化碳压缩在灭火器钢瓶内,灭火时再将其喷出,有降温和隔绝空气的作用。

(2)适用范围:主要用于扑救贵重设备、档案资料、仪器仪表、600 V 以下电气设备及油类的初起火灾。CO_2 在高温下可与一些金属发生燃烧反应,因此不能用它扑灭金属火灾,也不能用于扑救硝化棉、赛璐珞、火药等本身含有氧化基团的化学物质火灾。

(3)使用方法:拔出灭火器的保险销,把喇叭筒往上扳 70°~90°。一手托住灭火器筒底部,另一只手握住启闭阀的压把。将喇叭筒近距离对准起火点,用力压下压把,即可灭火。

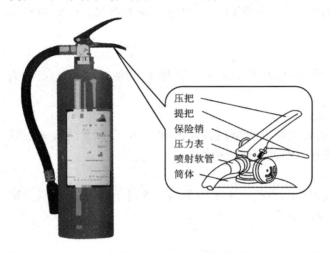

压把
提把
保险销
压力表
喷射软管
筒体

图3.1　干粉灭火器

图3.2　二氧化碳灭火器

3)手提式泡沫灭火器

(1)灭火原理:通过筒体内酸性溶液与碱性溶液混合发生化学反应,将生成的泡沫压出喷嘴,黏附在燃烧物上,使之与空气隔绝,达到灭火的目的。

(2)适用范围:主要用于扑救一般 B 类火灾,如油制品、油脂等火灾,也可用于扑救木材、纤维、橡胶等 A 类火灾。不能扑救带电设备和醇、酮、酯、醚等有机溶剂的火灾。泡沫灭火剂的喷射距离远,连续喷射时间长,可用来扑救较大面积的储槽或油罐车等的初起火灾。

(3)使用方法:将灭火器提至火场,一手握住提环,另一手扶住筒体的底圈,将灭火器颠倒过来,喷嘴对准火源根部,用力摇晃几下,灭火剂即喷出。使用者应逐渐向燃烧区靠近,将喷出的泡沫覆盖在燃烧物上,直至火灭。

4)使用手提式灭火器的注意事项

室内灭火器要放置在明显处,取用方便且不影响安全疏散,注意防止高温或暴晒。

干粉或二氧化碳灭火器的射流短,使用者不可离火太远。要侧身站立,上身后倾,以防烟火熏烤。要前伸灭火器,将喷嘴近距离对准火焰根部喷射,不要对着火苗或烟雾。在灭火过程中,应始终压紧压把,手松开喷射就会中断。

使用二氧化碳灭火器时,切勿直接用手抓握金属连线管,以防手被冻伤;在室内狭小空间使用后,要及时撤离,以防缺氧窒息。

泡沫灭火器在使用前,筒体不可过分倾斜,更不可横拿或颠倒,以免筒内药剂混合而提前喷出;使用过程中,要始终保持倒置状态,防止喷射中断。

如在室外灭火,一定要站在上风位置,避免在下风处被烟火熏烤。

扑救流散液体火灾时,应对准火焰根部,由近而远左右扫射,将火压灭。扑救容器内液体火灾时,不要垂直喷射液面,避免灭火剂强力冲击液面,造成液体外溢而扩大火势。

要根据火灾现场灭火器的数量,组织人员同时使用,迅速把火扑灭。而只由一个人灭火,可能会延误时机。

火被扑灭后,要仔细检查现场,防止着火部位存在炽热物引发复燃。直至确认不会再发生燃烧,方可离开。

2. 室内消火栓的使用方法

掌握室内消火栓(图 3.3)的使用方法很有必要。手提式灭火器的药剂含量少,喷射距离短,只适合扑救初起火灾。因此,当火势较大时,就需要使用室内消火栓扑救。遇到交通拥堵的高峰期,消防车不能及时赶到,如果火场人员不会使用消火栓,就可能延误最佳灭火时机,就会使火势迅速蔓延,酿成大的火灾事故。

1) 使用方法

遇有火警时,按下弹簧锁,拉开箱门,连接水枪与水带接口、水带与消火栓接口,如有加压泵,要击碎加压泵启动按钮玻璃。一人持连接好的枪头奔向起火点,另一人在前者到达火场后,将栓头手轮逆时针旋开,即可喷水灭火。

消防软管卷盘如图 3.4 所示。如果消火栓箱内有消防软管卷盘(能迅速展开软管,操作简便,机动灵活,可单人使用),扑救火灾时,可将消防软管全部拉出散放于地上,逆时针拧开进水控制阀门,将软管喷头牵引到火场,打开喷头阀门开关,将水喷向起火部位。

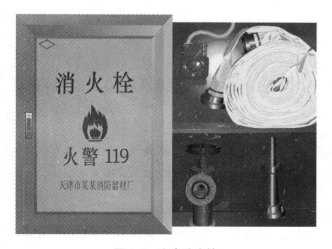

图 3.3　室内消火栓

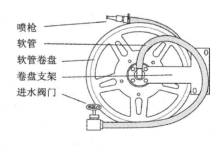

喷枪
软管
软管卷盘
卷盘支架
进水阀门

图 3.4　消防软管卷盘结构示意

2) 注意事项

出水前,要将水带展开,防止打结造成水流不畅。灭火人员要抓紧水枪,或二人持握,防止因水压大造成枪头舞动脱手伤人。

如果距离火场远,一盘水带不够长时,应快速从另一消火栓箱内取出水带并连接上。

扑救室内火灾时,要先将房顶和开口部位(门、窗)的火势扑灭后,再扑救起火部位。

当火灾较小时,应使用灭火器扑救,不宜使用室内消火栓。

要提前关闭火场区域范围线路电源,防止灭火时触电。

不可用消防水枪扑救带电设备、比水轻的易燃液体、实验室遇水起化学反应药品的火灾。

3. 其他实验室灭火物品

除灭火器、室内消火栓外,一般还可以用灭火毯、沙土和自来水扑救实验室的初起火灾。使用自来水灭火要先断电,防止触电或电气设备爆炸伤人。不宜用水灭火的实验室,应配备灭火毯或沙土箱。发生火灾时,可用灭火毯覆盖燃烧物使燃烧窒息,或用沙土倾洒在燃烧物上压灭火苗。

3.3.3 火灾扑救的注意事项

1. 沉着冷静

发现起火,切忌慌张,不知所措。要沉着冷静,根据防火课和灭火演练学到的消防知识,组织在场人员利用灭火器具,在火灾的初起阶段将其扑灭。如果火情发展较快,要迅速逃离现场。

2. 争分夺秒

使用灭火器进行扑救火灾时,可按灭火器的数量,组织人员同时使用,迅速把火扑灭。避免只由一个人使用灭火器的错误做法。要争分夺秒,尽快将火扑灭,防止火情蔓延。切忌惊慌失措、乱喊乱跑,延误灭火时机,小火酿成大灾。

3. 兼顾疏散

发生火灾,现场能力较强人员组成灭火组负责灭火,其余人员要在老师带领下或自行组织疏散逃生。疏散过程要有序,防止发生踩踏等意外事故。

4. 及时报警

发生火灾要及时扑救,同时应立即报告火警,使消防车迅速赶到火场,将火尽快扑灭。"报警早,损失小"。

5. 生命至上

在灭火过程中,要本着"救人先于救火"的原则,如果有火势围困人员,首先要想办法将受困人员抢救出来;如火情危险难以控制,灭火人员要确保自身安全,迅速逃生。

6. 断电断气

电气线路、设备发生火灾,首先要切断电源,然后再考虑扑救。如果发现可燃气体泄漏,不要触动电器开关,不能用打火机、火柴等明火,也不要在室内打电话报警,避免产生着火源。要迅速关闭气源,打开窗门,降低可燃气体浓度,防止燃爆。

7. 慎开门窗

救火时不要贸然打开门窗,以免空气对流加速火势蔓延。如果室内着火,打开门窗,会加速火势蔓延;如果室外着火,烟火会通过门窗涌入,容易使人中毒、窒息死亡。

3.3.4　火灾报警

《中华人民共和国消防法》第五条规定:任何单位和个人都有维护消防安全、保护消防设施、预防火灾、报告火警的义务。任何单位和成年人都有参加有组织的灭火工作的义务。所以一旦失火,要立即报警,全国统一规定使用的火警电话号码为"119"。

发生火灾报告火警时,应注意以下几点。

(1)拨打"119"电话时不要慌张以防打错号码,延误时间。

(2)讲清火灾情况,包括起火单位名称、地址、起火部位、什么物资着火、有无人员围困、有无有毒或爆炸危险物品等。消防队可以根据火灾的类型,调配居高车、云梯车或防化车。

(3)要注意指挥中心的提问,并讲清自己的电话号码,以便联系。

(4)电话报警后,要立即在着火点附近路口等候,引导消防车迅速到达火灾现场。

(5)迅速疏通消防车道,清除障碍物,使消防车到火场后能立即进入最佳位置灭火救援。

(6)如果着火区域发生了新的变化,要及时报告,使消防队能及时改变灭火战术,取得最佳效果。

报警注意事项如下。

(1)报警电话要避免信息不全。例如,消防队常接到说完"家里起火了""某单位起火了"就挂断的电话。这样报警,消防队无法了解火灾地点、情况,也无法核实其真实性。

(2)避免误报火警。应先确定是"火灾",再报警。例如,某人饭后散步时,抬头发现楼上一厨房窗口有烟,遂报火警,后经消防队了解,是做饭产生的油烟。消防车数量有限,误报火警,往往会影响其他地方火灾的扑救工作。

(3)严禁谎报火警。谎报火警是违法行为,消防部门会通过技术手段直接将谎报者电话锁定,并依据《中华人民共和国消防法》的相关规定进行处罚。

3.4　火灾时的逃生与自救

除了火灾产生的高温、有毒烟气威胁着火场人员生命安全,火灾的突发性、火情的瞬息变化也会严重考验火场人员的心理承受能力,影响他们的行为。被烟火围困人员往往会在缺乏心理准备的状态下,被迫瞬间做出相应的反应,一念之间决定生死。火场上的不良心理状态会影响人的判断和决定,可能导致错误的行为,造成严重后果;只有具备良好的心理素质,准确判断火场情况,采取有效的逃生方法,才能绝处逢生。

1. 熟悉环境,有备无患

平时应树立遇险逃生意识,居安思危,防患未然。要熟悉所处环境,熟记疏散通道、楼梯及安全出口的位置和走向,确保遇到火灾能够沿正确的逃生路线及时逃离火场,避免伤亡。

2. 初起火灾,及时扑灭

火灾刚刚发生时,属于初起阶段,还难以对人构成威胁。这时如果发现火情,应立即利用室内、通道内放置的灭火器,或通道内的消火栓及时将小火扑灭。切忌惊慌失措,不知所为,延误时间,使小火酿成大灾。

3. 通道疏散, 莫乘电梯

目前我国的消防规范禁止使用普通电梯逃生, "电梯不能作为火灾时疏散逃生的工具"的规定也是国际惯例。

发生火灾从高层建筑疏散时, 千万不要乘坐电梯, 要走楼梯通道。因为火灾时往往会断电, 使得电梯卡壳或因火灾高温变形, 造成救援困难; 浓烟毒气涌入电梯竖井通道会形成烟囱效应, 威胁被困电梯人员的安全, 极易酿成伤亡事故。

应根据火灾现场情况, 确定逃生路线。一般处在着火层的应向下层逃生, 着火层以上的应向室外阳台、楼顶逃生。如果疏散通道未被烟火封堵, 处在着火层以上的也可以向下逃生。

4. 毛巾捂鼻, 低姿逃生

烟雾是火灾的第一杀手, 如何防烟是逃生自救的关键。因此, 穿过火场烟雾时, 如果没有防毒面具, 可用湿毛巾(含水量不宜过高, 以免呼吸困难; 干毛巾可多折几层)捂住口鼻, 降低吸入烟雾的浓度。火灾发生时烟气大多聚集在上部空间, 在逃生过程中应尽量将身体压低, 弯腰或匍匐靠墙前进, 按照疏散标识指示方向逃出。

5. 防止烧伤, 棉被护体

当距离安全出口较近, 逃生通道有火情, 可将身体用水浇湿, 用浸湿的毛巾、棉被、毯子等物裹严, 再冲出火场逃至安全地带。

6. 身上着火, 切忌惊跑

如果发现身上衣物被火点燃, 切忌惊跑或用手拍打, 要用水浇灭; 没有水源情况下, 尽快撕脱衣服或就地滚动将火压灭。禁止直接向身上喷射灭火剂(清水除外), 以防伤口感染。

7. 被困室内, 隔离烟火

当被烟火困在室内, 逃生无路时, 首先应关紧迎火的门窗, 打开背火的门窗, 用湿毛巾、湿布条塞堵门缝, 防止烟气侵入。如门烫手, 可泼水降温, 固守在房内等待救援。2000 年洛阳大火中, 曾有 4 人被困包间内, 发现火情后立即关紧屋门, 推掉墙上的空调让室外空气进入得以生存。

若逃生通道被烟火封堵时, 也可将卫生间、水房等有水源的地方作为临时避难场所, 等待救援人员到达。1994 年克拉玛依友谊馆发生火灾, 在逃生无路的情况下, 就有一位老师急中生智, 带着三个学生躲进厕所, 得以生还。

8. 难以呼吸, 结绳脱困

如果房间充满浓烟造成呼吸困难, 既不能沿通道撤离, 又无法在室内立足, 只有沿窗口逃生时, 可利用绳索, 或将床罩、被单撕成条拧成绳, 从窗口顺绳滑下。如果绳子不够长, 可用其一头捆住腰, 一头固定在室内火焰侵袭不到地方, 将自己悬在窗外。洛阳大火, 有一位女职工就是采用这种"外悬法"获救的。当室内充烟、没条件结绳, 可骑坐在窗外空调机上。如果窗外墙上有突出物可供踩踏, 可以翻出窗外, 扒住窗沿, 紧贴外墙站立以待救援。

9. 跳楼有方, 切记谨慎

火灾事实表明, 楼层在 3 层以上选择跳楼逃生的, 生存概率极低。处于这种场合, 要积极寻找其他逃生途径。只有当所处楼层较低, 逃生无路, 室内烟熏火烤, 不得已的情况下, 才能采取跳楼逃生。跳楼逃生时, 可先往地上抛下棉被等物增加缓冲, 俯身用手拉住窗台, 头上脚下滑跳,确保双脚先着地,准确地跳在缓冲物上。切勿站在窗台上直接跳下。

10. 莫贪钱财,生命为本

"人死不能复生"。身处险境,应尽快撤离,不要把逃生时间浪费在寻找、搬离贵重物品上;已经逃离险境的人员,切莫为取出遗忘的钱财而重返火海,自投罗网。

11. 制造信号,寻求援助

被烟火围困暂时无法逃离的人员,应尽量待在阳台、窗口等易于被人发现和能避免烟火近身的地方。白天可以向窗外晃动鲜艳衣物,或外抛轻型晃眼的东西;晚上可以用手电筒不停地在窗口闪动或者敲击东西,及时发出有效的求救信号,引起救援者的注意。

3.5　实验室火灾预防

3.5.1　实验室常见火灾的原因

(1)实验室管理不到位,导致发生违反安全防火制度的现象。例如,违反规定在实验室吸烟并乱扔烟头;不按防火要求使用明火,引燃周围易燃物品。

(2)配电不合理、电气设备超负荷运转,造成电路故障起火,电气线路老化造成短路等。

(3)易燃、易爆化学品储存或使用不当。

(4)违反操作规程,或实验操作不当引燃化学反应生成的易燃、易爆气体或液态物质。

(5)仪器设备老化或未按要求使用。

(6)实验室未配置相应的灭火器材,或缺乏维护造成失效。

(7)实验期间脱岗,或实验人员缺乏消防技能,发生事故不能及时处理。

3.5.2　实验室火灾典型案例

1. 使用明火造成火险

2006 年 3 月 31 日晚 7:30,天津某高校某学院一学生在实验室工作台前进行科技立项试验,在起身离座拿取身后实验桌上药品时,使用的酒精灯突然爆裂,酒精沿工作台流下并起火。火灾起因认定为酒精灯无故自然爆裂(因为其裂面为水平断面)。

该实验室摆放了许多木制实验台和实验凳及仪器设备,一旦小火患处理不当,酿成火灾,后果将不堪设想。所幸做实验的学生处理果断,用室内灭火器及时将火扑灭。

2. 电源插座引发火灾

2003 年 7 月 7 日中午,天津某高校某教学楼一层实验室,由于室内电源插座插头过多造成电线短路,引燃插座周围易燃物,因楼内工作人员发现及时,才避免了大的火灾事故。

多用途拖线电源插座,给我们带来许多方便。但为图方便、省事,不加选择地将多种电器插头插在同一插座上,会使插座发热、烫手,甚至燃烧。要杜绝电源插座一插座多插头的现象,更不要使用劣质插座,实验室人员还应做到人走断电,避免发生电气线路火灾。

3. 线路老化造成短路

2007 年 12 月 19 日,天津某高校某教学楼实验室发生火灾。直接原因为实验用稳压电源与活动电插座的连线因老化发生短路,火花落到盛装沥青的纸箱上引起火灾。

电线老化会造成绝缘性能下降,容易发生短路。尤其遇到潮湿天气,电线外表虽然完整,绝缘能力已大大降低,水分浸入金属导体,使其短路可引起电气线路火灾。另外,导线与导线、插头与插座的接插部位等接点处相接不实、发生锈蚀或存在氧化层会造成接触电阻过大,产生电弧、火花,也会引起火灾。

4. 实验期间脱岗造成火灾

2003 年 12 月 13 日 20 时 50 分许,天津某高校某教学楼实验室因处于实验状态的仪器发生故障时,实验人员脱岗,未能及时处理,引起火灾。该起火灾事故烧毁 TP-III 型智能透皮扩散仪一台,直接经济损失 1 800 元。事故发生后,相关学院的责任人、负责人被通报批评,实验室负责人和事故直接责任人被处罚、通报批评。

实验期间可能会产生安全问题,如果无人在场,就不能保证及时发现并采取有效措施,往往会造成大的事故。因此,要坚决杜绝实验期间脱岗现象。学校在检查中如发现脱岗现象,或脱岗造成事故,将按照各大学实验室脱岗责任事故认定和处理办法进行处理。

5. 违规过量存放易燃化学药品

2006 年 5 月 14 日早晨,天津某高校某教学楼实验室发生爆炸。爆炸原因分析确定为室内存放的石油醚(20 L 塑料桶装)发生泄漏,液体挥发迅速在室内聚集达到了爆炸极限,遇到电冰柜启动时产生的电火花发生爆炸,造成直接经济损失一万余元。学院责任人、负责人被警告处分,直接责任人被记过处分并罚款。

化学危险品严禁超剂量购买和长期存放。实验室内的危险化学药品要分类存放,保持通风,远离火种,并做好防热、防潮工作。

3.5.3 火灾的预防

根据公安部消防局公布的近些年的全国火灾事故统计,列出如表 3.2 所示数据表。

表 3.2 2007—2011 年火灾统计数据表

时间/年	火灾起数/万起	死亡人数/人	受伤人数/人	直接财产损失/亿元
2007	15.9	1 418	863	9.9
2008	13.3	1 385	684	15
2009	12.7	1 076	580	13.2
2010	13.17	1 108	573	17.7
2011	12.54	1 106	572	18.8

从表 3.2 的火灾统计数据可以看出,全国每年的火灾事故都会造成巨大的财产损失和人员伤亡。残酷的火灾现实给我们带来了惨痛的教训,这就要求我们要把消防安全工作放在首位,作为各项工作的重中之重落实好。只有落实了安全、稳定,发展才能有保障。

消防工作的方针是"预防为主,防消结合"。"预防为主"是消防安全的基础和保障,要保障消防安全,必须落实好预防工作,及时排除各类火灾隐患,切实做到防患于未然。

1. 火灾隐患

火灾隐患是指在生产和生活活动中可能直接造成火灾危害的各种不安全因素。火灾隐患通常包含以下三层含义。

（1）增加了发生火灾的危险性。如违反规定生产、储存、运输、销售、使用易燃易爆危险品，违反规定用火、用电、用气等。

（2）一旦发生火灾，会增加对人身、财产的危害。如建筑防火分隔、建筑结构防火设施等被随意改变，失去应有的作用；建筑物内部装修、装饰违反规定，使用易燃、可燃材料；建筑物的安全出口疏散通道堵塞；消防设施、器材不能完好有效等。

（3）一旦发生火灾会严重影响灭火救援行动。如缺少消防水源，消防车通道堵塞，消火栓、水泵接合器等消防设施不能正常使用或不能正常运行等。

2. 遵守实验室防火制度，消除火灾隐患，做好预防工作

为加强学校实验室的消防安全管理，预防和减少火灾危害，各实验室要组织师生学习并遵守学校的相关制度和规定。所有参加实验的人员都必须严格执行实验室安全操作规程，落实防火措施，严格遵守下列安全规定。

（1）实验人员要严格执行"实验室十不准"，即：①不准吸烟；②不准乱放杂物；③不准实验时人员脱岗；④不准堵塞安全通道；⑤不准违章使用电热器；⑥不准违章私拉乱接电线；⑦不准违反操作规程；⑧不准将消防器材挪作他用；⑨不准违规存放易燃药品、物品；⑩不准做饭、住宿。

（2）实验人员要清楚所用实验物质的危险特性和实验过程中的危险性。

（3）实验时疏散门、疏散通道要保持通畅。

（4）易燃易爆钢瓶必须放置在室外。

（5）实验室内特殊的电气、高温、高压等危险设备必须有相应的防护措施，应严格按照设备的使用说明及注意事项使用。

（6）实验人员必须熟知"四懂四会"，即懂本岗位火灾危险性、懂预防措施、懂扑救方法、懂逃生的方法；会报警、会使用灭火器材、会处理险肇事故、会逃生。

（7）实验人员在实验过程中不得脱岗。要随时检查实验仪器设备、电路、水、气及管道等设施有无损坏和异常现象，并做好安全检查记录。

（8）从事易燃易爆设备操作的人员须经公安消防部门培训，考核合格后持证上岗。

（9）实验室必须配有防火、防爆、防盗、防破坏的基本设施；危险化学品应分类存放；贵重物品不得在室内随意摆放。

（10）实验室使用剧毒物品要严格执行"五双"管理制度，并存放在保险柜内。

（11）实验人员使用药品时，应确实了解药品的物性、化性、毒性及正确使用方法，严禁将化学性质相抵触的药品混装、混放。实验剩余的药品必须按规定处理，严禁随意乱放、丢弃垃圾箱内或倒入下水道。要针对实验过程中可能发生的危险，制定安全操作规程，采取适当的防护措施，必要时应参考"材料安全性数据表"进行操作。

（12）严禁摆弄与实验无关的设备和药品，特别是电热设备。

（13）冰箱内不得存放易燃液体，普通烘干箱不准加温加热易燃液体。

（14）严禁闲杂人员特别是儿童进入实验室，防止因外人的违章行为导致火灾。

（15）实验结束后，应对各种实验器具、设备和物品进行整理，并进行全面仔细的安全检查，清除易燃物，关闭电源、水源、气源，确认安全后方可离开。

主要参考文献及资料

[1] 李云霞. 消防安全管理教程[M]. 天津:天津科学技术出版社,2010.

[2] 李云霞,吴春荣,谢飞,等. 消防基础知识教程[M]. 天津:天津科学技术出版社,2011.

[3] 黄凯,张志强,李恩敬. 大学实验室安全基础[M]. 北京:北京大学出版社,2012.

第4章 实验室电气安全

电能是一种方便的能源,它的应用给人类创造了巨大的财富,改善了人类的生活。但是,如果在工作和生活中不注意安全用电,则会带来灾害。例如,触电可造成人身伤亡,设备漏电则可能酿成火灾、爆炸,高频用电可产生电磁污染等。现代实验室中存在有大量电气设备,保证实验室工作人员及电气系统的安全、仪器设备的正常运转,则需要每一个人树立安全用电意识,掌握安全用电的知识与技能。

4.1 电气事故特点与类型

4.1.1 电气事故类型

电气事故按发生灾害形式可分为人身事故、设备事故、电气火灾和爆炸事故;按事故电路状况可分为短路事故、断线事故、接地事故、漏电事故;按能量形式及来源则可分为触电事故、静电事故、雷电事故、射频危害、电路故障等。

4.1.2 电气事故特点

1. 危险因素不易察觉

电没有颜色、气味、形状,很难被察觉,在使用过程中,人们往往忽视它的存在,造成事故。

2. 事故发生突然

电气事故发生时,来得突然,毫无预兆,人一旦触电,自身极易失去防卫能力。

3. 事故的危害性大

电气事故的发生伴随着危害和损失,如设备损坏、火灾、爆炸等。严重的电气事故不仅会造成重大的经济损失,还会造成人员的伤亡。据有关部门统计,我国触电死亡人数占工伤事故总死亡人数的5%左右。

4. 事故涉及面广

电气事故不仅仅局限在用电领域,如触电、设备和线路故障等事故。在非用电场所,因电能的释放也会造成灾害或伤害,例如,静电、雷电、电磁场事故等,这些都属于电气事故的范畴。

4.2 触电事故及防护

触电事故指电流的能量直接或间接作用于人体所造成的伤亡事故。

4.2.1 人体触电方式

人体触电的方式常见的有单相触电、两相触电、跨步电压触电、高压电弧触电等。

1．单相触电

人站在大地上，当人体接触到带电设备或一根带电导线时，电流通过人体经大地而构成回路，这种触电方式通常被称为单相触电，也称为单线触电。大部分触电事故都是单相触电事故。

2．两相触电

如果人体的不同部位同时分别接触一个电源的两根不同电位的裸露导线，电线上的电流就会通过人体从一根电流导线到另一根电线形成回路，使人触电，这种触电方式通常被称为两相触电，也叫两线触电。两相触电比单相触电危险性大，但触电情形较少见。两相触电时，人体处于线电压的作用下，人受到的电压可达 220 V 或 380 V，流经人体的电流较大，轻微会引起触电烧伤或导致残疾，严重可导致死亡，且致死时间仅为 1~2 s。

3．跨步电压触电

当带电体接地，或线路一相落地时，故障电流会流入地下，在接地点周围的土壤中产生电压降，人在接地点周围行走时，人的两脚间（一般相距以 0.8 m 计算）出现电势差，即跨步电压，由此引起的触电事故称为跨步电压触电。高压故障接地处或有大电流流过的接地装置附近，都可能出现较高的跨步电压。跨步电压的大小与电位分布区域内的位置有关，越靠近接地体处，跨步电压越大，触电危险性也越大。

4．高压电弧触电

对于 1 000 V 以上的高压电气设备，当人体过分接近它时，高压电能将空气击穿，使电流通过人体。此时还伴有高温电弧，能把人烧伤。

4.2.2　电流对人体的伤害作用

电流对人体的伤害分为电击和电伤两种。

1．电击

电击是电流造成人死亡的主要原因，是指电流通过人体内部对器官和组织造成的伤害。如电流作用于人体中枢神经，使心脑和呼吸机能的正常工作受到破坏，人体发生抽搐和痉挛，失去知觉；电流也可能使人体呼吸功能紊乱，血液循环系统活动大大减弱而造成假死；电流引起人的心室颤动，使心脏不能再压送血液，导致血液循环和大脑缺氧，发生窒息死亡等。

2．电伤

电伤是指电流的热效应、化学效应或机械效应对人体外部器官（如皮肤、角膜、结膜等）造成的伤害。如电弧灼伤、电烙印、皮肤金属化、电光眼等。电伤是人体触电事故中较为轻微的一种情况。

4.2.3　影响电流对人体危害程度的因素

1．电流大小

电流通过人体，人体会有麻、痛等感觉，更严重者会引起颤抖、痉挛、心脏停止跳动及至死亡。通过人体的电流越大，人体的生理反应越明显，病理状态越严重，致命的时间就越短。根据人体对电流的反应，将触电电流分为感知电流、摆脱电流和致命电流。感知电流是人能感觉到的最小电流；摆脱电流是人触电后能自行摆脱带电体的最大电流；致命电流则是指在较短时间内危及生命的最小电流。在电流不超过数百毫安的情况下,电击致死的主要原因是电流引起心室颤动或窒息造成的。因此,可以认为引起心室颤动的电流即是致命电流。

资料表明,对不同的人,这三种电流的阈值也不相同:成年男性平均感知电流约为 1.1 mA,成年女性约为 0.7 mA。成年男性的平均摆脱电流约为 16 mA,最小摆脱电流约为 9 mA;成年女性的平均摆脱电流约为 10.5 mA,最小摆脱电流约为 6 mA(最小摆脱电流是按 0.5% 的概率考虑的)。心室颤动电流与通过时间有关,小于一个心脏搏动周期时,500 mA 以上的电流才能引起心室颤动;但当持续时间大于一个心搏周期时,电流仅数十毫安(50 mA 以上),心脏就会停止跳动,导致死亡。

2.　电流持续时间

电流通过人体的时间越长,人体的电阻就会降低,电流就会增大,电流对人体产生的热伤害、化学伤害及生理伤害越严重。一般情况下,工频电流(国内为 50 Hz,美国为 60 Hz)15 ~ 20 mA 以下及直流电流 50 mA 以下,对人体是安全的。但如果触电时间很长,即使工频电流小到 8 ~ 10 mA,也可能使人致命。同时,人的心脏每收缩、扩张一次,中间有 0.1 s 的间隙期。在这个间隙期内,人体对电流作用最敏感。触电时间越长,与这个间隙期重合的次数就越多,造成的危险也就越大。

3.　电流的种类和频率

电流可分为直流电、交流电。交流电可分为工频电和高频电。一般来说,频率在 25 ~ 300 Hz 的电流对人体触电的伤害程度最为严重,其中 40 ~ 60 Hz 的交流电对人体最为危险。低于或高于此频率段的电流对人体触电的伤害程度明显减轻。人体忍受直流电、高频电的能力比工频电强,工频电对人体的危害最大。高频电流不会对人体产生电刺激,而利用其集中的热效应还能治病,目前医疗上采用 0.3 ~ 5 MHz 的高频电流对人体进行治疗。

4.　电流通过人体的途径

当电流通过人体的内部重要器官时,对人伤害后果就严重。例如通过头部,会破坏脑神经,使人死亡;通过脊髓,会破坏中枢神经,使人瘫痪;通过肺部会使人呼吸困难;通过心脏,会引起心脏颤动或停止跳动而导致死亡。其中以心脏伤害最为严重。根据事故统计发现:通过人体途径最危险的电流路径是从左手到胸部;其次是从手到脚,从手到手,这两个途径也很危险;危险最小的是从脚到脚,但可能导致二次事故的发生。

5.　人体阻抗

在一定电压作用下,流过人体的电流与人体电阻成反比。因此,人体电阻是影响人体触电后果的另一因素。人体电阻由表面电阻和体积电阻构成。体积电阻一般在 500 Ω 左右。表面电阻即人体皮肤电阻,它是人体阻抗的重要部分,在限制低压触电事故的电流时起着非常重要的作用。人体皮肤电阻与皮肤状态有关,随条件不同在很大范围内变化。如皮肤在干燥、洁净、无破损的情况下,电阻可高达几十千欧;而潮湿的皮肤,其电阻可能在 1 000 Ω 以下。人体阻抗还与电流路径、接触电压、电流持续时间、电流频率、接触面等因素相关:接触面积增大、电压升高,人体的阻抗变小。有研究表明,在工频电压下,成人人体电阻的典型值为 1 000 Ω。

6.　个人状况

电流对人体的伤害作用还与性别、年龄、身体及精神状态有很大的关系。一般说,女性比男性对电流敏感;小孩比大人敏感。根据资料统计,肌肉发达者、成年人比儿童摆脱电流的能力强,男性比女性摆脱电流的能力强。电击对患有心脏病、肺病、内分泌失调及精神病等患者最危险。他们的触电死亡率最高。另外,对触电有心理准备的,触电伤害轻。

4.2.4　实验室触电事故发生的原因

近年来,由于实验室电路设计的规范化,空气开关和漏电保护器的广泛应用和安装,实验室触电身亡的事故较为罕见,但违规、违章操作造成的触电事故不在少数,其主要原因如下。

(1)电气线路设计不符合要求,设备不能有效接地、接零。

(2)电气设备安装时未按要求采取接地、接零措施,或接线松脱、接触不良。

(3)电气设备绝缘损坏,导致外壳漏电。

(4)导线绝缘老化、破损,或屏护不符合要求,致使人员误触带电设备或线路。

(5)人体违规接触电器导电部分,如用手直接接触电炉金属外壳等。

(6)用湿的手或手握湿的物体接触电插头等。

(7)赤手拉拽绝缘老化或破损的导线。

(8)在缺乏正确防护用品或没有绝缘工具情况下,盲目维修、安装电气设备。

(9)随意改变电气线路或乱接临时线路,将单相或三相插头的接地端误接到相线上,使设备外壳带电。

(10)用非绝缘胶布包裹导线接头。

(11)使用手持电动工具而未配备漏电保护器,未使用绝缘手套。

(12)休息不好,精神松懈,导致误接触导体。

4.2.5　触电防护技术措施

为了有效防止触电事故,可采用绝缘、屏护、安全距离、保护接地或接零、漏电保护等技术措施。

1.保证电气设备的绝缘性能

绝缘是用绝缘物将带电导体封闭起来,使之不能对人身安全产生威胁。足够的绝缘电阻能把电气设备的泄漏电流限制在很小的范围内,从而防止漏电引起的事故。一般使用的绝缘物有瓷、云母、橡胶、胶木、塑料、布、纸、矿物油等。绝缘电阻是衡量电气设备绝缘性能的最基本的指标。电工绝缘材料的体积电阻率一般在 $10^7\ \Omega \cdot m^{-3}$ 以上。不同电压等级的电气设备,有不同的绝缘电阻要求,并要定期进行测定。

2.采用屏护

屏护就是用遮栏、护罩、护盖、箱盒等把带电体同外界隔绝开来,以减少人员直接触电的可能性。屏护装置所用材料应该有足够的机械强度和良好的耐火性能,护栏高度不应低于1.7 m,下部边缘离地面不应超过0.1 m。金属屏护装置应采取接零或接地保护措施。护栏应具有永久性特征,必须使用钥匙或工具才能移开。屏护装置上应悬挂"高压危险"的警告牌,并配置适当的信号装置和连锁装置。

3.保证安全距离

电气安全距离是指避免人体、物体等接近带电体而发生危险的距离。安全距离的大小由电压的高低、设备的类型及安装方式等因素决定。常用电器开关的安装高度为 1.3 ~ 1.5 m;室内吊灯灯具高度应大于 2.5 m,受条件限制时可减为 2.2 m;户外照明灯具高度不应小于 3 m,墙上灯具高度允许减为 2.5 m。为了防止人体接近带电体,带电体安装时必须留有足够的检修间距。在低压操作中,人体及其所带工具与带电体的距离不应小于 0.1 m;在高压无遮拦操作中,人体及其所带工具与带电体之间的最小距离视工作电压不应小于 0.7 ~ 1.0 m。

4. 合理选用电气装置

从安全要求出发,必须合理选用电气装置,才能减少触电危害和火灾爆炸事故。电气设备主要根据周围环境来选择,例如,在干燥少尘的环境中,可采用开启式和封闭式电气设备;在潮湿和多尘的环境中,应采用封闭式电气设备;在有腐蚀性气体的环境中,必须采取密封式电气设备;在有易燃易爆危险的环境中,必须采用防爆式电气设备。

5. 装设漏电保护装置

装设漏电保护装置的主要作用是防止由于漏电引起人身触电,其次是防止由于漏电引起的设备火灾以及监视、切除电源一相接地故障,消除电气装置内的危险接触电压。有的漏电保护器还能够切除三相电机缺相运行的故障。

6. 保护接地

保护接地是防止人身触电和保护电气设备正常运行的一项重要技术措施,分为接地保护和接零保护两种。

1)接地保护

对由于绝缘损坏或其他原因可能使正常不带电的金属部分呈现危险电压,如变压器、电机、照明器具的外壳和底座,配电装置的金属构架,配线钢管或电缆的金属外皮等,除另有规定外,均应接地。

2)接零保护

接零是把设备外壳与电网保护零线紧密连接起来。当设备带电部分碰连其外壳时,即形成相线对零线的单相回路,短路电流将使线路上的过流速断保护装置迅速启动,断开故障部分的电源,消除触电危险。接零保护适用于低压中性点直接接地的 380 V 或 220 V 的三相四线制电网。

7. 采用安全电压

安全电压是为防止触电事故而采用的由特定电源供电的电压系列。这个电压系列的上限值,在任何情况下,两导体或任一导体与地之间均不得超过交流(频率为 50 ~ 500 Hz)有效值 50 V。

我国的国家标准规定,安全电压额定值的等级为 42 V、36 V、24 V、12 V、6 V。

凡手提照明灯、危险环境和特别危险环境的局部照明灯、高度不足 2.5 m 的一般照明灯、危险环境和特别危险环境中使用的携带式电动工具,如果没有特殊安全结构或安全措施,应采取 36 V 安全电压。

凡工作地点狭窄,行动不便以及周围有大面积接地导体的环境(如金属容器内、隧道内),使用手提照明灯,应采用 12 V 电压。

4.2.6　触电急救

有关触电急救措施详见 10.3。

4.3　电气火灾与爆炸

电气火灾和爆炸是指由于电气设备过热,或由于短路、接地、设备损坏等原因产生电弧及电火花,将周围易燃物引燃,发生火灾或爆炸的事故。电气火灾和爆炸事故除了可能造成人身伤亡和设备损坏外,还可能造成系统大面积或长时间停电,给国民经济造成重大损失。因此,电气防火和防爆是电气安全的重要内容。

4.3.1　电气火灾和爆炸原因

除了设备缺陷、安装不当等方面的原因外,电气设备在运行中产生的热量、电火花或电弧等是导致电气火灾和爆炸的直接原因。

1．电气设备过热

电气设备过热主要是电流的热效应造成的。电流通过导体时,由于导体存在电阻,电流通过时就要消耗一定的电能,转化为导体的内能,并以热辐射的形式散发,加热周围的其他材料。当温度超过电气设备及其周围材料的允许温度,达到起燃温度时就可能引发火灾。引起电气设备过热主要有短路、过载、接触不良、铁心过热及散热不良等原因。

2．电弧和电火花

电弧和电火花是一种常见的现象。电气设备正常工作时或正常操作时也会发生电弧和电火花。如:直流电机运行时电刷会产生电火花,开关断开电路时会产生很强的电弧,拔掉插头或接触器断开电路时都会产生电火花;电路发生短路或接地事故时产生的电弧更大;绝缘不良电气等都会有电火花、电弧产生。电火花、电弧的温度很高,特别是电弧,温度可高达6 000 ℃。这么高的温度不仅能引起可燃物燃烧,还能使金属熔化、飞溅,构成危险的火源。如果周围空间有爆炸性混合物,当遇到电火花和电弧时就可能引起空间爆炸。因此,在有爆炸危险的场所,电火花和电弧更是十分危险的因素。

3．电气设备本身存在的爆炸可能性

一些电气设备本身也会发生爆炸。例如变压器的功率管或电容器在电路异常时爆炸;充油设备如油断路器、电力电容器、电压互感器等的绝缘油在电弧作用下分解和汽化,喷出大量的油雾和可燃性气体,遇到电火花、电弧或环境温度达到危险温度时也可能发生火灾和爆炸事故;氢冷发电机等设备如果发生氢气泄漏,形成爆炸性混合物,当遇到电火花、电弧或环境温度达到危险温度时也会引起爆炸和火灾事故。

4.3.2　实验室电气防火防爆措施

根据电气火灾和爆炸形成的原因,应该从加强电气设备的维护和管理及排除电气设备周围易燃易爆等危险隐患两方面来防止电气火灾和爆炸事故。

1．加强电气设备的维护和管理

(1)正确选用电气设备,具有爆炸危险的场所应按国家标准《爆炸性环境电气现行标准》(GB 3836—2010)规范选择防爆电气设备,防爆电气设备的公用标志为"Ex",防爆电气设备的各种类型和相应标志列于表 4.1 中。

表 4.1　防爆电气设备的类型和标志

类型	防爆原理	标志
隔爆型	具有一个足够牢固的外壳,不仅能防止爆炸火焰的传出,而且壳体可承受一定的过压	d
增安型	采用系列安全措施,使设备在最大限度内不致产生电火花、电弧或危险温度;或者采用有效的保护元件使其产生的火花、电弧或温度不能引燃爆炸性混合物,以达到防爆的目的	e
无火花型	这是一种在正常运行时不产生火花和危险高温,也不能产生引爆故障的电气设备	n
正压型	保证内部保护气体的压力高于周围以免爆炸性混合物进入外壳,或足量的保护气体通过外壳使内部爆炸性混合物的浓度降至爆炸下限以下	p
充砂型	充砂型是在外壳内充填砂粒或其他规定特性的粉末材料,使之在规定的使用条件下,壳内产生的电弧或高温均不能点燃周围爆炸性气体环境的结构	q
浇封型	将可能产生引起爆炸性混合物爆炸的火花、电弧或危险温度的电气部件浇封在浇封剂中,使其不能点燃周围爆炸性混合物	m
本质安全型	在正常运行或在标准实验条件下所产生的火花或放热效应均不能点燃爆炸性混合物	i
防爆充油型	全部或部分部件浸在油中,使设备不能点燃油面以上的或外壳以外的爆炸性混合物	o
防尘防爆型	外壳能阻止粉尘进入,或虽不能完全阻止但能控制粉尘进入量,不妨碍电机安全运行,且内部粉尘堆积不易产生点燃危险的电气设备	DIP A DIP B
特殊型	结构上不属于上述各类型而采取其他防爆形式的设备	s

(2)合理选择安装位置,保持必要的安全间距。

(3)加强电气设备的维护、保养、检修,以保持正常运行,包括保持电气设备的电压、电流、温升等参数不超过允许值,保持电气设备足够的绝缘能力,保持电气连接良好等。

(4)保证设备通风良好,防止设备过热。

(5)必须按规定接地。爆炸危险场所的接地,较一般场所要求高。为防止打雷闪电和漏电引起的火花,所有金属外壳、设备都要有可靠的接地。

(6)杜绝设备超负荷运行和"故障"运行。导电线路和用电设备超负荷运行,易导致负荷过载、导线发热、保护措施或控制失灵、电热短路、电火花点燃等危险因素,从而导致火灾、爆炸事故的发生。

(7)采用耐火设施,提高实验室装置、器械、家具的耐火性能,室内必须配备灭火装置。

(8)在有爆炸危险的场所,必须保证通风良好以降低爆炸性混合物的浓度。

2. 排除燃爆危险隐患

在高等学校理工科实验室中,广泛存在着易燃易爆的物质。当这些易燃易爆物质在空气中的含量超过其危险浓度,遇到电气设备运行中产生的火花、电弧等高温引燃源,就会发生电气火灾和爆炸事故。因此排除易燃易爆危险隐患是防止电气火灾和爆炸事故的另一重要方面。具体措施有:保证高危设备与易燃易爆物质的安全间隔;保持良好通风,将易燃易爆的气体、粉尘浓度降低到不致引起火灾和爆炸的安全限度内;加强密封,减少和防止易燃易爆物质的泄漏;经常巡视,检测易燃易爆物质的浓度,检查设备、贮存容器、管道接头和阀门的密封性等。

4.3.3 电气照明的防火防爆

1. 常用照明灯具类型及其火灾危险性

电气照明灯具在工作时,玻璃灯泡、灯管、灯座等表面温度都较高,若灯具选用不当或发生故障,会产生电火花和电弧。接点接触不良,局部会产生高温。导线和灯具的过载和过压会引起导线发热,使绝缘破坏、短路和灯具爆炸,继而导致可燃气体和可燃蒸气、落尘的燃烧和爆炸。

实验室中常见照明灯具有白炽灯、荧光灯、高压汞灯和卤钨灯。白炽灯是根据热辐射原理制成的,功率越大,热辐射能量越大,其表面温度越高,如 200 W 的白炽灯其表面温度可达 300 ℃。灯泡距离可燃物较近,很容易引燃可燃物而发生火灾。荧光灯和高压汞灯都是气体放电光源,本身灯管温度不高,但其镇流器由铁心线圈组成,是发热元件。若镇流器散热条件不好,电源电压过高,或与灯管不匹配以及其他附件故障时(如启辉器故障),其内部温升会破坏线圈绝缘,形成匝间短路,产生高温和电火花。卤钨灯是碘钨灯和溴钨灯的统称,其工作时维持灯管点燃的最低温度为 250 ℃。卤钨灯不仅能在短时间内烤燃接触灯管较近的可燃物,其高温辐射还能将距离灯管一定距离的可燃物烤燃。所以它的火灾危险性比别的照明灯具更大。

2. 照明灯具的防火措施

(1)严格按照环境场所的火灾危险性选用照明灯具,而且照明装置应与可燃物、可燃结构之间保持一定距离,严禁用纸、布或其他可燃物遮挡灯具。

(2)在正对灯泡的下面,应尽可能不存放可燃物品,灯泡距地面高度一般不应低于 2 m。如必须低于此高度时,应采取必要的防护措施。

(3)卤钨灯管附近的导线应采用耐热绝缘护套(如玻璃丝、石棉、瓷珠等护套导线),而不应采用具有延燃性绝缘导线,以免灯管高温破坏绝缘引起短路。

(4)镇流器与灯管的电压和容量相匹配。镇流器安装时应注意通风散热,不准将镇流器直接固定在可燃物上,应用不燃的隔热材料进行隔离。

(5)吊顶内暗装的灯具功率不宜过大,并应以白炽灯或荧光灯为主,而且灯具上方应保持一定的空间,以便散热。另外,暗装灯具及其发热附件周围应用不燃材料(石棉板或石棉布)做好防火隔热处理,否则可燃材料上应制防火涂料。

(6)在室外必须选用防水型灯具,应有防溅设施,防止水滴溅到高温的灯泡表面,使灯泡炸裂。灯泡破碎后,应及时更换。

(7)各类照明供电设施附近必须符合电流、电压等级要求。在爆炸危险场所使用的灯具和零件,应符合《中华人民共和国爆炸危险场所电气安全规程(试行)》规定的要求。

除灯具本身,照明装置其他部分也存在一定的火灾危险性,因此还要注意照明线路、灯座、灯具开关、挂线盒等设备的防火。

4.3.4 实验室常用电气设备的防火防爆

1. 电热设备

电热设备是将电能转换成热能的一种用电设备,常用的电热设备有电炉、烘箱、恒温箱、干燥箱、管式炉、电烙铁等。这些设备大都功率较大、工作温度较高,如果安装位置不当或其周围堆放有可燃物,热辐射极易引发可燃物发生火灾;另外加热时间过长或未按操作规程运行电热设备,有可能导致电流过载、短路、绝缘层损坏等引起火灾事故。

电热设备的防火措施如下。

(1)对于电热设备的安装使用,必须经动力部门检查批准。

(2)安装电热设备的规格、型号应符合生产现场防火等级。

(3)在有可燃气体、蒸气和粉尘的房屋,不宜装设电热设备。

(4)电热设备不准超过线路允许负荷,必要时应设专用回路。

(5)电热设备附近不得堆放可燃物,使用时要有人管理,使用后、下班时或停电后必须切断电源。

(6)工厂企业、机关、学校等单位应严格控制非生产、非工作需要而使用生活电炉,禁止个人违反制度私用电炉。

2. 电动机

电动机是把电能转换成机械能的一种设备,机床、泵、皮带机、风机等机械设备都需要电动机带动。电动机过负荷、短路故障、缺相运行、电源电压太高或太低等因素都有可能导致电动机在运行中起火。

电动机的防火措施如下。

(1)根据电动机的工作环境,对电动机进行防潮、防腐、防尘、防爆处理,安装时要符合防火要求。

(2)电动机周围不得堆放杂物,电动机及其启动装置与可燃物之间应保持适当距离,以免引起火灾。

(3)检修后及停电超过 7 天以上的电动机,启动前应测量其绝缘电阻是否合格,以防投入运行后,因绝缘受潮发生相间短路或对地击穿而烧坏电动机。

(4)电动机启动应严格执行规定的启动次数和启动间隔时间,尽量少启动;避免频繁启动,以免使定子绕组过热起火。

(5)电动机运行时,应监视电动机的电流、电压不超过允许范围,监视电动机的温度、声音、振动、轴窜动正常,无焦臭味,电动机冷却系统应正常。防止上述因素不正常引起电动机运行起火。

(6)发现电动机缺相运行,应立即切断电源,防止电动机缺相运行过载发热起火。

(7)电动机一旦起火,应立即切断电源,用电气设备专用灭火器进行灭火。如二氧化碳、四氯化碳、"1211"灭火器或蒸汽灭火。一般不用干粉灭火器灭火。若使用干粉灭火器灭火时,要注意不使粉尘落入轴承内,必要时可用消防水喷射成雾状灭火,禁止将大股水注入电动机内。

3. 电冰箱

近年来实验室电冰箱使用不当引起的爆炸及火灾事故不在少数,线路绝缘层老化、损坏,使用家用冰箱存放化学试剂等是引起这些事故的主要原因。

为防止电冰箱引起火灾事故,使用时必须注意以下几点。

(1)合理选用电源线的截面,并按有关规定正确安装,以防在使用中造成导线绝缘损坏引起短路。

（2）电源线或各部电路元件连接时，要接触紧密牢固，以防造成接触电阻过大。

（3）按照有关规定选择合适的保险丝，以免在使用中引起爆断，产生火花或电弧。

（4）冰箱内严禁存放易燃、易挥发的化学试剂及药品，以免挥发后与空气形成混合气体，遇火花爆炸起火。

（5）电冰箱背面机械部分温度较高，所以电源线不要贴近该处，以防烧坏电源线，造成漏电或短路。

（6）电冰箱背后严禁用水喷洒，防止破坏电气元件绝缘。

（7）电源的插销要完整好用。损坏后要及时更换，防止在使用中造成短路或打出火花。

4．空调

近几年来越来越多的实验室中安装有空调。空调作为较大功率的电气设备，若在安装、使用上忽视防火安全，极易导致事故。

空调在安装、使用中应注意如下几点。

（1）安装空调器时，不要安装在可燃物上，与窗帘等可燃物要保持一定距离。也不要放置在可燃的地板上或地毯上。电源线应有良好的绝缘，最好用金属套予以保护。安装的高度、方向、位置必须有利于空气循环和散热。

（2）空调开机前，应查看有无螺栓松动、风扇移位及其他异物，及时排除，防止意外。使用空调器时，应严格按照空调器使用要求操作。

（3）空调器必须使用专门的电源插座和线路，不能与照明或其他家用电器合用。突然停电时，应将电源插头拔下。

空调应定时保养，定时清洗冷凝器、蒸发器、过滤网、换热器等，防止散热器堵塞，避免火灾隐患。有条件的家庭可配备小型灭火器，如二氧化碳灭火器、清水灭火器等，以便及时扑灭火灾。

4.3.5　电气火灾的扑救要点

电气设备发生火灾时，为了防止触电事故，一般都在切断电源后才进行扑救。具体方法如下。

1．及时切断电源

电气设备起火后，不要慌张，首先要设法切断电源。切断电源时，最好用绝缘的工具操作，并注意安全距离。

电容器和电缆在切断电源后，仍可能有残余电压，为了安全起见，不能直接接触或搬动电缆和电容器，以防发生触电事故。

2．不能直接用水冲浇电气设备

电气设备着火后，不能直接用水冲浇。因为水有导电性，进入带电设备后易引触电，会降低设备绝缘性能，甚至引起设备爆炸，危及人身安全。

3．使用安全的灭火器具

电气设备灭火，应选择不导电的灭火剂，如二氧化碳、1211、1301、干粉等进行灭火。绝对不能用酸碱或泡沫灭火器，因其灭火药液有导电性，手持灭火器的人员会触电。且这种药液会强烈腐蚀电气设备，事后不易清除。

变压器、油断路器等充油设备发生火灾后,可把水喷成雾状灭火。因水雾面积大,水珠压强小,易吸热汽化,迅速降低火焰温度。

4.带电灭火的注意事项

如果不能迅速断电,必须在确保安全的前提下进行带电灭火。应使用不导电的灭火剂,不能直接用导电的灭火剂,否则会造成触电事故。使用小型灭火器灭火时由于其射程较近,要注意保持一定的安全距离,对 10 kV 及以下的设备,该距离不应小于 40 cm。在灭火人员穿戴绝缘手套和绝缘靴、水枪喷嘴安装接地线情况下,可以采用喷雾水灭火。如遇带电导线落于地面,则要防止跨步电压触电,扑救人员需要进入灭火时,必须穿上绝缘鞋。

4.4　静电的危害与防护

静电是处于静止状态的电荷,或者说是不流动的电荷(流动的电荷即电流)。当电荷聚集在某个物体的某些区域或其表面上时就形成了静电,当带静电物体接触零电位物体(接地物体)或与其有电位差的物体时,就会发生电荷转移,也就是我们常见的静电放电(ESD)现象。静电的电量不高,能量不大,不会直接使人致命。但是,静电电压可高达数万乃至数十万伏。例如,人在地毯或沙发上立起时,人体电压可超过 1 万 V;而橡胶和塑料薄膜行业的静电则可高达 10 万 V。高的电压使静电放电时能够干扰电子设备的正常运行或对其造成损害,而且很容易产生放电火花引起火灾和爆炸事故。

4.4.1　静电的特性与危害

1.静电的产生

任何两个不同材质的物体接触后再分离,即可产生静电,也就是摩擦生电现象。我们在地板上走动、从包装箱上拿出泡沫、旋转转椅、推拉抽屉、拿取纸笔、移动鼠标等动作都会产生静电,使物体和人体带上静电荷。材料的绝缘性越好,越容易产生静电;湿度越低,越容易产生静电。另一种产生静电的方式是感应起电,即当带电物体接近不带电物体时会在不带电的导体的两端分别感应出负电和正电。

2.静电及其放电的特性

(1)静电的电压较高,至少都有几百伏,典型值在几千伏,最高可达数十万伏。

(2)静电放电持续时间短,多数只有几百纳秒。

(3)静电放电时释放的能量较低,典型值在几十个到几百个微焦耳。

(4)静电放电电流的上升时间很短,如常见的人体放电,其电流上升时间短于 10 ns。

(5)静电放电脉冲所导致的辐射波长从几厘米到几百米,频谱范围非常宽,能量上限频率可达 5 GHz,容易对电流路径上的天线产生激励,形成场的辐射发射。

3.静电的危害

静电危害发生的主要原因是静电放电,此外静电引力也会对工作、实验造成危害。在发生静电火花放电时,静电能量瞬时集中释放,形成瞬时大电流,在存有易燃易爆品或粉尘、油雾的场所极易引起爆炸和火灾;静电放电过程产生强烈的电磁辐射可对一些敏感的电子器件和设备造成干扰和损坏;另外,高压静电放电造成电击,危及人身安全;静电引力会使元件吸附灰尘,造成污染;使胶卷、薄膜、纸张收卷不齐,影响精密实验过程的测量结果等。

4.4.2　静电防护措施

静电防范原则主要围绕抑制静电的产生、加速静电泄漏、进行静电中和三方面进行,具体措施如下。

1. 使材料带电序列相互接近

抑制静电产生需使相互接触的物体在带电序列中所处的位置尽量接近。对于各种材质,其摩擦带电序列依次由正电荷到负电荷为:(＋)玻璃、有机玻璃、尼龙、羊毛、丝绸、赛璐珞、棉织品、纸、金属、黑橡胶、涤纶、维尼纶、聚苯乙烯、聚丙烯、聚乙烯、聚氯乙烯、聚四氟乙烯(－)。材料带电序列远离,则容易产生静电。

2. 控制物体接触方式

要抑制静电的产生,需要缩小物体间的接触面积和压力,降低温度,减少接触次数和分离速度,避免接触状态急剧变化。如:化学实验中将苯倒入容器中,需要缓慢倒入,且倒毕应将液体静置一定时间,待静电消散后再进行其他操作。

3. 接地

接地是加速静电泄漏的最简单常用的办法,即将金属导体与大地(接地装置)进行电气上的连接,以便将电荷泄漏到大地。此法适合于消除导体上的静电,而不宜用来消除绝缘体上的静电,因为绝缘体的接地容易发生火花放电,引起易燃易爆液体、气体的点燃或造成对电子设施的干扰。

4. 屏蔽

用接地的金属线或金属网等将带电的物体表面进行包覆,从而将静电危害限制到不致发生的程度,屏蔽措施还可防止电子设施受到静电的干扰。如可采用防静电袋、导电箱盒等包覆物体。

5. 增湿

可采用喷雾、洒水等方法增加室内湿度,随着湿度的增加绝缘体表面上结成薄薄的水膜能使其表面电阻大为降低,可加速静电的泄漏。从消除静电危害角度考虑,一般保持相对湿度在70%以上较为合适。

6. 中和

这种方法是采用静电中和器或其他方式产生与原有静电极性相反的电荷,使已产生的静电得到中和而消除,避免静电积累。常用的中和器有离子风机、离子风枪(图4.1)。

7. 使用抗静电材料

在特殊的实验室可采用抗静电材料进行装修,如使用防静电地板、导电地板、防静电桌垫、防静电椅、导电椅等。

8. 佩戴个人防护用品

穿着防静电无尘衣帽和导电鞋(图4.1),佩戴静电手套、指套、腕带等消除或泄漏所带的静电。

（a）　　　　　　　　　　（b）　　　　　　　　　　（c）

图 4.1　防静电装置

（a）离子风机；（b）离子风枪；（c）防静电导电鞋

4.5　雷电安全

雷电是大气层中一部分带电云层与另一部分带异种电荷的云层或与大地之间的迅猛的放电过程。自然界每年都有几百万次闪电。对我们生活产生影响的主要是近地的云团对地的放电。全世界每年有 4 000 多人惨遭雷击，而每年因雷击造成的财产损失则不计其数。

4.5.1　雷电的危害

雷电对人体的伤害是很大的，当人遭受雷电击时，电流迅速通过人体，严重的可使心跳和呼吸停止，脑组织缺氧而死亡。另外，雷击时产生的火花，也会造成不同程度的皮肤烧伤，或造成耳鼓膜、内脏破裂等。

当人类社会进入电子信息时代后，雷灾从电力、建筑这两个传统领域扩展到几乎所有行业，其根本原因是雷灾对微电子器件设备的危害，而对微电子设备的应用已经渗透到生产、生活的各个方面。同时雷灾造成的经济损失和危害程度也大大增加。

1．雷击形式

（1）直击雷是带电的云层与大地上某一点之间发生迅猛的放电现象。当雷电直接击在建筑物上，强大的雷电流使建（构）筑物水分受热汽化膨胀，从而产生很大的机械力，导致建筑物燃烧或爆炸。另外，当雷电击中接闪器，电流沿引下线向大地泄放时，对地电位升高，有可能向临近的物体跳击，称为雷电"反击"，从而造成火灾或人身伤亡。

（2）感应雷是当直击雷发生以后，云层带电迅速消失，地面某些范围由于散流电阻大，出现局部高电压，或在直击雷放电过程中，强大的脉冲电流对周围的导线或金属物产生电磁感应发生高电压而发生闪击现象的二次雷。因此感应雷破坏也称为二次破坏。感应雷电流变化梯度很大，会产生强大的交变磁场，使得周围的金属构件产生感应电流，这种电流可能向周围物体放电，如附近有可燃物就会引发火灾和爆炸，而感应到正在联机的导线上就会对设备产生强烈的破坏性。

（3）球雷是雷电放电时形成的处于特殊状态下的一团带电气体，表现为发橙光、白光、红光或其他颜色光的火球。

(4)雷电波侵入指雷电接近架空管线时,高压冲击波会沿架空管线侵入室内,造成高电流引入,这样可能引起设备损坏或人身伤亡事故。如果附近有可燃物,则容易酿成火灾。

2．雷电危害效应

1)电性质破坏

雷电放电产生高达数十万伏的冲击电压,对电气设备、仪表设备、通信设备等的绝缘造成破坏,导致设备损坏,引发火灾、爆炸事故和人员伤亡,产生的接触电压和跨步电压使人触电。

2)热性质破坏

当上百千安的强大电流通过导体时,在极短时间内转换成大量热量,可熔化导线、管线等金属物质,引发火灾。

3)机械性质破坏

由于雷电的热效应,使木材、水泥等材料中间缝隙的水分、空气及其他物质剧烈膨胀,产生强大的机械压力,使被击中物体严重破坏甚至造成爆炸。

4.5.2 雷电灾害的预防

雷电是自然现象,其发生是不能避免的。但是,我们可以设法避雷,使雷电天气对我们不造成灾害。

1．人身防雷措施

对于处于室外的人,为防雷击,应当遵从四条原则。

(1)人体应尽量降低自己的体位,以免作为凸出尖端而被闪电直接击中。

(2)要尽量缩小人体与地面的接触面积,以防止因"跨步电压"造成伤害。

(3)不可到孤立大树下和无避雷装置的高大建筑体附近,不可手持金属物质高举过头顶(如打伞)。

(4)不要进水中,因水体导电好,易遭雷击。

总之,应当到较低处,双脚合拢站立或蹲下,以减少遭遇雷的机会。

身处室内时,远离可能遭雷击的物体是人身防雷的基本原则。打雷时,应关闭门窗,尽量远离门窗,坐在房间正中央最为安全。雷雨天为防止雷电波沿线路进入建筑物后对人身造成伤亡,应避免站在灯下,人距灯头、开关、插座及电气设备的距离应保持在 2 m 以上,不得操作电器和使用通信工具,不宜接近建筑物的裸露金属物,如水管、暖气管、煤气管、自来水管等。据统计,因雷击放电而造成人体伤亡的距离均在 1.5 m 以内,放电距离超过 2 m 者,雷击事故几乎为零。有条件者,门窗可装金属网罩,以防球形雷电进入室内。在室内不宜穿潮湿的衣服和鞋帽,绝对不能使用太阳能、天然气或电淋浴器,雷电流可以通过水流传导而致人死亡。

2．建筑、设备防雷措施

1)接闪

接闪就是让在一定程度范围内出现的闪电放电不能任意地选择放电通道,而只能按照人们事先设计的防雷系统的规定通道,将雷电能量泄放到大地中去。我们常说的避雷针、避雷带、避雷线或避雷网都是接闪装置。

2）接地

接地就是让已经流入防雷系统的闪电电流顺利流入大地,而不能让雷电能量集中在防雷系统的某处对被保护物体产生破坏作用,良好接地才能有效地泄放雷电能量,降低引下线上的电压,避免发生雷电反击。防雷接地是防雷系统中最基础的环节,也是防雷安装验收规范中最基本的安全要求。接地不好,所有防雷措施的防雷效果都不能发挥出来。

3）均压

均压为了彻底消除雷电引起的毁坏性的电位差,将电源线、信号线、金属管道等都要通过过压保护器进行等电位连接。这样在闪电电流通过时,室内的所有设施立即形成一个"等电位岛",保证导电部件之间不产生有害的电位差,不发生旁侧闪络放电。完善的等电位连接还可以防止闪电电流入地造成的地电位升高所产生的反击。

4）屏蔽

屏蔽就是利用金属网、箔、壳或管子等导体把需要保护的对象包围起来,使雷电电磁脉冲波入侵的通道全部截断。所有的屏蔽套、壳等均需要接地。屏蔽是防止雷电电磁脉冲辐射对电子设备影响的最有效方法。

5）分流（保护）

所谓分流就是在一切从室外来的导体(包括电力电源线、数据线、电话线或天馈线等信号线)与防雷接地装置或接地线之间并联一种适当的避雷器 SPD,当直击雷或雷击效应在线路上产生的过电压波沿这些导线进入室内或设备时,避雷器的电阻突然降到低值,近于短路状态,雷电电流就由此处分流入地了。分流是现代防雷技术迅猛发展的重点,是保护各种电子设备或电气系统的关键措施。

6）躲避

当雷电发生时,关闭设备,拔掉电源插头,拔下网线,防止雷电感应雷和雷电侵入波窜入室内电气设备。

主要参考文献及资料

[1] 杨岳. 电气安全[M]. 北京：机械工业出版社,2003.

[2] 崔政斌. 用电安全技术[M]. 北京：化学工业出版社,2004.

[3] 张庆河. 电气与静电安全[M]. 北京：中国石化出版社,2005.

[4] 姜忠良,齐龙浩,马丽云,等. 实验室安全基础[M]. 北京：清华大学出版社,2009.

[5] 中国标准化管理委员会. GB 19517—2009 国家电气设备安全技术规范[S]. 北京：中国标准出版社,2009.

[6] 马宝荣,孔庆忠. 高频电刀的安全保障体系[J]. 医疗设备信息,2002,8：46 - 47.

[7] 中国国家标准化管理委员会. GB 3836—2010 国家电气设备安全技术规范爆炸性环境电气现行标准[S]. 北京：中国标准出版社,2010.

[8] 吕俊霞,裴邦福. 电气设备的防火防爆措施及方法[J]. 灯与照明,2009,33(1)：51 - 53.

[9] 任召峰. 静电危害与防护[J]. 现代电子技术,2010,322(21)：203 - 206.

第5章 实验室辐射安全

5.1 放射性及其相关物理量

5.1.1 放射性核素

原子核内具有相同质子数和中子数的一类原子称为核素。自然界中多数核素的原子核都是稳定不变的,这类核素被称为稳定核素;原子核不稳定,能自发地放出射线的核素被称为放射性核素,原子核放出射线而自身形成一种新的、更稳定核素的过程叫作核衰变。放射性核素衰变过程具有三个主要特性。

(1)放射性核素衰变时,能自发地放出 α、β、γ 射线。质量较轻的核素一般只放出 β、γ 射线,质量较重的核素多放出 α 射线。

(2)放射性核素衰变具有一定的半衰期($T_{1/2}$)。半衰期指一定量的放射性核素衰变一半时所需要的时间。半衰期是放射性核素的一个特征常数,不随外界条件和元素的物理化学状态的不同而改变。不同的放射性核素半衰期差别很大,如钍-232 为 140 亿年,而钋-212 仅为 3.0×10^{-7} s。

(3)放射性核素衰变过程中原子核数目的减少服从指数规律。一般用公式 $N = N_0 e^{-\lambda t}$ 表示,式中:N_0 为初始放射性核素原子核数;λ 是衰变速率常数,称为衰变常数;N 为经过 t 时间衰变后所剩下的放射性核素原子核数。

放射性核素有天然放射性核素和人工放射性核素两种。现在工、农、医等诸方面使用的放射性核素,大部分是人工制造的。天然放射性核素,如镭-226(^{226}Ra)、铀-235(^{235}U)和钍-232(^{232}Th)等,也要经过人工提纯后才能使用。

5.1.2 放射性活度

放射性强弱用放射性活度来度量,放射性活度指单位时间内发生衰变的核素。目前国际单位用"贝可勒尔"(简称"贝可")表示,符号为 Bq。1 Bq 表示每秒发生一次衰变。

放射性活度的单位过去一直用居里(符号为 Ci)表示,贝可与居里的换算关系是 1 Ci = 3.7×10^{10} Bq。

5.1.3 辐射剂量

辐射剂量学中常用的三个辐射量是:照射量、吸收剂量和剂量当量。

1. 照射量(X)

照射量表示 X 射线或 γ 射线在单位质量体积空气中,释放的全部电子(负电子和正电子)在空气中完全被阻止时所产生的离子总电荷的绝对量。它的单位是伦琴(简称伦),符号为 R,1 R = 2.58×10^{-4} C/kg。照射量只对空气而言,仅适用于 X 射线或 γ 射线。

2. 吸收剂量(D)

吸收剂量定义为单位质量被照射物质平均吸收的辐射能量。吸收剂量的专用单位是拉德,符号 rad。1 kg 被照射物质平均吸收了 0.01 J 的辐射能量,则表示该物质接受了 1 rad 的吸收剂量。

吸收剂量在国际制单位中的专用名称是戈(gray),符号 Gy。它的定义是质量 1 kg 的物质吸收 1 J 的辐射能量时的吸收剂量,1 Gy = 100 rad。

3. 剂量当量(H)

相同的吸收剂量未必产生同样程度的生物效应,因为生物效应受到辐射类型、剂量与剂量率大小、照射条件、生物种类和个体生理差异等因素的影响。为了比较不同类型辐射引起的有害效应,在辐射防护中引进了一些系数,当吸收剂量乘上这些修正系数后,就可以用同一尺度来比较不同类型辐射照射所造成的生物效应的严重程度或产生概率。

把乘上了适当的修正系数后的吸收剂量称为剂量当量,用 H 表示,单位是雷姆,符号为 rem。组织中某点处的剂量当量 $H = DQN$,式中:D 是吸收剂量;Q 是品质因子,依不同类型辐射而异;N 是其他修正系数的乘积。剂量当量在国际制单位中的专用名称是希(sievert),符号用 Sv。1 Sv = 100 rem。

照射量、吸收剂量和剂量当量是三个意义完全不同的辐射量。照射量只能作为 X 射线或 γ 射线辐射场的量度,描述电离辐射在空气中的电离本领;吸收剂量则可以用于任何类型的电离辐射,反映被照介质吸收辐射能量的程度;剂量当量只限于防护中应用。三个不同量之间在数值上有一定的联系,在一定条件下可以相互换算,粗略计算,1 R 的 X 射线或 γ 射线在空气中的吸收剂量约为 0.838 rad;而在软组织中的吸收剂量约为 0.931 rad。

5.2　辐射分类与应用

5.2.1　辐射的分类

按照放射性粒子能否引起传播介质的电离,把辐射分为两大类:电离辐射和非电离辐射(图 5.1)。

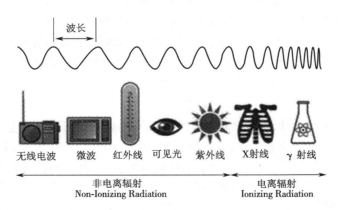

图 5.1　电磁波谱与辐射类型的关系

1. 电离辐射

拥有足够高能量的辐射可以把原子电离。一般而言,电离是指电子被电离辐射从电子壳层中击出,使原子带正电。由于细胞由原子组成,电离作用可以引起癌症,一个细胞大约由数万亿个原子组成,电离辐射引起癌症的概率取决于辐射剂量率及接受辐射生物之感应性。α、β、γ 射线及中子辐射均可以加速至足够高能量电离原子。

2. 非电离辐射

非电离辐射之能量较电离辐射弱。非电离辐射不会电离物质,而会改变分子或原子之旋转、振动或价层电子轨态。非电离辐射对生物活组织的影响近年才开始被研究,不同的非电离辐射可产生不同的生物学作用。

无论是电离辐射还是非电离辐射,都存在于我们的日常生产生活和科学研究中,很多时候我们不知不觉间已经享用到辐射给我们带来的好处,但如果使用不当,也会对我们造成伤害。

5.2.2　放射源与射线装置

1. 放射源

放射源按其密封状况可分为密封源和非密封源。密封源是密封在包壳或紧密覆盖层里的放射性物质,工农业生产中应用的料位计、探伤机等使用的都是密封源,如钴-60、铯-137、铱-192 等。非密封源是指没有包壳的放射性物质。医院里使用的放射性示踪剂属于非密封源,如碘-131,碘-125 等。

按照放射源对人体健康和环境的潜在危害程度,从高到低将放射源分为Ⅰ、Ⅱ、Ⅲ、Ⅳ、Ⅴ类。Ⅰ类放射源为极高危险源,没有防护情况下,接触这类源几分钟到 1 h 就可致人死亡;Ⅱ类放射源为高危险源,没有防护情况下,接触这类源几小时至几天可致人死亡;Ⅲ类放射源为危险源,没有防护情况下,接触这类源几小时就可对人造成永久性损伤,接触几天至几周也可致人死亡;Ⅳ类放射源为低危险源,基本不会对人造成永久性损伤,但对长时间、近距离接触这些放射源的人可能会造成可恢复的临时性损伤;Ⅴ类放射源为极低危险源,不会对人造成永久性损伤。Ⅴ类源的下限活度值为该种核素的豁免活度。

上述放射源分类原则对非密封源适用。非密封源工作场所按放射性核素日等效最大操作量分为甲、乙、丙三级,具体分级标准见 GB 18871—2002《电离辐射防护与辐射源安全基本标准》。甲级非密封源工作场所的安全管理参照Ⅰ类放射源。乙级和丙级非密封源工作场所的安全管理参照Ⅱ、Ⅲ类放射源。

2. 射线装置

射线装置是指 X 射线机、加速器、中子发生器等在运行时可以产生射线的装置以及含放射源的装置。通常所指的射线装置,是指 X 射线机、加速器、中子发生器等。

根据射线装置对人体健康和环境可能造成危害的程度,从高到低将射线装置分为Ⅰ类、Ⅱ类、Ⅲ类。按照使用用途分医用射线装置和非医用射线装置。Ⅰ类为高危险射线装置,事故时可以使短时间受照射人员产生严重放射损伤,甚至死亡,或对环境造成严重影响;Ⅱ类为中危险射线装置,事故时可以使受照人员产生较严重放射损伤,大剂量照射甚至导致死亡;Ⅲ类为低危险射线装置,事故时一般不会造成受照人员的放射损伤。

5.3　电离辐射的危害

日常生活中人们时刻受到辐射照射(图 5.2),宇宙射线和自然界中天然放射性核素发出的射线称为天然本底辐射。在我国广东省阳江放射性高本底地区,虽然辐射剂量比正常地区高得多,但当地居民的健康状况与对照地区比较,并未发现显著性差异。

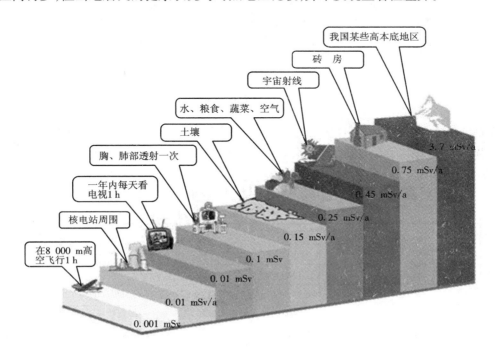

图 5.2　日常生活中的辐射源年辐射剂量值

近几十年,人工电离辐射源的广泛应用,成为人类接受的辐射照射的主要来源。

5.3.1　电离辐射对人体健康的影响

α、β 射线等带电的射线进入物质后,与物质的电子相互作用,引起物质的大量电离;γ 射线等不带电的射线进入物质后,首先产生一个或几个能量较高的带电粒子,这些带电粒子再与物质的电子相互作用,也会引起物质的大量电离。射线与人体相互作用引起人体内物质大量电离,使人体产生生物学方面的变化,这些变化在很大程度上取决于辐射能量在物质中沉积的数量和分布。射线对人体的照射可以分为外照射和内照射。人体外部的放射源对人体造成的照射叫外照射;人体内部的放射源对人体造成的照射叫内照射(图 5.3)。α 射线的穿透本领很小,外照射的危害可以不予考虑;β 射线的穿透本领也比较小,一般只能造成人体浅表组织的损伤,因此对于近距离的 β 射线应引起注意;γ 射线和 X 射线的射程都比较长,是外照射的主要考虑对象。α 射线和 β 射线的内照射危害比较大,尤其 α 射线,是内照射的主要关注对象。其他射线(中子等)的照射比较少见。

随着放射性核素的广泛应用,越来越多的人认识到辐射对机体造成的损害随着辐射照

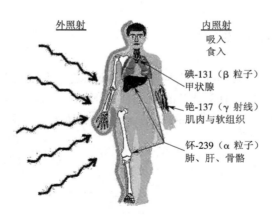

图5.3 射线对人体的辐照方式

射量的增加而增大,大剂量的辐射照射会造成被照部位的组织损伤,并导致癌变,即使是小剂量的辐射照射,尤其是长时间的小剂量照射蓄积也会导致照射器官组织诱发癌变,并会使受照射的生殖细胞发生遗传缺陷(表5.1)。

表5.1 成年人全身蓄积辐射症状

受照剂量/mSv	放射病程度	症状
100 以下	无影响	
100~500	轻微影响	白细胞减少,多无症状表现
500~2 000	轻度	疲劳、呕吐、食欲减退、暂时性脱发,红细胞减少
2 000~4 000	中度	骨骼和骨密度遭到破坏,红细胞和白细胞数量极度减少,有内出血、呕吐、腹泻症状
4 000~6 000	重度	造血、免疫、生殖系统以及消化道等脏器受影响,甚至危及生命

虽然射线对人体会造成损伤,但人体有很强的修复功能。对于从事放射性工作人员的职业照射,在辐射防护剂量限值的范围内,其损伤也是轻微的、可以修复的。因此,对于辐射的使用,我们既要注意防护,尽可能合理降低辐射的危害,又不必产生恐慌心理,影响我们的正常工作和生活。

5.3.2 电离辐射的生物效应

电离辐射对人体的照射有可能产生各种生物效应(图5.4)。按照生物效应发生的个体不同,可以分为躯体效应和遗传效应;按照辐射引起的生物效应发生的可能性,可以分为随机效应和确定性效应。

1.躯体效应和遗传效应

发生在被照射个体本身的生物效应叫躯体效应;由于生殖细胞受到损伤而体现在其后代活体上的生物效应叫遗传效应。

2.随机效应和确定性效应

发生概率与受照剂量成正比而严重程度与剂量无关的辐射效应叫随机效应,主要表现在受照个体的癌症及其后代的遗传效应。在正常照射的情况下,发生随机效应的概率是很低的。一般认为,在辐射防护感兴趣的低剂量范围内,这种效应的发生不存在剂量阈值,阈值就是发生某种效应所需要的最低剂量值。通常情况下存在剂量阈值的辐射效应叫确定性效应,接受的剂量超过阈值越多,产生的效应越严重。

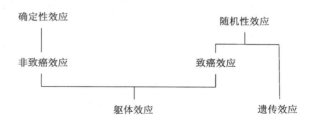

图 5.4　电离辐射的生物效应之间的相互关系

人们日常所遇到的照射大多与随机效应有关,但在放射性事故和医疗照射中,发生确定性效应的可能性应该引起足够的重视。

5.4　电离辐射的防护

5.4.1　电离辐射防护目的

电离辐射防护在于防止不必要的射线照射,保护操作者本人免受辐射损伤,保护周围人群的健康和安全。一般认为,辐射防护的目的主要有三个。

(1)防止有害的确定性效应发生。例如,影响视力的眼晶体浑浊的阈剂量当量在 15 Sv 以上,为了保护视力,防止这一确定性效应的发生,就要保证工作人员眼晶体的终身累积剂量当量不超过 15 Sv。

(2)限制随机性效应的发生率,使之达到被认为可以接受的水平。辐射防护的目的是使由于人为原因引起的辐射所带来的各种恶性疾患的发生率,小到能被自然发生率的统计涨落所掩盖。

(3)消除各种不必要的照射。在这方面,主要是防止滥用辐射,或尽量避免本来稍加努力就可以免受的某些照射。

5.4.2　电离辐射防护标准

《电离辐射防护与辐射源安全基本标准》(以下简称《基本标准》)是我国现行辐射防护应遵守的基本标准。标准指出,一切带有辐射的实践和设施必须遵循辐射防护三原则,对于工作人员、公众、应急照射等情况必须加以约束和限制。

1.电离辐射防护三原则

1)实践的正当性

实践的正当性就是对于任何一项辐射照射实践,其对受照个人或社会所带来的利益足以弥补其可能引起的辐射危害时,该实践才是正当的。

2）辐射防护的最优化

辐射防护的最优化就是在考虑了经济和社会因素之后，保证受照人数、个人受照剂量的大小以及受照射的可能性均保持在可合理达到的尽量低水平。

（3）个人剂量限制

在实施上述两项原则时，要同时保证个人所受的辐射剂量不超过规定的相应限值。

2. 职业剂量限值

《基本标准》中规定的工作人员职业照射剂量限值是连续 5 年内的平均有效剂量不超过 20 mSv，任何一年中的有效剂量不超过 50 mSv，眼晶体的年剂量当量不超过 150 mSv，四肢（手、足）或皮肤的年剂量当量不超过 500 mSv。

对于育龄妇女所接受的照射应严格按照职业照射的剂量限值予以控制，对于孕妇在孕期余下的时间内应保证腹部表面的剂量当量限值不超过 2 mSv。

年龄 16~18 岁青少年如接触放射性物质，其一年内受到的有效剂量不超过 6 mSv，眼晶体的年剂量当量不超过 50 mSv，四肢（手、足）或皮肤的年剂量当量不超过 150 mSv。

3. 公众剂量限值

《基本标准》中指出，公众成员所受到的年有效剂量不超过 1 mSv，特殊情况下，如果 5 个连续年的年平均剂量不超过 1 mSv/a，则某一单一年份的有效剂量可提高到 5 mSv；眼晶体的年剂量当量不超过 15 mSv；皮肤的年剂量当量不超过 50 mSv。

4. 应急照射限值

应急照射指在事故情况下，为了抢救人员或国家财产，防止事故蔓延扩大，有时需要少数人一次接受较大剂量的照射。《基本标准》中规定：在十分必要时，经过事先周密计划，由领导批准，健康合格的工作人员一次可接受 50 mSv 全身照射，但以后所接受的照射应适当减少，以使这次照射前后 10 年平均有效剂量不超过 20 mSv。

应急照射情况下当结果或预料超过干预水平时，常表示发生了事故等异常状态，这时应对事件的现场和人员做特殊处理，如立即停止操作或对人员进行医学处理等（表 5.2）。

表 5.2 不同辐射剂量情况下的干预措施表

	预期剂量/ （mSv/mGy）	一般性措施 隐蔽、服用稳定性碘	严厉措施 撤离
全身照射	<5	不必要	不必要
	5~100	有必要	有必要
	100~500	必须（特别注意对孕妇、儿童的保护）	国家主管部门根据具体特定条件判断后，可以考虑撤离
	>500	必须，直到撤离前	必须
受到主要照射的肺、甲状腺和其他器官	<250	不必要	不必要
	250~500	有必要	有必要
	500~5 000	必须（特别注意对孕妇、儿童的保护）	国家主管部门根据具体特定条件判断后，可以考虑撤离
	>5 000	必须，直到撤离前	必须

注：（1）其他器官不包括生殖腺和眼晶体；

（2）预期剂量单位对于全身为 mSv，对于器官为 mGy。

5.4.3　电离辐射防护方法

对内照射的防护是减少放射性核素进入人体和加快排出。对外照射的防护主要采取以下三种方法。

1. 时间防护

对于相同条件下的照射,人体接受的剂量与照射的时间成正比。因此减少接受照射的时间,就可以明显减少吸收剂量。

2. 距离防护

对于点源,如果不考虑介质的散射和吸收,它在相同方位角的周围空间所产生的直接照射剂量与距离的平方成反比。实际上,只要不是在真空中,介质的散射和吸收总是存在的,因此直接照射剂量随着与源的距离的增加而迅速减少。在非点源和存在散射照射的条件下,近距离的情况比较复杂;对于距离较远的地点,其所受的剂量也随着距离的增加而迅速减少。

3. 物质屏蔽

射线与物质发生作用,可以被吸收和散射,即物质对射线有屏蔽作用。对于不同的射线,其屏蔽方法是不同的。对于 γ 射线和 X 射线,用原子序数高的物质(比如铅)效果较好;对 β 射线则先用低原子序数的材料(比如有机玻璃)阻挡 β 射线,再在其后用高原子序数的物质阻挡激发的 X 射线;对于 α 射线的屏蔽很容易,在体外,它基本上不会对人体造成危害,但它的内照射危害特别严重(图 5.5)。

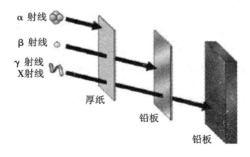

α 射线　β 射线　γ 射线　X射线　厚纸　铅板　铅板

图 5.5　射线的屏蔽

除了以上三项措施以外,在满足需要的情况下,尽量选择活度小、能量低、容易防护的辐射源也是十分重要的。

5.5　放射性实验室的安全防护

5.5.1　放射性实验室的建立

放射性实验室包括操作放射性物质的开放性放射化学实验室和使用放射源及射线发生装置仪器的实验室。

(1)放射性实验室的建立,应进行辐射防护评价,并向上级辐射防护和环境保护部门上报评价报告。在设施的选址、设计、运行等阶段,均应有相应的辐射防护评价;辐射防护评价的内容包括辐射防护管理、技术措施和人员受照情况三个方面。

(2)放射性实验室的设计、施工和施工监理都应该由具有相关资质的单位完成,绝不允许无资质的单位参与放射性实验室的建设。

(3)放射性实验室需要按限制分区特殊建设并配备良好的设备。实验室应按放射性强弱依次分为非限制区、限制区、控制区、辐射区等,不同的放射性实验应在不同的分区内完成。

5.5.2　放射性实验室的安全管理

1. 放射性物质的购买

购买放射性物质(包括射线装置),要经过环保部门的审批并对物质存放和使用的实验室进行环境影响评价后,办理相关的安全许可证明,并详细登记所购买的放射性物质的名称、活度、种类、化学形态、厂商等信息后,方能进入购买程序。

2. 放射性标志的使用

放射性工作场所,要在场所外面的明显位置张贴电离辐射标志;实验室内存放的放射性物品、辐射发生装置等,都应有明显的放射性标志(图5.6)。

3. 放射性实验的登记制度

实验室开展放射性实验时,要采取严格的登记制度,要详细记录实验的日期、参加人员、放射源及非密封的放射性物质或相关仪器装置的使用情况和实验过程等。

4. 放射源及带源仪器的安全使用

任何类型的放射源都不能用手直接拿取、触摸,所有放射源使用时都要使用工具(如长柄、短柄的镊子、钳子等)进行操作;保证放射源进出仪器的操作正确,谨防误操作造成的事故;放射源使用后,应退出机器,装入铅罐(图5.7),放回保险柜并锁好,放射源的管理严格执行"双人双锁"制度。

图5.6　放射性标志

图5.7　放射源储罐

5. 非密封放射性物质的安全使用

在进行实验前要详细了解所使用放射性物质的性质,设计实验操作流程,并严格按照操作流程进行实验操作;在对放射性物质进行操作时,要戴橡胶手套,穿好防护服及必要的防护用品;能够产生挥发性气体的放射性实验要在手套箱或通风橱中进行。

6. 射线装置的安全使用

在开机前,应认真检查射线装置,打开辐射剂量监测报警仪,确保实验室内无人员误入,确保防护门关闭后,方可开启射线装置,在射线装置工作过程中,不得开启防护门。射线装置运行过程中出现剂量超标报警,应立即关停设备。

7. 放射性实验室的定期检测

对于放射性实验室及其周边环境,要由有资质的监测机构至少一年进行一次检测,并对实验室及其周边环境的辐射情况进行详细分析,确保实验室的辐射水平在规定的限值之内。

5.5.3　放射性实验室的人员管理

1. 出入放射性实验室的人员管理

(1)放射性实验室要有专人负责实验室的安全管理,相关安全管理人员及实验人员要通过国家指定机构组织的辐射安全培训,培训合格才能从事放射性工作,做到持证上岗。临时的工作人员或进入实验室的学生也应经过实验室相关辐射知识的培训,否则不可以进入放射性实验室。

(2)进入放射性实验室开展实验,要佩戴个人剂量计(图5.8),并对个人剂量计进行定期检测。个人剂量计的检验周期为 1 次/季度。

图 5.8　个人剂量计的佩带

(3)工作人员在有比较严重的疾病或外伤时,不要进入放射性实验室。

(4)工作人员禁止在放射性实验室内饮水、进食、吸烟和化妆,也不能存放此类物品。如需要,可设立单独的、完全与实验室隔离的房间作为休息、进食使用。

(5)工作人员离开放射性实验室前,应进行全身放射性物质沾污检测,合格后方可离开实验室。

(6)参观访问人员进入放射性实验室,要确保有了解该实验室安全与防护措施的工作人员陪同;在参观访问人员进入实验室前,向他们提供足够的信息和指导,在相关区域设置醒目的标志,并采取其他必要的措施,确保对来访者实施适当的监控。

2. 从事放射工作人员的职业健康管理

1)放射人员个人剂量监测

放射单位应按照国家有关标准安排本单位的放射人员接受个人剂量监测,监测周期一般为 30 天,最长不应超过 90 天。个人剂量监测结果要逐个记录、存档,其保存时间不少于停止辐射工作后 30 年。单位应允许放射工作人员查阅、复印其个人剂量监测资料。

2)放射人员职业健康检查

放射人员职业健康检查包括上岗前、在岗期间、离岗时、受到应急照射或者事故照射时的健康检查以及职业性放射性疾病患者和受到过量照射放射工作人员的医学随访观察,职业健康检查的周期为 1~2 年,但不得超过 2 年。放射单位应当为放射人员建立并终生保存职业健康监护档案。放射人员职业健康监护档案应包括:职业史、既往病史、职业照射接触史、应急照射、事故照射史;历次职业健康检查结果及评价处理意见;职业性放射性疾病诊断与诊断鉴定、治疗、医学随访观察等健康资料;怀孕声明;工伤鉴定意见或结论等。

3)工作岗位的调换

放射单位对职业健康检查发现不宜继续从事放射工作的人员,应及时调离放射工作岗位,并妥善安置;对需要复查和医学观察的放射人员,应当及时予以安排。对已妊娠的放射人员,不应安排其参与事先计划的职业照射和有可能造成职业性内照射的工作。授乳妇女在其哺乳期间应避免接受职业性内照射。用人单位应为其调换合适的工作岗位。

4)放射人员的营养保健

放射工作人员的保健津贴按照国家有关规定执行。临时调离放射工作岗位者,可继续享受保健津贴3个月;正式调离放射工作岗位者,可继续享受保健津贴1个月。在国家统一规定的休假外,放射工作人员每年可享受保健休假2~4周。从事放射工作满20年的工作人员的保健休假,可由所在用人单位安排健康疗养。长期从事放射工作的人员,因患病不能胜任现职工作的经相关组织或机构诊断确认后,可根据国家有关规定提前退休;放射人员因职业放射损伤致残者,其退休后工资和医疗卫生津贴照发。

5.5.4 个人防护用具的配备与应用

(1)放射性实验室应根据实际需要为工作人员提供适用、足够和符合有关标准的个人防护用具,如各类防护服、防护围裙、防护手套、防护面罩及呼吸防护器具等(图5.9),并应使工作人员了解其所使用的防护用具的性能和使用方法。

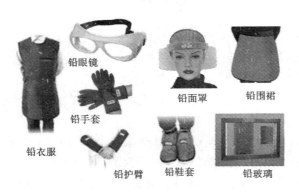

图5.9　个人辐射防护用品

(2)应对工作人员进行正确使用呼吸防护器具的指导,并检查其佩戴是否合适。

(3)对于任何给定的工作任务,如果需要使用防护用具,则应考虑由于防护用具使用带来的工作不便或工作时间延长所导致的照射增加,并应考虑使用防护用具可能伴有的非辐射危害。

(4)个人防护用具应有适当的备份,以备在干预事件中使用。所有个人防护用具均应妥善保管,并应对其性能进行定期检验。

(5)放射性实验室应通过利用适当的防护手段与安全措施(包括良好的工程控制装置和满意的工作条件),尽量减少正常运行期间对个人防护用具的依赖。

5.6　辐射安全事故及应急处置

辐射安全事故主要指除核设施事故以外,放射性物质丢失、被盗、失控,或者放射性物质造成人员受到意外的异常照射或环境放射性污染事件。

5.6.1　辐射事故的分类和分级

1.辐射事故的分类

辐射事故的类型,按其性质分为五类:超剂量照射事故、表面污染事故、丢失放射性物质事故、超临界事故和放射性物质泄漏事故。按其影响范围分为:发生在辐射工作单位管辖区(归辐射工作单位直接管辖的除生活区外的区域)内部的事故和管辖区外部的事故。

2.辐射事故的分级

《放射性同位素与射线装置安全和防护条例》(国务院令第 449 号)规定,根据辐射事故的性质、严重程度、可控性和影响范围等因素,从重到轻将辐射事故分为特别重大辐射事故、重大辐射事故、较大辐射事故和一般辐射事故四个等级。

(1)特别重大辐射事故,是指Ⅰ类、Ⅱ类放射源丢失、被盗、失控造成大范围严重辐射污染后果,或者放射性同位素和射线装置失控导致 3 人以上(含 3 人)急性死亡。

(2)重大辐射事故,是指Ⅰ类、Ⅱ类放射源丢失、被盗、失控,或者放射性同位素和射线装置失控导致 2 人以下(含 2 人)急性死亡或者 10 人以上(含 10 人)急性重度放射病、局部器官残疾。

(3)较大辐射事故,是指Ⅲ类放射源丢失、被盗、失控,或者放射性同位素和射线装置失控导致 9 人以下(含 9 人)急性重度放射病、局部器官残疾。

(4)一般辐射事故,是指Ⅳ类、Ⅴ类放射源丢失、被盗、失控,或者放射性同位素和射线装置失控导致人员受到超过年剂量限值的照射。

5.6.2　辐射事故管理

1.事故的预防

辐射工作单位必须贯彻预防为主的方针,加强辐射防护知识和技能的教育与训练,严格事故管理,制定有效的事故处理方案,及时采取有效措施,切实消除不安全因素,防止各类事故的发生和扩大。

2.应急预案的制定

可能发生事故的单位,必须制定事故应急计划,确保在一旦出现此类事故时可立即采取相应行动。应急计划应报监督部门审批,主管部门备案。平时要组织适当的训练和演习。

3.事故的报告

辐射工作单位不论发生何种辐射事故,均应及时按要求填报事故报告表。一个事故可作多种分类和分级时,按其中最高的一级上报和处理。重大事故应在事故发生后 24 h 内上报主管部门和监督部门。各单位的领导要对事故报告的及时性、全面性和真实性负责。对于隐瞒不报、虚报、漏报和无故拖延报告的,要追究责任。

4.事故档案的建立

辐射工作单位应建立全面、系统和完整的事故档案,认真总结经验教训,防止同类事故再次发生。

5.6.3　辐射事故的应急处置

发生辐射安全事故,应立即启动事故安全应急预案,及时报告事故的相关情况。

（1）立即通知事故区内的所有人员并撤离无关人员，及时报告给相关部门及负责人。

（2）撤离有关工作人员，并在辐射安全专家的指导下开展相关紧急处置行动，封锁现场，控制事故源，切断一切可能扩大污染范围的环节，防止事故扩大和蔓延。放射源丢失，要全力追回，放射源脱出，要将放射源迅速转移至容器内。

（3）对可能受放射性核素污染或者损伤的人员，立即采取暂时隔离和应急救援措施，在采取有效个人防护措施的情况下组织人员彻底清除污染并根据需要实施医学检查和医学处理。

（4）对受照人员要及时估算受照剂量。

（5）污染现场未达到安全水平之前，不得解除封锁，将事故的后果和影响控制在最低限度。

主要参考文献及资料

［1］ 北京大学化学与分子工程学院实验室安全技术教学组. 化学实验室安全知识教程［M］. 北京：北京大学出版社，2012.

［2］ 黄凯，张志强，李恩敬. 大学实验室安全基础［M］. 北京：北京大学出版社，2012.

［3］ 李五一. 高等学校实验室安全概论［M］. 杭州：浙江摄影出版社，2006.

［4］ 国家环保总局辐射环境监测技术中心. 核技术应用辐射安全与防护［M］. 杭州：浙江大学出版社，2012.

［5］ 陈万金，陈燕俐，蔡捷. 辐射及其安全防护技术［M］. 北京：化学工业出版社，2006.

［6］ 中国标准化管理委员会. GBZ 98—2002 放射工作人员健康标准［S］. 北京：中国标准出版社，2002.

［7］ 中国标准化管理委员会. GB 14500—2002 放射性废物管理规定［S］. 北京：中国标准出版社，2002.

［8］ 中国标准化管理委员会. GB 18871—2002 电离辐射防护与辐射源安全基本标准［S］. 北京：中国标准出版社，2002.

第6章 实验室仪器设备使用安全

高校实验室常用的仪器设备有玻璃仪器、高压设备、高温低温设备、高能设备、机械加工设备以及一些分析测试仪器等(见表6.1)。这些装置都具有危险性,如果操作错误,可能会引起大的安全事故,所以在使用这些仪器设备时必须做好充分的预防措施并谨慎操作。

表6.1 实验室常用仪器设备及引发的事故种类

装置类型	事故种类	装置示例
玻璃器具	割伤、烫伤	烧瓶、玻璃棒
高压装置	由气体、液体的压力所造成的伤害,继而发生火灾、爆炸等事故	高压钢瓶、高压反应釜
高温装置	烧伤、烫伤	高温炉、烘箱
低温装置	冻伤	冷冻机
高能装置	触电、辐射	激光器、微波设备
高速装置	绞伤	离心机
机械装置	绞伤	机床、车床
大型仪器设备	损坏、火灾、爆炸	气相色谱仪、核磁共振仪

使用实验室仪器设备的一般注意事项如下。

(1)需按仪器设备操作规程和使用说明使用。

(2)使用的能量越高,其装置的危险性就越大。使用高温、高压及高速装置时,必须做好充分的防护措施,谨慎地进行操作。

(3)对不了解其性能的装置,使用前要认真进行准备,尽可能逐个核对装置的各个部分的功能和操作要领,在掌握其基本操作之后,才能进行操作。

(4)装置使用后要收拾妥善。如果发现有不妥当的地方,必须马上进行检查和修理,或者把情况报告管理者。

6.1 玻璃仪器使用安全

6.1.1 玻璃仪器安全使用通则

玻璃仪器在实验过程中经常使用,由玻璃器具造成的事故很多,大多数为割伤和烫伤。为了防止这类事故的发生,必须充分了解玻璃的性质。

玻璃仪器(图6.1)按玻璃的性质不同可以简单地分为软质玻璃仪器和硬质玻璃仪器两类。软质玻璃承受温差的性能、硬度和耐腐蚀性都比较差,但透明度比较好,一般用来制造不需要加

图6.1 玻璃仪器

热的仪器。硬质玻璃是一种硼硅酸盐玻璃,具有良好的耐受温差变化的性能,用它制造的仪器可以直接加热。

硬质玻璃的硬度较高,质脆,抗压力强但抗拉力弱,导热性差,稍有损伤或局部施加温差都易断裂或破碎,其裂纹呈贝壳状,像锋利的刀具一样危险。所以在使用玻璃仪器时容易出现意外破损,需采取适当的安全防范措施,将危险性降至最低。

(1)剪切或加工玻璃管及玻璃棒时,必须戴防割伤手套。

(2)玻璃管及玻璃棒的断面要用锉刀锉平或用喷灯熔融,使其断面圆滑,不易造成割伤,而后再使用。

(3)连接橡胶管和玻璃管,或将温度计插入橡胶塞时,先用水、甘油或润滑脂等润滑一下,边旋转边插入,如果感觉过紧可用锉刀等工具扩孔后再插。

(4)玻璃器具在使用前要仔细检查,避免使用有裂痕的仪器。特别用于减压、加压或加热操作的场合,更要认真进行检查。

(5)在组装烧瓶等实验装置时,不要过于用力,也要防止夹具拧得过紧使玻璃容器破损。

(6)加热和冷却时,要避免骤热、骤冷或局部加热。加热和冷却后的玻璃仪器不能用手直接触摸,以免烫伤和冻伤。

(7)不能在玻璃瓶和量筒内配制溶液,以免配制溶液产生的溶解热使容器破损。

(8)不能使用壁薄和平底的玻璃容器进行加压或抽真空实验。

(9)壁薄的玻璃容器在往台面上放置时要轻拿轻放,进行搅拌操作时避免局部过力。拿放较重的玻璃仪器时,要用双手。

(10)一般情况下,不允许给密闭的玻璃容器加热。

(11)打开封闭管或紧密塞着的容器时,因其有内压,会发生喷液或爆炸事故,应小心慢慢打开。

(12)洗涤烧杯、烧瓶时,不要局部勉强用力或冲击。

(13)玻璃碎片要及时清理并丢弃在指定的垃圾桶内。

事故案例:将玻璃管插入橡皮塞、或者把橡皮管套入玻璃管以及在试管上塞橡皮塞时,强行操作而受伤的例子很多。

6.1.2 几种特殊玻璃仪器的使用注意事项

1. 玻璃反应釜

玻璃反应釜(图6.2)抗酸腐蚀性能优良,一般用作反应器或贮罐,绝大部分在有机酸介质条件下使用,其安全使用事项如下。

(1)在玻璃反应釜中进行不同介质的反应,应首先查清介质对主体材料有无腐蚀。

(2)装入反应介质应不超过釜体三分之二液面。

(3)安装时将爆破泄放口通过管路连接到室外。

(4)每次开机时,要求任何按钮都应在初始状态。在每次工作完毕后将旋钮旋回最小位置,防止下次开机时电流太大对控制仪造成大的损坏。

图 6.2 玻璃反应釜

（5）运转时如隔离套内部有异常声响，应停机放压，检查搅拌系统有无异常情况。定期检查搅拌轴的摆动量，如摆动量太大，应及时更换轴承或滑动轴套。

（6）夹套导热油加热，在加导热油时注意勿将水或其他液体掺入当中，应不定期地检查导热油的油位。

（7）定期对各种仪表及爆破泄放装置进行检测，以保证其准确可靠地工作，设备的工作环境应符合安全技术规范要求。

（8）工作时或结束时，严禁带压拆卸。严禁在超压、超温的情况下工作。在工作的状态下打开观察窗观察釜内介质的反应变化情况，应短时间快速观察，观察完毕后速将观察窗关闭。

（9）反应釜长期停用时，釜内外要清洗擦净，不得有水及其他物料，并存放在清洁干燥无腐蚀的地方。

2. 旋转蒸发仪（图 6.3）

（1）各接口、密封面、密封圈以及接头安装前，都需要涂一层真空脂。

（2）加热槽通电前必须加水，不允许无水干烧。

（3）蒸馏瓶内溶液不宜超过容量的 50%。贵重溶液应先做模拟试验，确认本仪器适用后再转入正常使用。

（4）如果真空度太低，应注意检查各接头、真空管和玻璃瓶的气密性。

图 6.3 旋转蒸发仪

（5）使用时要先抽小真空（约至 0.03 MPa），再开旋转，以防蒸馏烧瓶滑落；停止时，先停旋转，手扶蒸馏烧瓶，通大气，待真空度降到 0.04 MPa 左右再停真空泵，以防蒸馏瓶脱落及溶液倒吸。

（6）根据溶剂设定水浴温度，如溶剂沸点 80 ℃，则水浴可设定为 50~55 ℃，不确定应该多少度时一定要有人在场，以便在发生暴沸时进行减压。

（7）蒸馏完毕，先停止旋转，通大气，不能直接关闭真空泵，要打开加料管旋塞，解除内部压力，同时托住蒸馏瓶。然后关真空泵，最后取下蒸馏烧瓶。

（8）旋蒸对空气敏感的物质时，需要在排气口接上氮气球，先通一阵氮气，排出旋蒸仪内空气，再接上样品瓶旋蒸。蒸馏完毕，放氮气升压，再关泵，然后取下样品瓶封好。

（9）如果样品黏度比较大，应放慢旋转速度，最好手动缓慢旋转，以能形成新的液面，利于溶剂蒸出。

3. 石英纯水蒸馏器（图 6.4）

（1）使用前观察水位器、两个干簧水位器和三个冷凝管的气孔是否畅通。

（2）干簧电线（蓝线）、温度控制器（红线）为仪器保护装置，不能随意挪动。

（3）必须注意烧瓶内水位的控制。横式烧瓶中的水位应在二分之一左右，水位应浸没石英加热管；在任何情况下，烧瓶内水不允许放净。

图 6.4 石英纯水蒸馏器

（4）使用过程中请多观察仪器状态，出现异常情况，如噪声过大、横式烧瓶水位接近石英加热管、仪器长时间(10 min 以上)不产纯水等,应及时关机。

(5)仪器工作时,不要触摸玻璃部分,以免烫伤。

6.2 高压装置使用安全

高压装置一般是指是由表 6.2 所列的各种单元器械组合而成的联合体。

表 6.2 常见高压装置及其单元器械

高压装置名称	单元器械
高压发生源	气体压缩机、高压气体容器
高压反应器	高压釜、各种合成反应管及催化剂填充管
高压流体输送器	循环泵、管道及流量计
高压器械	压力计、各种阀门
安全器械	安全阀、逆火防止阀

高压装置一旦发生破裂,碎片即以高速度飞出,急剧冲出气体会形成冲击波,使人身、实验装置及设备等受到重大损伤,往往同时还会引燃所用的煤气或放置在其周围的药品,引起火灾或爆炸等严重的二次灾害。因此,使用高压装置时,必须严格遵守有关的安全操作规定。有关高压装置的结构、安全管理等详细信息请参见 12.2 节。

6.2.1 高压钢瓶

图 6.5 气体钢瓶

气体钢瓶是储存压缩气体的特制的耐压钢瓶(图 6.5)。使用时,通过减压阀(气压表)有控制地放出气体。由于钢瓶的内压很大(有的高达 15 MPa),而且有些气体易燃或有毒,所以在使用钢瓶时要特别注意安全。

(1)钢瓶要放在专用的移动车中或直立固定好,存放在阴凉、干燥、远离热源(如阳光、暖气、炉火)处,避免阳光暴晒和剧烈振动。

(2)可燃性气体钢瓶必须与氧气钢瓶分开存放,并远离明火距离至少 10 m。

(3)使用钢瓶中的气体时,要用专用的减压阀(气压表)。各种气体的气压表不得混用,以防爆炸。

(4)开启气瓶时,人要站在气瓶主气门的侧面,以防高压冲伤皮肤。

(5)绝不可使油或其他易燃性有机物沾在气瓶上(特别是气门嘴和减压阀)。也不得用棉、麻等物堵漏,以防燃烧引起事故。

(6)不可将钢瓶内的气体全部用完,一定要保留 0.05 MPa 以上的残留压力(减压阀表压)。可燃性气体如乙炔气应剩余 0.2 ~ 0.3 MPa 压力。

高压钢瓶的种类及标识请详见 12.2.5 部分。

6.2.2 高压釜

实验室进行高压实验时,最广泛使用的是高压釜(图6.6)。高压釜除高压容器主体外,往往还与压力计、高压阀、安全阀、电热器及搅拌器等附属器械构成一个整体。高压釜属于特种设备,应放置在符合防爆要求的高压操作室内。若装备多台高压釜,应分开放置,每间操作室均应有直接通向室外或通道的出口,高压釜应有可靠的接地。使用高压釜时,要注意以下要点。

(1)查明刻于主体容器上的试验压力、使用压力及最高使用温度等条件,要在其容许的条件范围内使用。

(2)压力计使用的压力,最好在其标明压力的二分之一以内使用。并经常把压力计与标准压力计进行比较,加以校正。

(3)氧气用的压力计,要避免与其他气体用的压力计混用。

图6.6 高压釜

(4)反应开始后要密切关注反应中各参数(压力、温度、转速)的变化,尤其是压力的变化,一旦发现异常,应马上关闭加热开关。如温度过高,可以通过冷却盘管接冷却水降温处理;如压力过高,可以进行降温或从排气阀放空(氢气放空时一定要通过管道排到室外)。

(5)温度计要准确地插到反应溶液中。

(6)放入高压釜,不可超过其有效容积的三分之一以上。

(7)高压釜内部及衬垫部位要保持清洁。

(8)盖上盘式法兰盖时,要将位于对角线上的螺栓,一对对地依次同样拧紧。

(9)测量仪表破裂时,多数情况在其玻璃面的前后两侧碎裂。因此,操作时不要站在这些有危险的地方。预计将会出现危险时,要把玻璃卸下,换上新的。

(10)安全阀及其他的安全装置,要使用经过定期检查符合规定要求的器械。

6.2.3 真空泵

图6.7 水泵

在有机化学实验室里常用的真空泵有水泵和油泵两种。水泵(图6.7)能抽到的最低压力理论上相当于当时水温下的水蒸气压力。例如,水温25 ℃、20 ℃和10 ℃时,水蒸气的压力分别为3 192 Pa、2 394 Pa、1 197 Pa。若不要求很低的压力,可用水泵。

若要较低的压力,就需要使用油泵。油泵能抽到的压力在133.3 Pa以下。油泵的好坏决定于其机械结构和油的质量,使用油泵时必须把它保护好。

如果蒸馏挥发性较大的有机溶剂时,有机溶剂会被油吸收,结果增加了蒸气压,从而降低了抽空效能;如果是酸性气体,会腐蚀油泵;如果是水蒸气则可能会使油变成乳浊液而使真空泵受损。因此使用真空泵时必须注意下列几点。

(1)减压系统必须保持密不漏气,所有的橡皮塞的大小和孔道要合适,橡皮管要用真空用的橡皮管。磨口玻璃涂上真空油脂。

（2）用水泵抽气，应在水泵前装上安全瓶，以防水压下降，水流倒吸；停止抽气前，应先放气，然后关水泵。

（3）如能用水泵抽气，则尽量用水泵，如蒸馏物质中含有挥发性物质，可先用水泵减压除去挥发性物质，然后改用油泵。

（4）在蒸馏系统和油泵之间，必须装有吸收装置。

（5）蒸馏前必须用水泵彻底抽去系统中有机溶剂的蒸气。

6.3　高温装置使用安全

在化学实验中，使用高温或低温装置的机会很多，并且还常常与高压、低压等严酷的操作条件组合。在这样的条件下进行实验，如果操作错误，除发生烧伤、冻伤等事故外，还会引起火灾或爆炸之类的危险。因此，操作时必须十分谨慎。

使用高温装置的一般事项包括如下几点。

（1）注意防护高温对人体的辐射。

（2）熟悉高温装置的使用方法，并细心地进行操作。

（3）使用高温装置的实验，要求在防火建筑内或配备有防火设施的室内进行，并保持室内通风良好。

（4）按照实验性质，配备最合适的灭火设备如粉末、泡沫或二氧化碳灭火器等。

（5）不得已必须将高温炉之类高温装置置于耐热性差的实验台上进行实验时，装置与台面之间要保留 1 cm 以上的间隙，以防台面着火。

（6）按照操作温度的不同，选用合适的容器材料和耐火材料。但是，选定时亦要考虑到所要求的操作气氛及接触的物质之性质。

（7）高温实验禁止接触水。如果在高温物体中一旦混入水，水即急剧汽化，发生所谓水蒸气爆炸。高温物质落入水中时，也同样产生大量爆炸性的水蒸气而四处飞溅。

使用高温装置时的人体安全防护知识包括如下几点。

（1）常要预计到衣服有被烧着的可能。因而，要选用能简便脱除的服装。

（2）要使用干燥的手套。如果手套潮湿，导热性即增大。同时，手套中的水分汽化变成水蒸气会有烫伤手的危险，故最好用难于吸水的材料做手套。

（3）需要长时间注视赤热物质或高温火焰时，要戴防护眼镜。使用视野清晰的绿色防护眼镜比用深色的好。

（4）对发出很强紫外线的等离子流焰及乙炔焰的热源，除使用防护面具保护眼睛外，还要注意保护皮肤。

（5）处理熔融金属或熔融盐等高温流体时，还要穿上皮靴之类的防护鞋。

6.3.1　箱式高温炉

箱式高温炉是实验室常用的加热设备。使用时要注意如下方面。

（1）高温炉要放在牢固的水泥台上，周围不应放有易燃易爆物品，更不允许在炉内灼烧有爆炸危险的物体。

（2）高温炉要接有良好的地线，其电阻应小于 5 Ω。

（3）使用时切勿超过箱式高温炉的最高温度。

（4）装取试样时一定要切断电源,以防触电。

（5）装取试样时炉门开启时间应尽量短,以延长电炉使用寿命。

（6）不得将沾有水和油的试样放入炉膛,不得用沾有水和油的夹子装取试样。

（7）一般根据升温曲线设定升温步骤。低温手动升温时,注意观察电流值,不可过大。

（8）对以硅碳棒、硅碳管为发热元件的高温炉,与发热元件连接的导线接头接触要良好,发现接头处出现"电焊花"或有嘶嘶声时,要立即停炉检修。

（9）不得随便触摸电炉及周围的试样。

6.3.2　马弗炉

（1）马弗炉（图 6.8）应放于坚固、平稳、不导电的平台上。通电前,先检查马弗炉电气性能是否完好,接地线是否良好,并注意是否有断电或漏电现象。

（2）使用温度不得超过马弗炉最高使用温度下限。

（3）灼烧沉淀时,按规定的沉淀性质所要求的温度进行,不得随便超过。

（4）保持炉膛清洁,及时清除炉内氧化物之类的杂物;熔融碱性物质时,应防止熔融物外溢,以免污染炉膛;炉膛内应垫一层石棉板,以减少坩埚的磨损及防止炉膛污染。

图 6.8　马弗炉

（5）热电偶不要在高温状态或使用过程中拔出或插入,以防外套管炸裂。

（6）不得连续使用 8 h 以上。

（7）要保持炉外清洁、干燥;炉子周围不要放置易燃易爆及腐蚀性物品。

（8）禁止向炉膛内灌注各种液体及易溶解的金属。

（9）不用时应开门散热,并切断电源。

（10）马弗炉内热电偶所反应的指示温度,应作定期校正。

6.3.3　加热浴

1. 水浴

图 6.9　水浴

当加热的温度不超过 100 ℃时,最好使用水浴（图 6.9）加热较为方便。但是必须指出:当用到金属钾、钠的操作以及无水操作时,决不能在水浴上进行,否则会引起火灾。

使用水浴时勿使容器触及水浴器壁和底部,防止局部受热。

由于水浴的不断蒸发,适当时要添加热水,使水浴中的水面经常保持稍高于容器内的液面。

2. 油浴

当加热温度在 100～200 ℃时,宜使用油浴（图 6.10）,优点是使反应物受热均匀,反应物的温度一般低于油浴温度 20 ℃左右。常用油浴的使用注意事项有如下几点。

图 6.10　油浴

（1）甘油，可以加热到 140～150 ℃，温度过高时则会炭化。

（2）植物油如菜油、花生油等，可以加热到 220 ℃，常加入 1% 的对苯二酚等抗氧化剂，便于久用。若温度过高时分解，达到闪点时可能燃烧起来，所以使用时要小心。

（3）石蜡油，可以加热到 200 ℃ 左右，温度稍高并不分解，但较易燃烧。

（4）硅油，在 250 ℃ 时仍较稳定，透明度好，安全，是目前实验室里较为常用的油浴之一，但其价格较贵。

使用油浴加热时要特别小心，防止着火，当油浴受热冒烟时，应立即停止加热，油浴中应挂温度计观察油浴的温度和有无过热现象，同时便于调节控制温度，温度不能过高，否则受热后有溢出的危险。

使用油浴时要竭力防止产生可能引起油浴燃烧的因素。

加热完毕取出反应容器时，仍用铁夹夹住反应器离开油浴液面悬置片刻，待容器壁上附着的油滴完后，再用纸片或干布擦干器壁。

3. 砂浴（图 6.11）

一般用铁盆装干燥的细海砂（或河砂），把反应器埋在砂中，特别适用于加热温度在 220 ℃ 以上者。

但砂浴传热慢，升温较慢，且不易控制。因此，砂层要薄一些，砂浴中应插入温度计，温度计水银球要靠近反应器。

图 6.11　砂浴

4. 电热套（图 6.12）

电热套是用玻璃纤维包裹着电热

图 6.12　电热套

丝织成帽状的加热器，由于不是使用明火，因此不易着火，并且热效应高，加温温度用调压变压器控制，最高温度可达 400 ℃ 左右，是有机实验室中常用的一种简便、安全的加热装置。需要强调的是，如果易燃液体（如酒精、乙醚等）洒在电热套上，仍有引起火灾的危险。

6.4　低温装置使用安全

在低温操作的实验中，作为获得低温的手段，有采用冷冻机和使用适当的冷冻剂两种方法。如，将冰与食盐或氯化钙等混合构成的冷冻剂，大约可以冷却到 -20 ℃ 的低温，且没有大的危险性。但是，采用 -70 ℃ ~ -80 ℃ 的干冰冷冻剂以及 -180 ℃ ~ -200 ℃ 的低温液化气体时，则有相当大的危险性。因此，操作时必须十分注意。

6.4.1　冷冻机

使用冷冻机（图 6.13）应注意的事项包括如下几点。

（1）操作室内，禁止存放易燃易爆等化学危险品，并严禁烟火。

（2）冷冻系统所用阀门、仪表、安全装置必须齐全，并定期校正，保证经常处于灵敏准确状态，水、油、氨管道必须畅通，不得有漏氨、

图 6.13　冷冻机

漏水、漏油现象。

(3)机器在运行中,操作者应经常观察各压力表、温度表、氨液面、冷却水情况,并听机器运转声音是否正常。

(4)机器运转中,不准擦拭、抚摸运转部位和调整紧固承受压力的零件。

(5)机器运转过程中,发现严重缺水或特别情况时,应采取紧急停车。立即按下停止按钮,迅速将高压阀关闭,然后关上吸气阀、节流阀,15 min 后停止冷却水,并立即找有关人员检查处理。

6.4.2　低温液体容器

低温液体定义为正常沸点在 −150 ℃以下的液体。氩、氮、氢、氦和氧都是在低温以液体状态运输、操作和储存的最常用的工业气体。

1. 低温液体的潜在危险

所有低温液体都可能涉及来自下列性质的潜在危险。

(1)所有低温液体的温度都极低。低温液体和它们的蒸气能够迅速冷冻人体组织,而且能导致许多常用材料,如碳素钢、橡胶和塑料变脆甚至在压力下破裂。容器和管道中的温度在或低于液化空气沸点(−194 ℃)的低温时能够浓缩周围的空气,导致局部的富氧空气。极低温液体,如氢和氦甚至能冷冻或凝固周围空气。

(2)所有低温液体在蒸发时都会产生大量的气体。例如,在 101 325 Pa 下,单位体积的液态氮在 20 ℃时蒸发成 694 个单位体积的氮气。如果这些液体在密封容器内蒸发,它们会产生能够使容器破裂的巨大压力。

(3)除了氧以外,在封闭区域内的低温液体会通过取代空气导致窒息。在封闭区域内的液氧蒸发会导致氧富集,能支持和大大加速其他材料的燃烧,如果存在火源,会导致起火。

2. 使用液化气体及液化气体容器的注意事项

(1)操作必须熟练,一般要由二人以上进行实验。初次使用时,必须在有经验人员的指导下一起进行操作。

(2)一定要穿防护衣,戴防护面具或防护眼镜,并戴皮手套等防护用具,以免液化气体直接接触皮肤、眼睛或手脚等部位。

(3)使用液态气体时,液态气体经过减压阀应先进入一个耐压的大橡皮袋和气体缓冲瓶,再由此进入到要使用的仪器,这样防止液态气体因减压而突然沸腾汽化、压力猛增而发生爆炸的危险。

(4)使用液化气体的实验室,要保持通风良好。实验的附属用品要固定。

(5)液化气体的容器要放在没有阳光照射、通风良好的地点。

(6)处理液化气体容器时,要轻快稳重。

(7)装冷冻剂的容器,特别是真空玻璃瓶,新的时候容易破裂。所以要注意,不要把脸靠近容器的正上方。

(8)如果液化气体沾到皮肤上,要立刻用水洗去,而沾到衣服时,要马上脱去衣服。

(9)发生严重冻伤时,要请专业医生治疗。

(10)如果实验人员被窒息了,要立刻把他移到空气新鲜的地方进行人工呼吸,并迅速找医生抢救。

（11）由于发生事故而引起液化气体大量汽化时，要采取与相应的高压气体场合的相同措施进行处理。

3. 使用不同低温液化气体的注意事项

（1）使用液态氧，绝对不允许与有机化合物接触，以防燃烧。

（2）使用液态氢时，对已气化放出的氢气必须极为谨慎地把它燃烧掉或放入高空，因在空气中含有少量氢气（约5%）也会发生猛烈爆炸。

（3）使用干冰时，因二氧化碳在钢瓶中是液体，使用时先在钢瓶出口处接一个既保温又透气的棉布袋，将液态二氧化碳迅速而大量地放出时，因压力降低，二氧化碳在棉布袋中结成干冰，然后再将其他液体混合使用。

干冰与某些物质混合，即能得到 -60 ℃ ~ -80 ℃的低温。但是，与其混合的大多数物质为丙酮、乙醇之类的有机溶剂，因而要求有防火的安全措施。并且，使用时若不小心，用手摸到用干冰冷冻剂冷却的容器时，往往皮肤被粘冻于容器上而不能脱落，致使引起冻伤。

（4）充氨操作时应将氨瓶放置在充氨平台上，氨瓶嘴与充氨管接头连接时，必须垫好密封垫，接好后，检查有无漏氨现象，打开或关闭氨瓶阀门时，必须先打开或关闭输氨总阀。充氨量应不超过充氨容积的80%。冷冻机房必须配备氨用防毒面具，以备氨泄漏时使用。

事故案例：在使用液化空气过程中，不慎洒出沾到衣服上，当其蒸发汽化后，靠近火源时即着火而引起严重烧伤，这是由于液氧残留在衣服里之故。

6.5 高能高速装置使用安全

6.5.1 激光器

图 6.14 激光器

激光器（图 6.14）因能放出强大的激光光线（可干涉性光线），所以若用眼睛直接观看，会烧坏视网膜，甚至会失明，同时还有被烧伤的危险。

使用激光器一般应注意的事项包括如下几条。

（1）使用激光器时，必须戴防护眼镜。

（2）要防止意料不到的反射光射入眼睛。因而，要十分注意射出光线的方向，并同时查明确实没有反射壁面之类东西存在。

（3）最好把整个激光装置都覆盖起来。

（4）对放出强大激光光线的装置，要配备捕集光线的捕集器。

（5）因为激光装置使用高压电源，操作时必须加以注意。

6.5.2 微波设备

微波炉（图 6.15）使用时的注意事项包括如下几条。

（1）当微波炉操作时，请勿于门缝置入任何物品，特别是金属物体。

（2）不要在炉内烘干布类、纸制品类，因其含有容易引起电

图 6.15 微波炉

弧和着火的杂质。

（3）微波炉工作时,切勿贴近炉门或从门缝观看,以防止微波辐射损坏眼睛。

（4）切勿使用密封的容器于微波炉内,以防容器爆炸。

（5）如果炉内着火,请紧闭炉火,并按停止键,再调校掣或关掉计时,然后拔下电源。

（6）经常清洁炉内,使用温和洗涤液清洁炉门及绝缘孔网,切勿使用具腐蚀性清洁剂。

6.5.3　X 射线发生装置

有 X 射线发生装置的仪器包括 X 射线衍射仪、X 射线荧光分析仪等。长期反复接受 X 射线照射,会导致疲倦,记忆力减退,头痛,白细胞降低等。一般防护的方法就是避免身体各部位(尤其是头部)直接受到 X 射线照射,操作时要注意屏蔽,屏蔽物常用铅玻璃。

X 射线室的一般应注意事项包括如下几条。

（1）在 X 射线室入口的门上,必须标明安置的机器名称及其额定输出功率。

（2）对每周超出 30 mrem 照射剂量的危险区域(管理区域),必须做出明确的标志。

（3）在 X 射线室外的走廊里,安装表明 X 射线装置正在使用的红灯标志。当使用 X 射线装置时,即把红灯拨亮。

（4）从 X 射线装置出口射出的 X 射线很强(通常为 105 R/min),因此,要注意防止在该处直接被照射。并且,确定 X 射线射出口的方向时,要选择向着没有人居住或出入的区域。

（5）尽管对 X 射线装置充分加以屏蔽,但要完全防止 X 射线泄漏或散射是很困难的。必须经常检测工作地点 X 射线的剂量,发现泄漏时,要及时遮盖。

（6）需要调整 X 射线束的方向或试样的位置以及进行其他的特殊实验时,必须取得 X 射线装置负责人的许可,并遵照其指示进行操作。

（7）使用 X 射线的人员要按照实验的要求,穿上防护衣及戴上防护眼镜等适当的防护用具。

（8）使用 X 射线的人员,要定期进行健康检查。

6.5.4　高速离心机

目前,化学实验室常用的是电动离心机(图 6.16)。电动离心机转动速度快,要注意安全,特别要防止在离心机运转期间,因不平衡或吸垫老化,而使离心机边工作边移动,以致从实验台上掉下来,或因盖子未盖,离心管因振动而破裂后,玻璃碎片旋转飞出,造成事故。因此使用离心机时,必须注意以下操作。

图 6.16　高速离心机

（1）离心机套管底部要垫棉花。

（2）电动离心机如有噪声或机身振动时,应立即切断电源,即时排除故障。

（3）离心管必须对称放入套管中,防止机身振动,若只有一支样品管,另外一支要用等质量的水代替。

（4）启动离心机时,应盖上离心机顶盖后,方可慢慢启动。

（5）分离结束后,先关闭离心机,在离心机停止转动后,方可打开离心机盖,再取出样品,不可用外力强制其停止运动。

（6）离心时间一般 1~2 min，在此期间，实验者不准离开。

6.6 机械设备使用安全

使用机械工具的作业，常常给初学者带来意外的事故。因此，必须在熟练操作者的指导下，熟习其准确的操作方法，千万不可一知半解就勉强进行操作。

操作机械加工设备的一般注意事项有如下几条。

（1）操纵机床时，要用标准的工具。损坏机械或丢失工具时，必须由当事人说明情况并负责配备。

（2）机械操作常因加工材料的种类、形状等的变化而引起意外事故，故要很好加以注意。

（3）对机械的传动部分（如旋转轴、齿轮、皮带轮、传动带等），要安装保护罩，以防直接用手去摸。对大型机械，要注意，即使切断了电源开关，还需经过一定时间，才能停止转动。

（4）当启动机器时，要严格实行检查、发信号、启动三个步骤。而停机时，也要实行发信号、停止、检查三个步骤。

（5）即便是停着的机械，也可能有其他不明情况的人合上电源开关。因此，对其进行检查、维修、给油或清扫等作业时，要把启动装置锁上或挂上标志牌。同时，还要熟悉并正确使用安全装置的操作方法。

（6）停电时，一定要切断电源开关和拉开离合器等装置，以防再送电时发生事故。

（7）指示机械的构造或运转等情况，要用木棒之类东西指明，决不可使用手指。

（8）焊接（电焊或气焊）时，要由熟练人员操作。

（9）工作服必须做得合适，使其既不会被机械卡着，又能轻便灵活地进行操作。工作服要把袖口、底襟收小较好。着安全靴较好，决不可穿木板鞋、拖鞋或皮鞋。一般不戴手套，最好戴帽子、防护面罩及防护眼镜。

使用各种机床应注意的事项见表6.3。

表6.3　使用机床应注意的事项

工具	使用规则
钻床	用老虎钳或夹具，把加工材料夹持固定，加工小件物品时，如果用手压住是很危险的。要待钻床停止转动后，才可取下钻头及加工材料。同时，要用卡紧夹头用的把手，将夹头卡紧，使其不能旋转。切削下来的金属粉末，温度很高，不可接触身体
车床	用卡盘，最好用夹具把加工材料牢固固定。材料要求匀称，以使旋转均衡。车刀要牢固装于正确的位置上。操作时，进刀量、物料进给量及切削速度要合适。加工过程中，要进行检测或清理车刀时，一定要停车进行。如果机械和刀口发生异常振动或发出噪声等情况时，要立刻停止作业，进行检查
铣床	用夹具等工具牢固地夹住加工材料。在运转过程中，铣刀被材料卡住而使机器停止转动时，要立刻切断电源开关，然后请熟练操作人员指导，排除故障。切不可强行进刀或加快切削速度
磨床	因切削粉末飞扬，故操作时要戴防护眼镜或防护面具。安装或调整磨石，要由熟练人员进行。使用前，一定要先试车，检查磨石是否破裂及固定螺栓有无松动。支承台与磨石之间要保持2~3 mm的间隙。若间隙过宽，材料及手指等易被卷入。此外，因磨石高速旋转着，操作时，注意防止身体靠近磨石的前面。不能使用磨石的侧面进行加工。加工小件物品时，可用钳子之类工具将其固定

续表

工具	使用规则
电钻	要按照钻床的使用方法及注意事项进行操作。但因钻孔时,以腕力或身体重量压钻,在钻穿或钻头碎裂的瞬间,往往身体失去平衡而受伤
锯床	锯床属事故多的机械之一。因此,在使用前要特别仔细检查。要正确地固定加工材料。中途发现加工不合规格要求时,一定要先切断电源开关,然后才进行调整。在操作过程中,不要离开现场

6.7　大型仪器设备使用安全

　　大型精密仪器设备是高校固定资产的重要组成部分,在教学、科研中有着十分重要的作用。大型精密仪器设备价格昂贵,属于贵重资产,一旦出现使用不当,就会造成重大损失。为确保大型仪器设备正常运行,必须加强其安全管理,师生在使用前必须充分了解欲使用设备的安全注意事项。

6.7.1　气相色谱仪

　　气相色谱仪(图 6.17)的操作涉及送气、加温、进样、检测等各个步骤,各个步骤的使用注意事项如下。

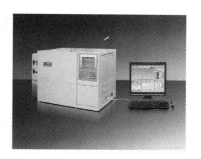

图 6.17　气相色谱仪

　　1. 钢瓶使用注意事项

　　(1)分清钢瓶种类,不同的气体钢瓶分开放。

　　(2)氢气钢瓶一定要与色谱仪放在不同的房间。

　　2. 减压阀的使用及注意事项

图 6.18　减压阀

　　在气相色谱分析中,钢瓶供气压力在 9.8 ~ 14.7 MPa。减压阀(图 6.18)与钢瓶配套使用,不同气体钢瓶所用的减压阀是不同的。氢气减压阀接头为反向螺纹,安装时需小心。使用时需缓慢调节手轮,使用完后必须旋松调节手轮和关闭钢瓶阀门。关闭气源时,先关闭减压阀,后关闭钢瓶阀门,再开启减压阀,排出减压阀内气体,最后松开调节螺杆。

　　3. 热导池检测器的使用及注意事项

　　(1)开启热导电源前,必须先通载气,实验结束时,把桥电流调到最小值,再关闭热导电源,最后关闭载气。

　　(2)气化室、柱箱和检测器各处升温要缓慢,防止超温。现在的气相色谱仪一般采用自动控制升温,需要事先设定好升温程序。

　　(3)更换气化室密封垫片时,应将热导电源关闭。若流量计浮子突然下落到底,也应首先关闭该电源。

　　(4)桥电流不得超过允许值。

4. 氢火焰检测器的使用及注意事项

(1)通氢气后,待管道中残余气体排出后才能点火,并保证火焰是点着的。

(2)使用氢火焰检测器时,离子室外罩须罩住,以保证良好的屏蔽和防止空气侵入。

(3)离子室温度应大于 100 ℃,待柱箱温度稳定后,再点火,否则离子室易积水,影响电极绝缘而使基线不稳。如果离子室积水,可将端盖取下,待离子室温度较高时再盖上。在工作状态下,取下检测器罩盖,不能触及极化极,以防触电。

5. 微量注射器的使用及注意事项

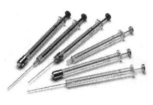

图 6.19 微量注射器

(1)微量注射器(图 6.19)在使用前后都须用丙酮或丁酮等溶剂清洗,而且不同种类试剂要有不同的微量注射器分开取样,切不可混合使用,否则会导致试剂被污染。

(2)微量注射器是易碎器械,针头尖利,使用时应多加小心。不用时要洗净放入包装盒内,不要随便玩弄。

(3)对 10 ~ 100 μL 的注射器,如遇针尖堵塞,宜用直径为 0.1 mm 的细钢丝耐心穿通(工具箱中备有),不能用火烧的方法。

6.7.2 质谱仪

质谱仪(图 6.20)的使用注意事项包括如下几条。

(1)实验过程中,切勿用肥皂泡检查气路,检查气路时一定要与质谱仪接口断开。这点非常重要,很多质谱仪都因为学生采用肥皂泡检漏使得四级杆污染无法继续使用。

图 6.20 质谱仪

(2)因为质谱稳定需要 24 h 以上,频繁开关质谱仪也会加速真空规污染。所以一般情况下质谱仪要保持运行状态,除非 15 天以上不用仪器,方可关闭。在预知停电的情况下,请提前关掉质谱仪。

(3)泵油的更换。要经常观察泵油颜色,当变成黄褐色时应立即更换。如果仪器使用频繁且气体比较脏,则要求至少半年更换一次,加入泵油量不超过最上层液面。

(4)散热过滤网应定期进行清洗(每两个月清洗一次),在夏天没有空调的房间使用时尽量打开上盖,以防影响仪器散热。

(5)毛细管在不与外部仪器连接时,不要直接放置在脏的桌面上,尽量悬空放置;毛细管内部的过滤器要定期清洗,在拆装过程中注意不要丢失部件。

(6)在仪器运输过程中需要放出泵油,还需卸掉射频头,单独运输。

6.7.3 气相色谱—质谱联用仪

气相色谱—质谱联用仪如图 6.21 所示。

1. 载气系统

气体纯度必须达到 99.999%,并使用专用钢瓶灌装。载气纯度不够,或剩余的载气量不够时,会造成 m/z 28 谱线丰度过大。根据所用载气质量,当气瓶的压力降低到几个兆帕时,应更换载气,以防止瓶底残余物对气路的污染。

一般载气进入色谱前都需经过净化,除去载气中的残留烃类氧、水等杂质,以提高载气的纯度,延长色谱柱使用寿命,减少色谱柱固定相流失,而且很大程度地降低背景噪声,使基线更加稳定。

图 6.21　气相色谱—质谱联用仪

2．空气和真空泄漏的确认及检漏

气相色谱部分的空气泄漏通常会发生在内部的载气管接头、隔垫定位螺母、柱螺母等位置。

质谱真空是否出现空气泄漏,可从压力和空气/水的背景图谱进行判断。若漏气严重,此时要立即关掉灯丝,否则会造成灯丝断掉。

3．进样系统

更换进样隔垫时先将柱温降至 50 ℃以下,关掉进样口温度和流量。如果流量不关闭,当旋开进样口螺帽时,大量载气漏失,气相色谱的所有加温部分会自动关闭,需重新开机才能开启。隔垫更换时,注意进样口螺帽不要拧得太紧,否则隔垫被压紧,橡胶失去弹性,针扎下去会造成打孔效应,缩短进样垫使用寿命。

衬管应视进样口类型、样品的进样量、进样模式、溶剂种类等因素来选用。尤其是分流、不分流衬管,注意不要混用,安装时上下不要装反。

衬管的洁净度直接影响到仪器的检测限,应注意对衬管进行检查,更换下来的衬管如果不太脏可以用无水甲醇或丙酮超声清洗,取出烘干后继续使用。

应使用硅烷化处理过的石英棉,未处理过的石英棉对分析物特别是极性化合物吸附严重。使用过的石英棉应丢弃,不能重复使用。

4．开机和关机

开机时先开气相色谱,后开质谱,设定合适的离子源温度和传输线温度,不要忘记打开真空补偿,否则真空难以达到要求。实验前需先确定离子源是否到达指定温度,确认真空没有泄漏。关机前关闭传输线温度,离子源温度需降至 175 ℃以下,等待分子涡轮泵转速降下来后,方可关闭电源。

6.7.4　高效液相色谱仪

1．高效液相色谱仪(图 6.22)在使用过程中出现的问题

(1)操作过程若发现压力很小,则可能是管件连接有漏,请注意检查。当出现错误警告时一般为漏液。漏液故障排除后,擦干,然后再点击操作。

(2)连接柱子与管线时,应注意拧紧螺丝的力度,过度用力可导致连接螺丝断裂。不同厂家的管线及色谱柱头结构有差异,最好不要混用,必要时可使用

图 6.22　高效液相色谱仪

PEEK 管及活动接头。

（3）操作过程若发现压力非常高,则可能管路已堵,应先卸下色谱柱,然后用分段排除法检查,确定何处堵塞后解决。若是保护柱或色谱柱堵塞,可用小流量流动相或以小流量异丙醇冲洗,还可采用小流量反冲的办法,若还是无法通畅,则需换柱。

（4）运行过程中自动停泵,可能为压力超过上限或流动相用完。

（5）自动进样器进样针未与样品瓶瓶口对准时,需重新定位。样品瓶中样品较少,自动进样器进样针无法到达液面,可采用调低进样针进样高度的办法,注意设置时不要使进样针碰到瓶底。

（6）泵压不稳或流量不准,可能为柱塞杆密封圈问题,需更换。

（7）基线漂移或者基线产生不规则噪声,可能是因为系统不稳定或没达到化学平衡、流动相被污染(需更换流动相,清洗储液器、过滤器,冲洗并重新平衡系统)、色谱柱被污染或者检测器不稳定。

2. 高效液相色谱仪的使用注意事项

（1）使用中要注意各流动相所剩溶液的容积设定,若设定的容积低于最低限,仪器会自动停泵,注意洗泵溶液的体积,及时加液。

（2）使用过程中要经常观察仪器工作状态,及时正确处理各种突发事件。

（3）正式进样分析前 30 min 左右开启氘灯或钨灯,以延长灯的使用寿命。

（4）使用手动进样器进样时,在进样前后都需用洗针液洗净进样针筒,洗针液一般选择与样品液一致的溶剂,进样前必须用样品液清洗进样针筒 5 遍以上,并排除针筒中的气泡。

（5）溶剂瓶中的沙芯过滤头容易破碎,在更换流动相时注意保护,当发现过滤头变脏或长菌时,不可用超声洗涤,可用 5% 稀硝酸溶液浸泡后再洗涤。

（6）实验过程中不要使用高压冲洗色谱柱,防止固定相流失。

（7）不要在高温下长时间使用硅胶键合相色谱柱。

（8）实验结束后,一般先用水或低浓度甲醇水溶液冲洗整个管路 30 min 以上,再用甲醇冲洗。冲洗过程中关闭氘灯或钨灯。

（9）关机时,先关闭泵、检测器等,再关闭工作站,然后关机,最后自下而上关闭色谱仪各组件,关闭洗泵溶液的开关。

6.7.5　X 射线衍射仪

图 6.23　X 射线衍射仪

关于 X 射线辐射防护参见 6.5.3。X 射线衍射仪(图 6.23)使用注意事项如下。

（1）为延长 X 光管的使用寿命,待机功率尤其是电流不能太高。待机状态下高电压则没有问题,它能够有助于光管的稳定工作,以避免打火。

（2）X 射线衍射光管和 X 射线荧光管都希望始终处于工作状态(受热状态),并且保持良好的真空。

（3）铍窗口是易碎和有毒的。在任何情况下,请不要触摸铍窗口,包括清洁。要避免任何样品掉落到铍窗口。

（4）冷却水的成分、温度及流量很重要。最佳的冷却水温度是 20～25 ℃。在较热和高湿环境下，冷却水温度也要较高，最好高于露点温度。

（5）当超过 1 h 不用仪器时，将 X 光管设定至待机状态。当超过两星期不用仪器时，将 X 光管高压关闭。当超过 10 星期不用仪器时，将 X 光管拆下。对新的 X 光管、超过 100 h 未曾使用和曾经从仪器上拆下的 X 光管，必须进行正常老化。对超过 24 h 但小于 100 h 未曾使用的 X 光管进行自动快速老化。

（6）在升高压时，先升电压后升电流；在降高压时，先降电流后降电压。

（7）在关闭高压后 1～2 min 内必须完全关闭水冷系统，千万不要通过关闭冷却水去关闭 X 光管高压。

（8）不能随意丢弃 X 光管和探测器。可以将损坏的 X 光管和探测器寄回工厂进行合理处理。

（9）如果 X 射线衍射仪门上的铅玻璃损坏，请立即停用仪器。

（10）请在关门时，尽量避免过度用力以免影响安全系统。

6.7.6　紫外可见吸收光谱仪

紫外可见吸收光谱仪如图 6.24 所示。其使用注意事项如下。

（1）开机前将样品室内的干燥剂取出，仪器自检过程中禁止打开样品室盖。

（2）比色皿内溶液以皿高的 2/3～3/4 为宜，不可过满以防液体溢出腐蚀仪器。测定时应保持比色皿

图 6.24　紫外可见吸收光谱仪

清洁，池壁上液滴应用镜头纸擦干，切勿用手捏透光面。测定紫外波长时，需选用石英比色皿。

（3）测定时，禁止将试剂或液体物质放在仪器的表面上，如有溶液溢出或其他原因将仪器或样品槽弄脏，要尽可能及时清理干净。

（4）实验结束后将比色皿中的溶液倒尽，然后用蒸馏水或有机溶剂冲洗比色皿至干净，倒立晾干。

（5）关电源后将干燥剂放入样品室内，盖上防尘罩。

图 6.25　红外吸收光谱仪

6.7.7　红外吸收光谱仪

红外吸收光谱仪如图 6.25 所示。其使用注意事项如下。

（1）测定时一般要求实验室的温度应在 15～30 ℃，相对湿度应在 65% 以下。此外，仪器受潮会影响使用寿命。所以红外实验室应经常保持干燥，室内要配备除湿装置。

（2）如所用的是单光束型傅里叶红外吸收光谱仪，实验室里的 CO_2 含量不能太高，因此实验室里的人数应尽量少，无关人员最好不要进入，还要注意适当通风换气。

（3）测定用的样品在研细后置红外灯下烘几分钟使其干燥。加入 KBr 研磨好并在模具中装好后，应与真空泵相连抽真空至少 2 min，以使试样中的水分进一步被抽走。不抽真空可能会影响压片的透明度。

（4）压片模具用后应立即把各部分擦干净，必要时用水清洗干净并擦干，置于干燥器中保存，以免锈蚀。

图 6.26　核磁共振仪

6.7.8　核磁共振仪

核磁共振仪如图 6.26 所示，其使用注意事项如下。

（1）不要带任何铁器进入核磁实验室。

（2）心脏起搏器、手表、信用卡、磁盘等不得靠近核磁谱仪。

（3）测试前，必须检查样品管。不得使用弯曲、较粗或较细、已出现裂纹或管口破裂的核磁管，磨损的核磁管不但会影响实验效果，还极易引发事故，使用前请在灯光下仔细检查。

（4）要使用粗细合格的样品管，太粗或者粗细不均，装入转子时容易被挤裂；样品管太细在转子中滑动，进入磁体后容易松动脱落而砸坏探头。

（5）样品管和转子之间不能夹用任何东西。

（6）样品管外壁要擦干净，防止有溶剂或其他杂质落入样品室。

（7）进行核磁测试的样品纯度一般应大于 95%，不得有铁屑、灰尘、滤纸毛等杂质。

（8）样品管内液面高度应在 4 cm 或以上（约 0.5 ml 溶剂），否则难以匀场。

（9）装样时，样品管插入转子的深度必须经过样品规量度，但是注意绝对不能把量规放进磁体中。

（10）转子昂贵，注意不要接触转子上的黑色色块，色块磨损会影响样品旋转。

（11）把样品管放进样品室前，必须听到有气流的声音，并且感觉到样品和转子已经被气流托住后再松手将样品放入到样品室中，应防止在没有气流时将样品管放入，这样会直接落入样品室导致样品管破碎。

（12）遇到锁场、匀场不正常或者效果不理想的情况，请对样品进行自检（核磁管，氘代试剂含量，检测区溶液是否均一），可输入指令调用最新的标准匀场文件，再重新锁场、匀场。

（13）取样注意垂直取出，以防样品管折断。

（14）遇到样品无法弹出时，关闭气路，等待压缩空气上升到足够压力，再重新尝试弹出样品。

（15）实验结束，请停止旋转后，再弹出样品，否则软件容易报错。

（16）离开实验室前，请关闭锁场，这样有助于仪器静磁场保持在较好的状态。

6.7.9　有机元素分析仪

（1）有机元素分析仪（图 6.27）加热炉的使用需要注意以下几点：①加热炉的温度不能超过操作说明中注明的最高温度；②加热炉不能在大于操作说明中注明的电源电压下使用；

③长时间中断使用(5 天或更长),加热炉应该关闭;④加热炉应加以保护,使它不受潮;⑤应确保螺旋形加热丝或热电偶的连接不短路,不要让螺旋形加热丝、热电偶和所有连接电路受到任何内力和外力的影响。

图 6.27　有机元素分析仪

(2)根据其操作模式,在一定的燃烧条件下,只适用于对可控制燃烧的大小尺寸样品中的元素含量进行分析。禁止对腐蚀性化学品,酸碱溶液、溶剂,爆炸物或可产生爆炸性气体的物质进行测试,这将对仪器产生破坏和对操作人员造成伤害。

(3)含氟、磷酸盐或重金属的样品,会影响到分析结果或仪器部件的使用寿命。

(4)元素分析仪是样品在高温下的氧气环境中经催化氧化使其燃烧,氧气的不足会降低催化氧化剂和还原剂的性能,从而也减少它们的有效性和使用寿命。

(5)不同的消耗品或者不合适的化学标准物不仅会导致分析结果的不正确,还会导致仪器的损坏。

(6)如果电源电压中断超过 15 min,必须对仪器进行检漏。这是由于通风中断,不能散热,有可能造成炉室中的 O 形圈的损坏,必要时应更换。

图 6.28　热分析仪

6.7.10　热分析仪

热分析仪如图 6.28 所示,其使用注意事项如下。

(1)应将仪器放置于平坦稳定坚固的工作台上。仪器在工作过程中应避免受到剧烈震动。

(2)实验室的温度、湿度、电源及气氛等,应符合工作条件的要求。

(3)取放试样或样品盘时,一定要用样品盘托板和盘托微微托住样品盘,防止操作时用力过大而拉断吊丝。

(4)气氛单元连接时,炉外玻璃套管上的气体输出接头用乳胶管连接,管的另一端通向室外,以防止分解产生的气体对实验室的污染。

(5)要防止腐蚀性的气体进入天平室,影响仪器的使用寿命。

(6)仪器长距离搬移位置时,应将吊杆、样品盘卸下,并将托架托住横梁,防止震动后影响吊丝和张丝的精度。

6.7.11　原子吸收光谱仪

原子吸收光谱仪如图 6.29 所示,其使用注意事项如下。

(1)气体的使用安全。火焰原子吸收光谱法常用到乙炔气,要确保所用气体充足。乙炔气瓶内有丙酮等溶剂,当乙炔气压力小于 500 kPa 时,溶剂可能流出,损坏气路,所以要保证

图 6.29　原子吸收光谱仪

及时更换新的乙炔气体。

火焰原子吸收光谱法需用空气作助燃气,一定要用干燥的空气。如果使用含湿气的空气,水蒸气有可能附着在气体控制器的内部,影响正常操作。

(2)火焰原子化系统的雾化器和吸液管堵塞会引起喷雾故障,可以通过清洗或者更换雾化器来改善雾化效果。另外,为防止雾化器和吸液管堵塞,定容后的样品溶液最好用0.22 μm的滤膜过滤后再进样。

(3)应该经常检查废液出口处的水封。如果水封没有水,不但会造成气体压力发生波动导致测试不稳定,还可能因为气流速度小于燃烧速度造成回火,引起火灾或爆炸,所以要确保水封有水。

(4)接触空心阴极灯的插座时,要注意电源电压,避免触电致伤。在安装或更换空极阴极灯时,一定要关闭电源。

(5)防止灼伤。空心阴极灯表面温度很高,换灯前要关闭电流,并且使灯温度降低,冷却后再进行换灯。

(6)在完成测量后,需要用蒸馏水冲洗进样管路至少15 min,然后才能关闭火焰。

(7)在测量有机样品后,一定要清洗燃烧器,当溶剂为疏水物时,用1:1的乙醇、丙酮溶剂清洗,然后用蒸馏水冲洗,并确保水封溶剂用新的纯净水添满。

主要参考文献及资料

[1]　李五一. 高等学校实验室安全概论[M]. 杭州:浙江摄影出版社,2006.

[2]　LISA MORAN, TINA MASCIANGIOLI. Chemical laboratory safety and security:A guide to prudent chemical management[M]. Washington, D. C.:The National Academies Press,2010.

[3]　黄凯,张志强,李恩敬. 大学实验室安全基础[M]. 北京大学出版社,2012.

第7章 化学实验操作安全

7.1 化学试剂取用操作安全

7.1.1 化学试剂的分类

化学试剂是指在化学试验、化学分析、化学研究及其他实验中所使用的各种纯度等级的单质或化合物。依性质、用途、功能和安全性能不同,化学试剂有不同的分类方法。如按其状态可分为固体、液体和气体化学试剂;按其用途可分为通用、专用化学试剂;按其类别可分为无机、有机化学试剂;按性能可分为危险、非危险化学试剂等。中国化学试剂学会等组织则通常采用按"用途-化学组成""用途 – 学科""纯度/规格"的分类方法进行分类。

不同的分类方法各有特点、相互交叉并无根本的界限,按用途 – 学科分类既便于识别、记忆,又便于贮存、取用。而按危险化学试剂和非危险化学试剂分类既考虑到了化学试剂的实用性,又关注到了试剂的特殊性质,因此,既便于试剂的安全存放,又便于科学工作者在使用时遵守安全操作规程以免事故的发生。

7.1.2 化学试剂的存放

大多数化学试剂具有一定的毒性和危险性,对化学试剂的科学管理,不仅是保障化学反应顺利进行及分析结果可靠性的需要,也是确保科学工作者和实验室工作人员生命财产安全的需要。

若无特殊原因,实验室内应有计划地存放少量短期内需要使用的药品,易燃易爆试剂应放在专用的铁柜中,铁柜的顶部要有通风口;严禁在实验室里放置大量的瓶装易燃液体,当试剂的量较大时应存放在药品库内;对于一般试剂应按一定的存放规则有序地放置在试剂柜里。存放化学试剂时要注意化学试剂的存放期限,因为有些试剂在存放过程中会逐渐变质,甚至造成危害。化学试剂必须分类隔离保存,不能混放在一起,通常把试剂分成下面几类存放。

1. 一般化学试剂的存放

一般试剂分类存放于试剂柜内,温度低于 30 ℃,并置于阴凉通风处。这类试剂包括不易变质的无机酸、碱、盐和不易挥发的有机物,没有还原性的硫酸盐、碳酸盐、盐酸盐、碱性比较弱的碱。尽管这类物质的储存条件要求不是很高,但要保证试剂的密封性良好,要对这类物质进行定期察看,在保质期内用完。

化学试剂的存放要设计合理。根据化学试剂的存放条件,对通风、透光、室温、干燥度、储药柜、药品架按试剂的存放条件要认真设计,这样才能做到防患于未然。化学试剂的管理和存放要注意防火防盗。对不能用水灭火的试剂与能直接用水灭火的试剂要分开存放。对一些不能用二氧化碳灭火的金属粉要单独存放,以免出现火情后由于灭火方式不当造成更大损失。

2.特殊化学试剂的存放

此部分详见第2.5.2节。

7.1.3　化学试剂的取用

取用试剂时,应提前了解试剂的性质尤其是其安全性能,如是否易燃易爆、是否有腐蚀性、是否有强氧化性、是否有刺激性气味、是否有毒、是否有放射性等及其他可能存在的安全隐患,看清试剂的名称和规格是否符合要求,以免用错试剂。试剂瓶盖取下后,翻过来放在干净的位置,以免盖子上沾有其他物质,再次盖上时带入脏物。取走试剂后应及时盖上瓶盖,然后将试剂瓶放回原处,将试剂瓶上的标签朝外放置以便以后取用。取用试剂时要根据不同的试剂及用量采用相应器具,要注意节约,用多少取多少,取出的过量的试剂不能再放回原试剂瓶中,有回收价值的试剂应放入相应的回收瓶中。

1.固体化学试剂的取用

取用固体化学试剂时应注意以下几点。

(1)用干净的药勺取用,用过的药勺必须洗净和擦干后才能再次使用以免污染试剂。

(2)取用试剂后立即盖紧瓶盖,防止试剂与空气中的氧气等发生反应。

(3)称量固体试剂时注意不要取多,取多的药品不能倒回原来的试剂瓶中。因为取出的试剂已经接触空气,有可能已经受到污染,倒回去容易污染试剂瓶里余下的试剂。

(4)一般的固体试剂可以放在干净的纸或表面皿上称量。具有腐蚀性、强氧化性或易潮解的固体试剂不能在纸上称量,而应放在玻璃容器内称量。如氢氧化钠有腐蚀性又易潮解,最好放在烧杯中称取,否则容易腐蚀天平。

(5)有毒的药品称取时最好在有经验的老师或同学的指导下进行,要做好防护措施。如戴好口罩、手套、防护眼镜等。

2.液体化学试剂的取用

取用液体化学试剂时应注意以下几点。

(1)从滴瓶中取用液体试剂时要用该滴瓶中的滴管,滴管不要探入到所用的容器中,以免由于滴管接触容器器壁而污染试剂。从试剂瓶中取少量液体试剂时则需要使用专用滴管。装有药品的滴管不得横置或滴管口向上斜放,以免液体滴入滴管的胶皮帽中,腐蚀胶皮帽,再次取用试剂时受到污染。

(2)从细口瓶中取出液体试剂时用倾注法。先将瓶塞取下,反放在桌面上,手握住试剂瓶上贴有标签的一面,逐渐倾斜瓶子让试剂沿着洁净的管壁流入试管或沿着洁净的玻璃棒注入烧杯中。取出所需量后,将试剂瓶扣在容器上靠一下,再逐渐竖起瓶子,以免遗留在瓶口的液体滴流到瓶的外壁。

(3)对于一些不需要准确计量的实验,可以估算取出液体的量。例如用滴管取用液体时1 ml相当于多少滴,5 ml液体占容器的几分之几等。倒入的溶液的量一般不超过容器容积的1/3。

(4)用量筒或移液管定量取用液体时,量筒用于量度一定体积的液体,可根据需要选用不同量度的量筒,而取用准确的量时就必须使用移液管。

(5)取用挥发性强或刺激性比较强的试剂时应在通风橱中进行,并做好安全防护措施。

3. 气体化学试剂的取用

化学实验中常用到一些气体化学试剂如氧气、氮气、氢气、氩气、氯气等。这些气体一般都是贮存在专用的高压气体钢瓶中，关于高压气体钢瓶的安全使用及高压气体的安全取用详见第 12.2 节。

7.2　常用化学操作单元的规范与安全

7.2.1　回流反应操作的规范与安全

回流反应是化学反应中最常见、最基本的操作之一，适用于需长时间加热的反应或用于处理某些特殊的试剂。由于反应可以保持在液体反应物或溶剂的沸点附近（较高温度）进行，因此可显著地提高反应速率、缩短反应时间。回流反应装置一般由加热、反应瓶、搅拌、冷凝、干燥、吸收等几个部分组成。

1. 操作规范

(1)确定主要仪器(通常是烧瓶)的高度，按从下至上、从左到右的顺序安装。

(2)S 夹应开口向上，以免由于其脱落导致烧瓶夹失去支撑；烧瓶夹子应套有橡皮管以免金属与玻璃直接接触；固定烧瓶夹和玻璃仪器时，用左手手指将双钳夹紧，再逐步拧紧烧瓶夹螺丝，做到不松不紧。

(3)烧瓶夹应分别夹在烧瓶的磨口部位及冷凝管的中上部位置。

(4)冷凝管的冷凝水采取"下进水、上出水"方式通入，即进水口在下方，出水口在上方。

(5)正确安装好装置后，应先将冷却水通入冷凝管中，然后再开始加热并根据反应特点控制加热速度。

(6)当烧瓶中的液体沸腾后，调整加热，控制反应速度，一般以上升的蒸气环不超过冷凝管的长度的 1/3 为宜，温度过高，蒸气来不及被充分冷凝，不易全部回到反应瓶中，温度过低，反应体系不能达到较高的温度值，使得反应时间延长。

(7)反应完毕，拆卸装置时应先关掉电源，停冷凝水，再拆卸仪器，拆卸的顺序与安装相反，其顺序是从右至左，先上后下。

(8)进行回流反应时，必须有人在现场，不得出现脱岗现象。

(9)进入实验室要做好个人的安全防护，穿实验服，必要时应佩戴防护眼镜、面罩和手套等。

2. 安全事项

(1)安装仪器前应仔细检查玻璃仪器有无裂纹、是否漏气，以免在反应过程中出现液体泄漏或气体冲出造成事故。

(2)采用电加热包加热时，一般不要使烧瓶底部与热包贴上以免造成反应体系局部过热。

(3)要充分考虑到冷凝水水压的变化(如白天和晚上的区别)，以免由于水压太大造成进水管脱落引发漏水跑水事故。

(4)一般的回流反应需要加沸石或搅拌以免引起暴沸。

（5）一定要使反应体系与大气保持相通，切忌将整个装置密闭以免发生安全事故。

（6）对于低沸点、易挥发或有毒有害的气体应采取必要的冷凝和吸收措施。

7.2.2　蒸馏及减压蒸馏操作的规范与安全

蒸馏及减压蒸馏是分离和提纯有机化合物的常用方法，减压蒸馏特别适用于那些在常压蒸馏时未达沸点即已受热分解、氧化或聚合的物质。蒸馏部分由蒸馏瓶、克氏蒸馏头、毛细管、温度计及冷凝管、接收器等组成；减压蒸馏装置主要由蒸馏、抽气（减压）、安全保护和测压部分组成。由于蒸馏或减压蒸馏的物料大多数易燃、易爆、有毒或有腐蚀性，蒸馏过程还涉及玻璃仪器内压力的变化，因此，蒸馏过程中如果操作不当有可能引起爆炸、火灾、中毒等危险。

1. 操作规范

（1）蒸馏装置必须正确安装。常压操作时，切勿造成密闭体系；减压蒸馏时要用圆底烧瓶作接收器，不可用锥形瓶或平底烧瓶，否则可能会发生炸裂甚至爆炸。减压蒸馏按要求安装好仪器后，先检查系统的气密性。若使用毛细管作汽化中心，应先旋紧毛细管上的螺旋夹子，打开安全瓶上的二通活塞，然后开启真空泵，逐渐关闭活塞，如果系统压力可以达到所需真空度且基本保持不变，说明系统密闭性较好。若压力达不到要求或变化较大，说明系统有漏气，应逐个仔细检查各个接口的连接部位，必要时加涂少量真空脂进一步密封。

（2）蒸馏或减压蒸馏需蒸馏液体的加入量不得超过蒸馏瓶容积的 1/2。减压蒸馏时，在加过药品后，关闭安全瓶上的活塞，开真空泵抽气，通过毛细管上的螺旋夹调节空气的导入量，以能冒出一连串小气泡为宜。

（3）严禁明火直接加热，而应根据液体沸点的高低使用石棉网、油浴、砂浴或水浴。加热速度宜慢不宜快，避免液体局部过热，一般控制馏出速率为 $1\sim2$ 滴/s，蒸馏某些有机物时，严禁蒸干。

（4）蒸馏易燃物质时，装置不能漏气，如有漏气，则应立即停止加热，检查原因，解决漏气后再重新开始。接收器支管应与橡皮管相连，使余气通往水槽或室外。循环冷凝水要保持畅通，以免大量蒸气来不及冷凝溢出而造成火灾。

（5）减压蒸馏完毕后，撤去热源，再稍微抽片刻，使蒸馏瓶以及残留液冷却。缓慢打开毛细管上的螺旋夹，并打开安全瓶上的活塞，使系统与大气相通、内外压力平衡，然后关泵。

2. 安全事项

（1）蒸馏装置不可形成密闭体系；减压蒸馏时应使用克氏蒸馏头，以减少可能由于液体暴沸而溅入冷凝管的可能性。

（2）由于在减压条件下，蒸气的体积比常压下大得多，液体的加入量应严格控制不可超过蒸馏瓶体积的一半。

（3）减压蒸馏应使用二叉管或三叉管作接液管，接收不同馏分时，只需转动接液管即可，不会破坏系统的真空状态。

（4）减压蒸馏时加入药品后，待真空稳定时再开始加热。因为减压条件下，物质的沸点会降低，加热过程中抽真空可能会引起液体暴沸。

（5）蒸馏加热前应放 $2\sim3$ 粒沸石以防止暴沸，如果在加热后才发现未加沸石，应立即停止加热，待被蒸馏的液体冷却后补加沸石，然后重新开始加热。严禁在加热时补加沸石，否则会因暴沸而发生事故。减压蒸馏时需用毛细管或磁搅拌代替沸石,防止暴沸,使蒸馏平稳进行,避免液体过热而产生暴沸冲出的现象发生。

(6)在减压蒸馏系统中,要使用厚壁耐压的玻璃仪器,切勿使用薄壁或有裂缝的玻璃仪器,尤其不能用不耐压的平底瓶(如锥形瓶等)作接收器,以防止内向爆炸。

(7)减压蒸馏结束后,切记待体系通大气后再关泵,不能直接关泵,否则有可能引起倒吸。

7.2.3　水蒸气蒸馏的操作规范与安全

水蒸气蒸馏是提纯、分离有机化合物常用的方法之一。这种方法是在不溶于水或难溶于水的有机物中通入水蒸气或与水共热,从而将水与有机化合物一起蒸出,达到分离和提纯的目的。被分离的有机化合物应是:难溶或不溶于水;长时间与水共沸不会发生化学反应;在 100 ℃ 左右,具有一定的蒸气压,一般不小于 1.33 kPa。常用于从大量树脂状杂质或不挥发性杂质中分离有机物;从固体混合物中分离容易挥发物质;常压下蒸馏易分解的化合物。水蒸气蒸馏通常由蒸馏和水蒸气发生器两部分组成。

1. 操作规范

(1)水蒸气发生瓶器可以是金属容器或大的圆底烧瓶,水的量一般为其容积的 2/3 为宜。

(2)水蒸气发生瓶器中的安全管应插到发生器的底部,若体系内压力增大,水会沿玻璃管上升,起到调节压力的作用。

(3)蒸气发生器至蒸馏瓶之间的蒸气导管应尽可能短,以减少蒸气的冷凝量。

(4)蒸气导管的下端应尽量接近蒸馏瓶的底部,但不能与瓶底接触。

(5)当有大量蒸气冒出并从 T 形管冲出时,旋紧螺旋夹,开始蒸馏。如果由于水蒸气的冷凝而使蒸馏瓶内液体增多时,可适当加热蒸馏瓶。

(6)控制蒸馏速率,馏分以 2～3 滴/s 为宜。

(7)通过蒸气发生器的液面,观察蒸馏是否顺畅。如水平面上升很快说明系统有堵塞,应立即旋开螺旋夹,撤去热源,进行检查。

(8)当溜出液无明显油珠、澄清透明时停止蒸馏。松开螺旋夹,移去热源。防止倒吸现象。

2. 安全事项

(1)水蒸气蒸馏操作时,先将被蒸溶液置于长颈圆底瓶中,加入量不超过其容积的 1/3。

(2)加热水蒸气发生器,直至水沸腾,当有大量水蒸气产生时,关闭两通活塞,使水蒸气平稳均匀地进入到圆底烧瓶中。

(3)为了使蒸气不致在蒸馏瓶中冷凝而积累过多,必要时可适当对其加热,但应控制加热速度,使蒸气能在冷凝管中全部冷凝下来。

(4)当蒸馏固体物质时,如果随水蒸气挥发的物质具有较高的熔点,易在冷凝管中凝结为固体,此时应调小冷凝水的流速,使其冷凝后仍然保持液态。如果已有固体析出,并且接近阻塞时,可暂停冷凝水甚至将冷凝水放掉,若仍然无效则应立即停止蒸馏。

(5)若冷凝管已被阻塞,应立即停止蒸馏,并设法疏通(可用玻棒将阻塞的晶体捅出或用电吹风的热风吹化结晶,也可在冷凝管夹套中灌以热水使之熔化后流出来);当冷凝管夹套中需要重新通入冷却水时,要小心缓慢,以免冷凝管因骤冷而破裂。

(6)当中途停止蒸馏或结束蒸馏时,一定要先打开 T 形管下方的螺旋夹,使其通大气,才可停止加热,以防蒸馏瓶中的液体倒吸到水蒸气发生器中。

(7)在蒸馏过程中,如果安全管中的水位迅速上升,则表示系统中发生了堵塞,此时应立即打开活塞,然后移去热源,待解决了堵塞问题后再继续进行水蒸气蒸馏。

7.2.4　萃取与洗涤操作的规范与安全

萃取和洗涤是分离、提纯有机化合物常用的操作。萃取是用溶剂从液体或固体混合物中提取所需的物质,洗涤是从混合物中洗掉少量的杂质,洗涤实际上也是一种萃取。实验室中最常见的萃取仪器是分液漏斗。

1.操作规范

(1)选用容积比萃取液总体积大一倍以上的分液漏斗。

(2)加入一定量的水,振荡,检查分液漏斗的塞子和旋塞是否严密、分液漏斗是否漏水,确认不漏后方可使用。将其放置在固定在铁架上的铁环中,关好活塞。

(3)将被萃取液和萃取剂(一般为被萃取液体积的 1/3)依次从上口倒入漏斗中,塞紧顶塞(顶塞不能涂润滑脂)。

(4)取下分液漏斗,用右手手掌顶住漏斗上面的塞子并握住漏斗颈,左手握住漏斗活塞处,拇指压紧活塞,把分液漏斗放平,并前后振摇,尽量使液体充分混合。开始阶段,振摇要慢,振荡后,使漏斗上口向下倾斜,下部支管指向斜上方,左手仍握着活塞支管处,用拇指和食指旋开活塞放气。

(5)仍保持原倾斜状态,下部支管口指向无人处,左手仍握在活塞支管处,用拇指和食指旋开活塞,释放出漏斗内的蒸气或产生的气体,使内外压力平衡,此操作也称"放气"。如此重复至放气时只有很小压力后,再剧烈振荡 2~3 min,然后再将漏斗放回铁圈中静置。

(6)待液体分成清晰的两层后,进行分离,分离液层时,慢慢旋开下面的活塞,放出下层液体。上层液体从上口倒出,不可从下口放出以免被残留的下层液体污染。

2.安全事项

(1)不可使用有泄漏的分液漏斗,以免液体流出或气体喷出,确保操作安全。

(2)上口塞子不能涂抹润滑脂,以免污染从上口倒出的液体。

(3)振摇时一定要及时放气,尤其是当使用低沸点溶剂或者用酸、碱溶液洗涤产生气体时,振摇会使其内部出现很大的压力,如不及时放气,漏斗内的压力会远大于大气压力,就会顶开塞子出现喷液,有可能造成伤害事故。

(4)振摇时,支管口不能对着人,也不能对着火,以免发生危险。

(5)若一次萃取不能达到要求可采取多次萃取的办法。

7.2.5　干燥操作的规范与安全

干燥是指除去化合物中的水分或少量的溶剂。一些化学实验需在无水的条件下进行,所有原料和试剂都要经过无水处理,在反应过程中还要防止潮气的侵入。有机化合物在蒸馏之前也必须进行干燥,以免加热时某些化合物会发生水解,或与水形成共沸物。测定化合物的物理常数,对化合物进行定性、定量分析,利用色谱、紫外光谱、红外光谱、核磁共振、质谱等方法对化合物进行结构分析和测定,都必须使化合物处于干燥状态,才能得到准确可信的结果。干燥的方法包括物理干燥和化学干燥,这里主要介绍化学干燥。化学干燥是利用干燥剂除去水,按照去水作用分为两类:一类是干燥剂与水可逆地结合成水合物,如硫酸镁、氯化钙等;另一类干燥剂与水反应生产新的化合物,是不可逆的,如金属钠、五氧化二磷等。

1. 操作规范

(1)所选用的干燥剂不能与被干燥的化合物发生化学反应,也不能溶解在该溶剂中。

(2)要综合考虑干燥剂的吸水容量和干燥效能,有些干燥剂虽然吸水容量大但干燥效果不一定很好。

(3)干燥剂的用量与所干燥的液体化合物的含水量、干燥剂的吸水容量等多种因素有关,干燥剂加入量过少,起不到完全干燥的作用;加入过多会吸附部分产品,影响产品的产量。

(4)将被干燥液体放入干燥的锥形瓶(最好是磨口锥形瓶)中,加入少量的干燥剂,塞好塞子,振摇锥形瓶。如果干燥剂附着在瓶底并板结在一起,说明干燥剂的用量不够。当看到锥形瓶中液体澄清且有松动游离的干燥剂颗粒时,可以认为此时的干燥剂用量已够。

(5)塞紧塞子静置一段时间(一般 30 min 以上)。

2. 安全事项

(1)酸性化合物不能用碱性干燥剂干燥,碱性化合物也不能用酸性干燥剂干燥。

(2)强碱性干燥剂(如氧化钙、氢氧化钠等)能催化一些醛、酮发生缩合反应、自动氧化反应,也可以使酯、酰胺发生水解反应。

(3)有些干燥剂可与一些化合物形成配合物,因此不能用于这些化合物的干燥。

(4)氢氧化钠(钾)易溶解在低级醇中,所以不能用于干燥低级醇。

(5)对于含水量大的化合物干燥时,可先使用吸附容量大的干燥剂进行干燥,再用干燥效能高的干燥剂干燥。

7.2.6　重结晶与过滤操作的规范与安全

在有机化学反应中,固体有机产物中常含有一些副产物、未反应完的原料和某些杂质,重结晶就是提纯固体有机化合物的有效方法。这种方法是利用有机化合物在不同溶剂中及不同温度条件下的溶解度不同,使被提纯物质从过饱和溶液中析出,而杂质全部或大部分仍留在溶液中,从而达到提纯目的。重结晶一般包括选择适当溶剂、制备饱和溶液、脱色、过滤、冷却结晶、分离、洗涤、干燥等过程。

1. 操作规范

(1)选择溶剂的条件:不与重结晶物质发生化学反应;在较高温度时,重结晶物质在溶剂中溶解度较大,而在室温或低温时,溶解度应很小;杂质不溶在热的溶剂中,或者是杂质在低温时极易溶在溶剂中,不随晶体一起析出;能结出较好的晶体且易与结晶分离除去,无毒或毒性很小,便于操作。

(2)热的饱和溶液的制备:通过试验结果或查阅溶解度数据计算所需溶剂的量,溶剂加入太少,会形成过饱和溶液,晶体析出很快,热过滤时会有大量的结晶析出并残存在滤纸上,影响产品的收率;加入过多,不能形成饱和溶液,冷却后析出的晶体少。

(3)一般用活性炭除去有色杂质和树脂状物质,其加入量为固体量的 1% ~ 5% 。加得太少不能达到脱色的目的,加得太多,会使产品包裹在活性炭中而降低产量。加入活性炭后再煮沸 5 ~ 10 min,趁热过滤。

(4)抽滤前先将剪好的滤纸放入布氏漏斗,滤纸的直径不可大于漏斗底边缘,否则滤液会从折边处流过造成损失,将滤纸润湿后,可先倒入部分滤液(不要将溶液一次倒入)启动水循环泵,通过缓冲瓶(安全瓶)上二通活塞调节真空度,开始真空度不要太高,这样不致将滤纸抽破,待滤饼已结一层后,再将余下溶液倒入,逐渐提高真空度,直至抽"干"为止。

2.安全事项

(1)为避免溶剂挥发、可燃性溶剂着火或有毒溶剂导致中毒,必要时应在锥形瓶上装置回流冷凝管,溶剂可从冷凝管的上端加入。

(2)若使用煤气灯等明火加热,当所用溶剂易燃易爆(如乙醚)时,应特别小心,热过滤时应将火源撤掉,以防引燃着火。

(3)如果在溶液沸腾状态下加入活性炭会引起暴沸,导致由于液体喷溅造成烫伤或其他事故,因此在加入活性炭之前 ,应将溶液稍微冷一下,然后再加入。

(4)热过滤时先用少量热的溶剂润湿滤纸,以免干滤纸由于吸收溶液中的溶剂,析出结晶而堵塞滤纸孔,影响抽滤效果。

(5)抽滤结束后,先打开放空阀使系统与大气相通,再停泵,以免产生倒吸现象。

7.2.7 搅拌装置操作的规范与安全

搅拌是化学反应中常用的装置。搅拌的作用有:可以使两相充分接触、反应物混合均匀和被滴加原料快速均匀分散;使温度分布均匀,避免或减少因局部过浓、过热而引起副反应的发生;在密闭容器中加热,可防止暴沸;缩短时间,加快反应速度或蒸发速度。常见的搅拌装置有机械搅拌和磁力搅拌两种。

机械搅拌是由电机带动搅拌棒转动从而达到搅拌目的的一种装置,主要由电动机、搅拌棒和搅拌密封装置三部分组成。

1.操作规范

(1)安装搅拌装置时,要求搅拌棒垂直安装,与反应仪器的管壁无摩擦和碰撞,转动灵活。

(2)搅拌棒与电机轴之间可通过两节橡皮管和一段玻璃棒连接。不能将玻璃搅拌棒直接与搅拌电机轴相连,以免造成搅拌棒磨损或折断。

(3)搅拌棒的形状有多种,但安装时,都要求搅拌棒下端距瓶底应有适当的距离,太远影响搅拌效果(如积聚于底部的固体可能得不到充分搅拌),又不能贴在瓶底上。

2.安全事项

(1)不能在超负荷状态下使用机械搅拌器,否则易导致因电机发热而烧毁。

(2)使用时必须接上地线确保安全。

(3)适当的搅拌速度可以减小振动,延长仪器的使用寿命。

(4)操作时,若出现搅拌棒不同心、搅拌不稳的现象,应及时关闭电源,调整相关部位。

(5)平时要保持仪器的清洁干燥,防潮防腐蚀。

磁力搅拌是利用磁性物质同性相斥的特性,通过可旋转的磁铁片带动磁转子旋转而达到搅拌目的的一种装置。磁力搅拌器一般都由可调节磁铁转速的控制器和可控制温度的加热装置组成,适用于黏稠度不是很大的液体或者固液混合物。磁力搅拌比机械搅拌装置简单、易操作,且更加安全,缺点是不适用于大体积和黏稠体系。

3. 操作规范

(1)使用之前应检查调速旋钮是否归零,电源是否接通,以确保安全。

(2)选择大小适中的磁转子,加入试剂之前试运转,保证搅拌效果。

(3)打开搅拌开关,由低到高逐级调节调速旋钮达到所需转速。

(4)若发现磁转子出现不转动或跳动时,检查转子与反应器的相对位置是否正确。

(5)及时收回磁转子,不要随反应废液或固体倒掉。

(6)保持适当转速,防止剧烈震动,尽量避免长时间高速运转。

4. 安全事项

(1)使用前要认真检查仪器的配置连接是否正确,选择合适的磁转子。

(2)不要高速直接启动,以免引起搅拌子因不同步而引起跳动。

(3)不搅拌时不应加热,不工作时应关掉电源。

(4)使用时最好连接上地线,以免事故发生。

7.2.8　真空系统操作的规范与安全

真空操作是化学实验中常见的基本操作之一,如减压蒸馏、抽滤、真空干燥、旋转蒸馏等操作时经常使用真空装置。其种类很多,实验室常用的真空泵有水环真空泵和油封机械真空泵两种。若需要的真空度不是很低可用水泵,若需较低的压力,则需要用油泵。

1. 操作规范

(1)首次使用水泵时应加水至溢水管出水为止,并注意必须经常更换水箱中的水,保持水箱清洁,延长仪器使用寿命。

(2)可将箱体进水孔用橡皮管连接在水龙头上,用橡皮管连接在溢水嘴上,使之连续循环进水,使有机溶剂不会长期留在箱内而腐蚀泵体。

(3)检查实验装置连接是否正确、密闭,将实验装置的抽气套管连接在泵的真空接头上,启动按钮(开关)即开始工作,双头抽气可单独或并联使用。

(4)减压系统必须保持密闭不漏气,所有的橡皮塞的大小和孔道要合适,橡皮管要用真空用的橡皮管。玻璃仪器的磨口处应涂上凡士林,高真空应涂抹真空油脂。

(5)用水泵抽气时,应在水泵前装上安全瓶,以防水压下降,水流倒吸;停止抽气前,应先使系统连接大气,然后再关泵。

(6)使用油泵前,应检查油位是否在油标线位置;在蒸馏系统和油泵之间,必须装有缓冲和吸收装置。如果蒸馏挥发性较大的有机溶剂时,蒸馏前必须用水泵彻底抽去系统中有机溶剂的蒸气,否则将达不到所需的真空要求。

(7)由于水分或其他挥发性物质进入到泵内而影响极限真空时,可开镇气阀将其排出,当泵油受到机械杂质或化学杂质污染时,应及时更换泵油。

2. 安全事项

(1)与泵油发生化学反应、对金属有腐蚀性或含有颗粒物质的气体以及含氧过高、爆炸性的气体不适用于真空泵。

（2）油泵不能空转和倒转，否则会导致泵的损坏。

（3）酸性气体会腐蚀油泵，水蒸气就会使泵油乳化，降低泵的效能甚至抽坏真空泵。

（4）要按要求使用符合规定的真空泵油，泵油必须干燥清洁。

（5）泵油的加入量过多，运转时会从排气口向外喷溅，油量不足会造成密封不严而导致泵内气体渗漏。

（6）油泵停止运转时，应先将系统与泵间的阀门关闭，同时打开放气阀使空气进入泵中，然后关掉泵的电源，避免回油现象发生。

（7）使用时，如果因系统损坏等特殊事故，泵的进气口突然连接大气时，应尽快停泵，并及时切断与系统连接的管道，防止喷油。

7.3　典型反应的危险性分析及安全控制措施

7.3.1　氧化反应

1. 危险性分析

（1）大多数氧化反应需要加热，特别是催化气相反应，一般都是在高温条件下进行，而氧化反应又是放热过程，产生的反应热如不及时移去，将会使反应温度迅速升高甚至发生爆炸。

（2）某些氧化反应，物料配比接近于爆炸下限，因此要严加控制，倘若物料配比失调、温度控制不当，极易引起爆炸起火。

（3）被氧化的物质很多是易燃易爆物质。有的物质具有较宽的爆炸极限，或者其蒸气与空气的混合物具有一定的爆炸极限，在实验操作时要格外认真小心。

（4）氧化剂也具有很大的火灾危险性。一些氧化剂如氯酸钾，高锰酸钾、铬酸酐等，如遇高温或受到撞击、摩擦以及与有机物、酸类接触，都有可能引起着火或爆炸；而有机过氧化物不仅具有很强的氧化性，而且大部分自身就是易燃物质，有的则对温度特别敏感，遇高温则容易发生爆炸。

（5）有些氧化反应的产物也具有火灾危险性。如环氧乙烷是可燃气体；硝酸不但是腐蚀性物品，而且也是强氧化剂；另外，某些氧化过程中还可能生成危险性较大的过氧化物，如乙醛氧化生产醋酸的过程中有过醋酸生成，过醋酸是有机过氧化物，极不稳定，受高温、摩擦或撞击便会分解或燃烧。

2. 安全控制措施

（1）氧化过程中如以空气或氧气作氧化剂时，应严格控制反应物料的配比（可燃气体和空气的混合比例）在爆炸极限范围之外。空气进入反应器之前，应经过气体净化装置，消除空气中的灰尘、水蒸气、油污以及可使催化剂活性降低或中毒的杂质，以保证催化剂的活性，减少着火和爆炸的危险。

（2）在催化氧化过程中，对于放热反应，应控制适宜的温度、流量，防止超温、超压和混合气处于爆炸范围之内。

（3）使用硝酸、高锰酸钾等氧化剂时，要严格控制加料速度，防止多加、错加；固体氧化剂应粉碎后再使用，最好使其呈溶液状态使用，反应过程中要不间断地搅拌，严格控制反应温度，决不允许超过被氧化物质的自燃点。

（4）使用氧化剂氧化无机物时，应控制产品烘干温度不超过其着火点，在烘干之前应用清水洗涤产品，将氧化剂彻底除净，以防止未完全反应的氧化剂引起已烘干的物料起火。有些有机化合物的氧化，特别是在高温下的氧化，在设备及管道内可能产生焦状物，应及时清除，以防自燃。

（5）氧化反应使用的原料及产品，应按有关危险品的管理规定，采取相应的防火措施，如隔离存放、远离火源、避免高温和日晒、防止摩擦和撞击等。如是电介质的易燃液体或气体，应安装导除静电的接地装置。

（6）设置氮气、水蒸气灭火等装置，以便能及时扑灭火灾。

7.3.2　还原反应

1. 危险性分析

（1）还原反应都有氢气存在（氢气的爆炸极限为 4% ~ 75%），特别是催化加氢还原，大都在加热、加压条件下进行，如果操作失误或因设备缺陷有氢气泄漏，极易与空气形成爆炸性混合物，如遇着火源即会爆炸。

（2）还原反应中所使用的催化剂雷尼镍吸潮后在空气中有自燃危险，即使没有着火源存在，也能使氢气和空气的混合物引燃，形成着火爆炸。

（3）固体还原剂保险粉、硼氢化钾、氢化铝锂等都是遇湿易燃危险品，其中保险粉遇水发热，在潮湿空气中能分解析出硫，硫蒸气受热具有自燃的危险，且保险粉本身受热到 190 ℃也有分解爆炸的危险；硼氢化钾（钠）在潮湿空气中能自燃，遇水或酸即分解放出大量氢气，同时放出大量热，可使氢气着火而引起爆炸事故；氢化锂铝是遇湿危险的还原剂，务必要妥善保管，防止受潮。

（4）还原反应的中间体，特别是硝基化合物还原反应的中间体，亦有一定的火灾危险。

2. 安全控制措施

（1）操作过程中要严格控制反应温度、压力和流量，使用的电气设备必须符合防爆要求，实验室通风要好，加压反应的设备应配备安全阀，反应中产生压力的设备要装设爆破片，安装氢气检测和报警装置。

（2）当使用雷尼镍等作为还原反应的催化剂时，必须先用氮气置换出反应器内的全部空气，并经过测定证实含氧量达到标准后，才可通入氢气；反应结束后应先用氮气把反应器内的氢气置换干净，才可打开孔盖出料，以免外界空气与反应器内的氢气相遇，在雷尼镍自燃的情况下发生着火爆炸，雷尼镍应当储存于酒精中，钯碳回收时应用酒精及清水充分洗涤，真空过滤时不得抽得太干，以免氧化着火。

（3）保险粉在需要溶解使用时，要严格控制温度，应在搅拌的情况下，将保险粉分批加入水中，待溶解后再与有机物反应；当使用硼氢化钠（钾）作还原剂时，在调解酸、碱度时要特别注意，防止加酸过快、过多；当使用氢化铝锂作还原剂时，要在氮气保护下使用，平时浸没于煤油中储存。这些还原剂，遇氧化剂会发生激烈反应，产生大量热，具有着火爆炸的危险，不得与氧化剂混存在一起。

（4）有些还原反应可能在生产中生成爆炸危险性很大的中间体，在反应操作中一定要严格控制各种反应参数和反应条件，否则会导致事故发生。

（5）开展新技术、新工艺的研究，尽可能采用还原效率高、危险性小的新型还原剂代替火灾危险性大的还原剂。

7.3.3 硝化反应

硝化反应是指在化合物分子中引入硝基，取代氢原子生成硝基化合物的反应。

1. 危险性分析

（1）硝化反应是放热反应，需要在低温条件下进行。在硝化反应中，如果出现中途搅拌中断、冷却水供应不畅、加料速度过快等，都会使温度失控，造成体系温度急剧升高，并导致副产物多，硝基物增多，容易引起着火和爆炸事故。

（2）常用的硝化试剂浓硝酸、硝酸以及浓硫酸、发烟硫酸、混合酸等都具有较强的氧化性、吸水性和腐蚀性。它们与油脂、有机物，特别是不饱和有机化合物接触即能引起燃烧；在制备硝化剂时，若温度过高或混入少量水，就会使硝酸大量分解和蒸发，不仅会致设备受到强烈腐蚀，还可能引起爆炸事故。

（3）被硝化的物质大多易燃，有的还有毒性，如使用或储存管理不当，很容易造成火灾。

（4）硝化产品大都有着火爆炸的危险性，特别是多硝基化合物和硝酸酯，受热、摩擦、撞击或接触着火源，都极易发生着火或爆炸。

2. 安全控制措施

（1）在硝化反应过程中应采取有效的冷却措施，及时移除反应放出的大量热，保证硝化反应在适当的温度下进行，防止温度失控。同时要注意，不能使冷却水渗入到反应器中，以免其与混酸作用，放出大量热，导致温度失控。

（2）硝化反应大多是非均相反应，反应过程中应保证搅拌良好，使反应均匀，避免由于局部反应剧烈导致温度失控。

（3）保证原料纯度，要严格控制原料中有机杂质的含量，因为这些杂质遇硝酸可能会生成爆炸性产物。另外，还要控制原料的含水量，避免水与混酸作用，放出大量的热，导致温度失控。

（4）由于硝化反应过程的危险性，为防止爆炸事故发生，反应体系最好设置安全防爆装置和紧急放料装置。一旦温度失控，应立即紧急放料，并迅速进行冷却处理。

（5）由于硝化产物都易燃易爆，因此，必须谨慎处理和使用硝化产物，避免因摩擦、撞击、高温、光照或接触氧化剂、明火等引起的火灾爆炸事故。

7.3.4 氯化反应

有机化合物中的氢原子被氯原子取代的过程称为氯化（代）反应。氯气（气态或液态）、氯化氢气体、盐酸、三氯氧磷、三氯化磷、五氯化磷、次氯酸钙等都是常用的氯化试剂。

1. 危险性分析

（1）氯化反应中最常用的氯化试剂是液态或气态的氯，毒性较大，属于剧毒化学品，使用时一定要将其浓度控制在最高允许浓度之下；另外氯气的氧化性很强，储存压力较高，一且出现泄漏将造成极大的危害。

（2）氯化反应的原料大多是有机易燃物，反应过程中若操作不慎，同样会有着火甚至爆炸的危险。

（3）氯化反应是一个放热反应，在较高温度下反应时，放热更为剧烈。在高温下，如果发生物料泄漏就会引起着火或爆炸。

（4）由于氯化反应几乎都有氯化氢气体生成，具有腐蚀性，因此必须采用耐腐蚀的设备，以防由于设备泄漏导致危险发生。

2. 安全控制措施

（1）氯化反应的火灾危险性主要决定于被氯化物质的性质及反应过程的条件，因此必须严格按照操作规程进行。

（2）由于氯化反应是放热反应，一般氯化反应装置必须有良好的冷却系统，并严格控制氯气的流量，以免因流量过快，温度剧升而引起事故。

（3）副产物氯化氢气体易溶于水中，一般通过吸收和冷却装置就可以除去尾气中绝大部分的氯化氢。

（4）应严格控制各种着火源，电气设备应符合防火防爆要求。

7.3.5 聚合反应

由小分子单体聚合成大分子聚合物的反应称为聚合反应。按照反应类型可分为加成聚合和缩合聚合两大类；按照聚合方式又可分为本体聚合、悬浮聚合、溶液聚合、乳液聚合、缩合聚合五种。

1. 危险性分析

（1）由于聚合物的单体大多数是易燃、易爆物质，单体在压缩过程中或在高压系统中泄漏，发生火灾爆炸。

（2）聚合反应中加入的引发剂都是化学活泼性很强的过氧化物，一旦配料比控制不当，容易引起爆聚、反应器压力骤增易引起爆炸。

（3）聚合反应多在高压下进行，反应本身又是放热过程，如果反应条件控制不当，很容易出事故。

（4）聚合反应热未能及时导出，如搅拌发生故障、停电、停水，由于反应釜内聚合物粘壁作用，使反应热不能导出，造成局部过热或反应釜超温，发生爆炸。

2. 安全控制措施

（1）本体聚合体系黏度大、反应温度难控制、传热困难。如果反应产生的热量不能及时移去，当升高到一定温度时，就可能强烈放热，有发生爆聚的危险。一旦发生爆聚，则设备发生堵塞，体系压力骤增，极易发生爆炸。加入少量的溶剂或内润滑剂可以有效地降低体系的黏度。尽可能采用较低的引发剂浓度和较低的聚合温度，使聚合反应放热变得缓和。控制"自动加速效应"，使反应热分阶段放出。强化传热，降低操作压力等措施可减少发生危险的可能性。

（2）溶液聚合体系黏度低，温度容易控制，传热较易，可避免局部过热。这种聚合方法的主要安全控制是避免易燃溶剂的挥发和静电火花的产生。

（3）悬浮聚合时应严格控制反应条件,保证设备的正常运转,避免由于出现溢料现象,导致未聚合的单体和引发剂遇火易引发着火或爆炸事故。

（4）乳液聚合常用无机过氧化物作引发剂,反应时应严格控制其物料配比及反应温度,避免由于反应速度过快,发生冲料。同时要对聚合过程中产生的可燃气体妥善处理。反应过程中应保证强烈而又良好的搅拌。

（5）缩合聚合是吸热反应,应严格控制反应温度,避免由于温度过高,导致系统的压力增加,引起爆裂,泄漏出易燃易爆单体。

7.3.6 催化反应

催化反应是在催化剂的作用下所进行的化学反应。

1. 危险性分析

（1）在催化过程中若催化剂选择不正确或加入不适量,易形成局部反应激烈;另外,由于催化大多需在一定温度下进行,若散热不良、温度控制不好等,很容易发生超温爆炸或着火事故。

（2）催化产物在催化过程中有的产生氯化氢,氯化氢有腐蚀和中毒危险;有的产生硫化氢,则中毒危险更大,且硫化氢在空气中的爆炸极限较宽,生产过程中还有爆炸危险;有的催化过程产生氢气,着火爆炸的危险更大,尤其在高压下,氢的腐蚀作用可使金属高压容器脆化,从而造成破坏性事故。

（3）原料气中某种能与催化剂发生反应的杂质含量增加,可能成为爆炸危险物,这是非常危险的。例如,在乙烯催化氧化合成乙醛的反应中,由于催化剂体系中常含有大量的亚铜盐,若原料气中含乙炔过高,则乙炔就会与亚铜盐反应生成乙炔铜。乙炔铜为红色沉淀,是一种极敏感的爆炸物,自燃点在 $260 \sim 270 \ ℃$ 之间,干燥状态下极易爆炸,在空气作用下易氧化成暗黑色,并易于起火。

2. 安全控制措施

（1）催化剂长期放置不用,可能会导致催化剂活性降低甚至失活,或者干燥失水甚至自燃,暂时存放须妥善保存。

（2）使用高压釜进行催化氢化反应时,应对初次使用高压釜的操作人员进行培训,并按规定对设备逐项认真检查。

（3）实验室里进行催化氢化反应时,不能使用有明显破损、有裂痕以及有大气泡的玻璃仪器。

（4）对于某些催化剂,要迅速加入,以减少其自燃并引燃溶剂的可能性。

（5）反应后的催化剂仍有较高活性,加上有溶剂残留,也可能引起自燃,必须妥善处理,后处理时也应格外小心。

7.3.7 裂化反应

裂化反应是指烷烃和环烷烃在没有氧气存在下的热分解反应,可分为热裂化、催化裂化、加氢裂化三种类型。

1. 危险性分析

（1）热裂化反应一般在高温（$500 \sim 700 \ ℃$）高压条件下进行,反应过程中会产生大量的裂化气,若出现气体泄漏,会形成爆炸性气体混合物,如遇明火也有发生爆炸的危险。

(2)催化裂化一般在较高温度(460~520 ℃)条件下进行,火灾危险性较大。若操作不当,再生器内的空气和火焰可能进入到反应器中而引起爆炸。U 形管上的小设备和小阀门较多,易漏油着火。在催化裂化过程中还会产生易燃的裂化气,在烧焦活化催化剂出现异常情况时,还可能产生可燃的一氧化碳气体。

(3)加氢裂化要使用大量氢气,而且反应温度和压力都较高,在高压下钢与氢气接触,钢材内的碳易被氢所夺取,使碳钢硬度增大而降低强度,产生氢脆,如设备或管道检查或更换不及时,设备就会在高压(10~15 MPa)下发生爆炸。

2. 安全控制措施

(1)裂化反应一般在高压设备中进行。应由强度大、耐高温、耐腐蚀的材料制成,耐压强度应为工作压力的 2~3 倍,压力表的指示范围至少应超过工作压力的 1/3。使用前应检查是否漏气,操作时应严格控制反应温度、压力等参数。

(2)热裂解反应要设置紧急放空口,以防止因阀门不严或设备泄漏造成事故。

(3)保持反应器和再生器压差的稳定,是催化裂化反应最重要的安全问题。

(4)催化裂化应备有单独的供水系统,降温循环水的量要充足。

(5)加氢裂化是强烈的放热反应,反应器必须通冷氢以控制反应温度;要加强对设备的检查,定期更换管道及设备,防止气体泄漏、氢脆等事故的发生。加热操作要平稳,避免局部过热,导致高温管线、反应器等漏气而引起着火。

(6)反应结束后应使反应釜自行冷却,不能用水冷却,打开阀门,待余气排尽后,再打开釜体。

7.3.8 重氮化反应

芳香族伯胺在低温(一般为 0~5 ℃)和强酸(通常为盐酸和硫酸)溶液中与亚硝酸钠作用,生成重氮盐的反应称为重氮化反应。

1. 危险性分析

(1)重氮盐特别是含有硝基的重氮盐,在稍高的温度(有的甚至在室温时)或光照条件下,即可分解,且随温度升高,分解速度急剧增加。在酸性介质中,有些金属如铁、铜、锌等也能导致重氮化合物剧烈分解,甚至引起爆炸。

(2)芳香族伯胺化合物多是可燃有机物质,操作不慎也有着火和爆炸的危险。

(3)亚硝酸钠遇氯酸钾、高锰酸钾、硝酸铵等强氧化剂时,可发生激烈反应,有发生着火或爆炸的危险。

(4)在重氮化的反应过程中,若反应温度过高、亚硝酸钠的投料过快或过量,均会增加亚硝酸的浓度,加速物料的分解,产生大量氮的氧化物气体,有着火和爆炸的危险。

2. 安全控制措施

(1)按要求严格控制物料配比和加料速度。一般将芳香族伯胺溶解在酸溶液中,冷却后,慢慢加入亚硝酸钠溶液(若过快易造成局部浓度过大,反应速度过快、放热量大而引起着火或爆炸),保证良好的搅拌和低温状态。

(2)重氮化反应一般在低温条件下进行,温度过高会导致重氮盐和硝酸的分解并放出大量热量,引起着火或爆炸。

（3）芳香族伯胺大都属于可燃有机物且毒性较大,亚硝酸钠是强致癌物,使用时应采取必要的防护措施。

（4）重氮盐不稳定,接触空气或高温条件下易放热着火。有些重氮盐在干燥状态下不稳定,受热或摩擦、撞击时易分解爆炸,操作时应避免含重氮盐的溶液洒落到外面。没有特殊情况,合成出的重氮盐应直接进行下步反应,以免长期放置。

7.3.9 烷基化反应

在有机化合物中的碳、氮、氧等原子上引入烷基的反应称为烷基化反应。常用的烷基化试剂是烯烃、卤代烃、醇和硫酸二烷基酯等。

1.危险性分析

（1）一些烷基化试剂本身就是易燃的气体或液体,具有很宽的爆炸极限,一些烷基化试剂的蒸气有毒或其本身就是剧毒物质,因此使用时要格外小心,以免火灾和中毒事故的发生。

（2）一些烷基化反应的底物是易燃易爆的丙类以上的危险品,操作不当有着火爆炸危险。

（3）烷基化反应常用的催化剂路易斯酸具有很强的反应活性。如三氯化铝有强烈的腐蚀性,遇水水解放出氯化氢气体和大量的热,可引起爆炸;若接触可燃物,则易着火。而硫酸二甲酯有剧毒,哪怕少许的泄漏都可导致中毒甚至死亡。

（4）一些烷基化反应的产物本身就易燃易爆,也有一定的火灾危险。

（5）绝大多数烷基化反应都是在加热条件下进行的,如果原料、烷基化试剂、催化剂等加料次序颠倒、加料速度过快或者反应中途搅拌停止,导致反应剧烈,引起跑料,就有可能造成着火或爆炸事故。

2.安全控制措施

（1）严格按照要求确定原料配比、加料顺序加入试剂,避免物料的泄漏。加入无水三氯化铝时应避免接触皮肤和长时间暴露在空气中。

（2）应连有吸收装置以吸收反应生成的副产物氯化氢气体,不要时可适当给点负压,以防因来不及吸收导致水倒吸至反应器中,而发生危险。

（3）要保证搅拌良好、冷凝措施得力,使反应放出的热量能及时移除,以防事故的发生。

（4）当使用硫酸二甲酯作烷基化试剂时,绝对不能有泄漏情况的发生。

（5）采用新型催化剂(如离子液、固载催化剂)替代危险性催化剂,降低反应的风险。

7.3.10 磺化反应

磺化是在有机化合物分子中引入磺(酸)基($-SO_3H$)的反应。常用的磺化试剂有发烟硫酸、亚硫酸钠、亚硫酸钾、三氧化硫等。

1.危险性分析

（1）磺化反应是放热反应,若在反应过程中得不到有效的冷却和良好的搅拌,反应热的积聚就有可能引起超温,导致剧烈的反应,放出更多的热量,可能发生燃烧反应,造成起火或爆炸。

（2）反应原料苯、硝基苯、氯苯等是可燃物，磺化试剂是强氧化剂，二者相互作用具备了燃烧的条件，若投料顺序颠倒，浓硫酸与水生成稀硫酸并放热，超温至燃点，会导致燃烧或爆炸事故。

（3）低温条件下进行磺化反应时，应严格控制反应温度。当反应温度偏低时，反应速度较慢，可能积累较多的未反应物料，使反应物浓度增加，当恢复到较高的正常反应温度时，会发生剧烈反应，瞬间放出大量的热导致超温，引起着火或爆炸事故。

（4）磺化试剂浓硫酸、发烟硫酸、三氧化硫、氯磺酸等，有强烈的刺激性和氧化性，若泄漏会造成灼烧、腐蚀、中毒等危害。

（5）三氧化硫遇水生成硫酸，放出大量的热，使反应温度升高，可造成沸溢甚至起火爆炸。

2. 安全控制措施

（1）由于磺化反应是放热过程，良好的搅拌可以加速反应底物在酸性磺化试剂中的溶解，提高传热、传质效率，提高反应速率，避免局部过热。

（2）根据反应底物和所需目的产物的不同，加料顺序也应相应调整。如果是液相反应，若在反应温度下反应底物仍是固态，应先将磺化试剂加到反应器中，再在低温下加入固体反应底物，待其溶解后缓慢升温反应，有利于反应均匀稳步进行；若反应底物在反应温度下是液体，可先将其加入反应器中，再逐步加入磺化试剂，特别是高温下的反应，更要如此。

（3）按要求严格控制反应温度，否则轻者导致较多副产物的生成，严重时可造成事故的发生。

7.3.11　其他典型反应

1. 无水无氧反应

一些物质（如金属钠、钾、锂、金属有机化合物等）对水和氧敏感，遇水和氧会发生激烈反应，甚至酿成着火爆炸等事故。在对这些物质的储存、制备、反应及后处理过程中，研究它们性质或分析鉴定时，必须严格按照无水无氧操作的技术要求进行，所有的仪器必须洗净、烘干，即使是新的仪器也要经过严格洗涤后才能使用，洗涤干燥过的仪器，在使用前仍需要加热抽空并用惰性气体进行置换，把吸附在器壁上的微量水和氧移走。所需的试剂和溶剂必须先经无水无氧处理方可使用。实验前对每一步实验的具体操作、所用的仪器、加料次序、后处理的方法等必须提前考虑好。否则，即使合成路线和反应条件都符合要求，也得不到预期的产物，还可能出现安全问题。实验装置中的橡皮塞、橡皮隔膜的表面吸附有氧、水或油污等杂质，必须经过洗涤和干燥处理，所用的惰性气体也必须经脱水、脱氧的再纯化处理。

2. 自由基反应

自由基反应尤其是以过氧化物作为引发剂的反应，由于其本身的特殊性质，在使用和操作过程中应格外小心。过氧化有机物如过氧乙酸、过氧化苯甲酰等在受到摩擦、撞击、阳光暴晒加热时易发生爆炸且很多都有毒性，某些过氧化物对眼睛、呼吸、消化、运动、神经系统均会有不同程度的伤害；在反应过程中若物料配比控制不当、滴加速度过快就可能造成温度失控引发燃烧爆炸事故;反应物料不纯也可能引起过氧化物分解爆炸;若出现冷却效果不好、冷却水中断或搅拌停止等异常情况,也会导致局部反应加剧,温度骤升,压力迅速增加,引发事故;干品过氧化物易分解爆炸。因此在反应过程中应严格控制物料配比、滴加速度和反应温度,同时要有良好的搅拌和冷却作保证。

自由基聚合反应在高分子化合物的制备中占有重要地位,可通过不同的聚合工艺实现。

如本体聚合放热量大,反应热排除困难,不易保持稳定的反应温度,"自动加速效应"可使温度失控,引起爆聚。为确保反应的正常进行,通常采取以下措施:

(1)加入一定量的专用引发剂来降低反应温度;

(2)可能的情况下采用较低的反应温度降低放热速度;

(3)在反应体系黏度不太高时就分离聚合物;

(4)采用分段聚合的方法,控制转化率和自动加速效应,使反应热分成几个阶段均匀放出;

(5)改进和完善搅拌器和传热系统以利于聚合设备的传热;

(6)采用"冷凝态"进料及"超冷凝态"进料。

其他的自由基聚合工艺不再一一赘述。

7.4　反应过程突发情况的一般处理方法

7.4.1　处理突发情况的基本原则

化学实验是巩固理论知识、优化工艺条件、探索未知世界、拓展科学思维不可或缺的重要环节。化学实验室是培养高素质化学人才、产出高水平研究成果的重要场所。确保实验室的人员、设备安全,是顺利开展化学研究工作的基本要求。应坚持"安全第一、以人为本"的指导精神和"预防为主、冷静处置"的工作原则,要以高度负责的态度积极认真地对待化学实验室的安全工作。

化学实验室中化学试剂和药品种类和数量繁多,其中很多都是易燃、易爆、有毒或具有腐蚀性,在化学试验中,由于操作不当或不可预知的因素都会带来一定的危险性,给国家和单位的财产及实验人员的人身造成严重的损失和伤害。因此,必须把安全时刻放在第一位,把可能的风险和危害降低到最低程度,才能保证化学实验的教学和科研工作的顺利进行。实验室安全是一项需要常抓不懈的基础工作,是一项系统工程,既要有资金和设备的投入,更要有行之有效的管理措施,根据实际情况和要求形成一套严格而又完善的管理制度和体系。要时刻牢记化学事故猛于虎、安全责任重于山,把实验室安全作为校园或企业文化的一部分,努力营造一个科学安全的实验环境。

导致实验事故发生的原因多种多样,通常是由于违反基本操作规定、所用试剂或仪器处理失当、操作顺序出现错误、试剂用量不当、发现问题不及时或处理问题不恰当等造成的。因此,实验前的安全教育对于了解实验内容、熟悉实验步骤、掌握实验技能、预防事故发生都十分必要、必不可少。将实验室安全工作的重心向主动预防转变,使安全观念深入人心,形成敬畏生命、尊重制度、严谨求实的校园实验室安全文化,有效预防校园实验室安全事故的发生。

7.4.2　反应过程中的突发情况

1.爆炸产生的原因

爆炸事故产生的主要原因有:随意混合化学药品;氧化剂和还原剂的混合物受热、摩擦或撞击;在密闭体系中进行蒸馏、回流等加热操作;在加压或减压实验中使用不耐压的玻璃仪器;气体钢瓶减压阀失灵;反应过于激烈而失去控制;易燃易爆气体大量逸入空气;一些本身容易爆炸的化合物,如硝酸盐类、硝酸酯类、三碘化氮、芳香族多硝基化合物、乙炔及其重金属盐、重氮盐、叠氮化物、有机过氧化物等,震动、受热或撞击;强氧化剂与一些有机化合物接触混合时发生爆炸反应;对水敏感的物质反应时遇水发生爆炸;化合物迅速分解,放出大量热量,引起反应体系的体积剧烈增大而发生爆炸;气体间剧烈反应,导致反应器压力骤然增加引起爆炸;反应试剂或溶剂处理不当导致爆炸。

爆炸是实验室发生的事故中损失严重、危害较大的一种,如果不采取必要的防范措施,将会给财产和人身安全造成巨大伤害。

2.喷溅事故产生的原因

喷溅事故产生的原因有:反应仪器有裂纹或破裂,随着反应的进行,反应体系内部压力增大导致喷溅;试剂取用方法不当如开启盛有挥发性液体的试剂瓶时,没有进行充分的冷却导致喷溅;当试剂瓶的瓶塞不易打开时,不认真核查瓶内试剂的种类和性质,贸然用火对其加热或敲击瓶塞导致喷溅;反应试剂添加错误、添加顺序颠倒、添加速度过快、用量比例失当等导致喷溅;将回流、蒸馏等装置组成一个密闭体系导致的喷溅;反应在沸腾情况下,补加沸石导致喷溅;使用分液漏斗萃取时,不及时排出产生的气体导致喷溅;反应过程中,忘记通入冷凝水或通入的冷凝水长时间不能使气体充分冷却导致喷溅;微波反应器中,使用敞口容器进行反应导致喷溅等。

事故案例1:某学生在配制洗液时,误将高锰酸钾而不是重铬酸钾加到硫酸中,造成硫酸喷溅,导致其面部严重烧伤。

事故案例2:某二年级硕士研究生用氯代炔烃制备炔胺时,用液氨作氨解试剂,通入液氨的过程中未按操作规程进行,因怀疑钢瓶中液氨存量不多,猛烈摇动钢瓶致使大量氨气喷溅而出,导致事故发生,幸而采取措施及时妥当才未造成更大伤害。但此事给当事人带来极大的心理阴影,从此决定毕业后再不从事化学合成方面的研究工作。

3.跑水事故产生的原因

跑水事故产生的原因有:水龙头或截门损坏及破裂导致跑水;水管老化导致跑水;冬季暖气管道爆裂导致跑水;遇突然停水后忘记关闭水龙头及截门,来水后无人在现场导致跑水;下水管道长期失修发生堵塞导致跑水;水压忽然增大,致使循环水进出水管脱落而未被及时发现导致跑水等。跑水事故通常都是在实验人员长时间脱岗或输水管道突然破裂时发生的。

事故案例1:2013年9月2日,某高校化学实验楼204室发生跑水事故,致使其下方的104室房顶涂料脱落并不停滴水,导致该科研室内数万元的仪器受损。由于该室中的对水敏感化学品储存得当,才未造成更大的损失。经查,此次漏水事故发生的原因是:9月1日夜,某一年级研究生,做常温条件下的回流反应,由于反应时间较长(需要过夜),而反应所用溶剂的沸点较低,为防止其挥发,故打开了循环水冷却。当天晚上十点该同学离开实验室,反应继续进行且无人照看,由于下水道长期没有清理发生堵塞,导致了漏水事件的发生。

事故案例2:2013年4月20日,某高校化学楼921室发生跑水事故,导致楼下新装修的房屋受损,室内大量贵重的精密仪器险些被浸泡。经查事故发生的原因是:某博士生做过夜反应,采取循环水冷却,晚上离开实验室时,已无他人,但反应继续进行。由于夜间实验很少,水压增大,致使循环水的进水管从球形冷凝器上脱落,导致漏水事故的发生。

4.其他常见事故产生的原因

此部分内容参见第10章。

主要参考文献及资料

［1］ 古凤才. 基础化学实验教程[M]. 3版.北京:科学出版社,2010.
［2］ 黄凯. 大学实验室安全基础[M]. 北京:北京大学出版社,2012.
［3］ ROBERT H HILL, DAVID C FINSTER. Laboratory safety for chemistry students. Hoboken, New Jersey:John Wiley&Sons, Inc., 2010.

第8章 化工过程安全

随着石油化工的发展和化工装置大型化的进程,化工安全逐渐成为全球性的课题而引起广泛注意,安全与生产之间的密切关系越来越被人们所认识。世界许多大学都设置了安全课程,如美国就有100多所大学开设了安全课程,其中美国德克萨斯农工大学建立了一个过程安全中心(TEEX),致力于化工过程的安全教育和研究,还有世界一流的人员培训、技术支持和紧急事件处理机构——德州工程拓展服务中心,提供应急救援等涉及公共和生产安全的培训,每年为美国50个州和全世界超过45个国家培训超过81 000位消防员和危机应急处理人员。经过认证的实战演练和世界最大的紧急事件训练设施——TEEX布雷顿消防训练场和灾难之城就坐落在德州农工大学。而我国只有几所化工院校开设化工过程安全课程,专门进行这方面研究和安全培训的机构也较少,非常需要相关人员掌握多种相关的技能和技巧。

研究表明,造成化工事故频发的内在原因有如下几点。

(1)随着化学工业的发展,涉及的化学物质的种类和数量在不断增加,很多化工物料的易燃性、反应性和毒性本身决定了化学工业生产事故的多发性和严重性。

(2)随着化学工业的发展,化工生产呈现设备多样化、复杂化以及过程连接管道化的特点。如果管线破裂或设备损坏,会有大量易燃气体或液体瞬间泄放,迅速蒸发形成蒸气云团,与空气混合达到爆炸下限,遇明火会引起爆炸。

(3)化工装置的大型化使大量化学物质处于工艺过程或储存状态,增加了物料外泄的危险性。一些密度比空气大的液化气体如氨、氯、硫化氢等,如果泄漏会导致大范围中毒,或造成重大事故。另外,大型化把各种生产过程有机地联合在一起,使物料的输入和输出在管道中进行,许多装置互相连接,形成一条很长的生产线。装置间互相作用、互相制约,这样就存在许多薄弱环节,使系统变得比较脆弱。

化工事故案例史表明,对加工的化学物质性质及有关的物理化学原理不甚了解,忽视过程和操作的安全规程,违章操作,是酿成化工事故的主要原因。据有关资料介绍,在各类工业爆炸事故中,化工爆炸占32.4%,所占比例最大;化学工业事故造成的损失约为其他工业部门的5倍。为了避免化工事故的发生,需要对过程物料和装置结构材料进行更为详尽的考察,对装置的加工制造工艺提出更高的要求,对装置的可靠性及可能的危险做出准确的评估并采取恰当对策。

本章简要介绍化工过程安全的相关知识,内容包括化学工业危险因素分析;化工过程设计安全;化工过程操作安全,如反应物料加工和操作安全,工艺操作参数的安全控制,工艺过程突发情况的处理,非常规运行和有关作业的维护;化工过程维修安全;化学品储存和运输安全;化工安全事故的调查。

8.1 化学工业危险因素

美国保险协会(AIA)对化学工业的317起火灾、爆炸事故进行调查,分析了主要和次要原因,把化学工业危险因素归纳为以下9个类型。

1. 工厂选址问题

(1)易遭受地震、洪水、暴风雨等自然灾害;

(2)水源不充足;

(3)缺少公共消防设施的支援;

(4)有高湿度、温度变化显著等气候问题;

(5)受邻近危险性大的工业装置影响;

(6)邻近公路、铁路、机场等运输设施;

(7)在紧急状态下难以把人和车辆疏散至安全地。

2. 工厂布局问题

(1)工艺设备和储存设备过于密集;

(2)有显著危险性和无危险性的工艺装置间的安全距离不够;

(3)昂贵设备过于集中;

(4)对不能替换的装置没有有效的防护;

(5)锅炉、加热器等火源与可燃物工艺装置之间距离太小;

(6)有地形障碍。

3. 结构问题

(1)支撑物、门、墙等不是防火结构;

(2)电气设备无防险措施;

(3)防爆通风换气能力不足;

(4)控制和管理的指示装置无防护措施;

(5)装置基础薄弱。

4. 对加工物质的危险性认识不足

(1)在装置中原料混合,在催化剂作用下自然分解;

(2)对处理的气体、粉尘等在其工艺条件下的爆炸范围不明确;

(3)没有充分掌握因误操作、控制不良而使工艺过程处于不正常状态时物料和产品的详细情况。

5. 化工工艺问题

(1)没有足够的有关化学反应的动力学数据;

(2)对有危险的副反应认识不足;

(3)没有根据热力学研究确定爆炸能量;

(4)对工艺异常情况检测不够。

6. 物料输送问题

(1)各种单元操作时不能对物料流动进行良好控制;

(2)产品的标示不充分;

(3)风送装置内的粉尘爆炸;

(4)废气、废水和固体废物的处理不当;

(5)装置内的装卸设施不完备。

7. 误操作问题

（1）忽略关于运转和维修的操作教育；

（2）没有充分发挥管理人员的监督作用；

（3）开车、停车计划不适当；

（4）缺乏紧急停车的操作训练；

（5）没有建立操作人员和安全人员之间的协作体制。

8. 设备缺陷问题

（1）因选材不当而引起装置腐蚀、损坏；

（2）设备不完善，如缺少可靠的控制仪表等；

（3）材料的疲劳；

（4）对金属材料没有进行充分的无损探伤检查或没有经过专家验收；

（5）结构上有缺陷，如不能停车而无法定期检查或进行预防维修；

（6）设备在超过设计极限的工艺条件下运行；

（7）对运转中存在的问题或不完善的防灾措施没有及时改进；

（8）没有连续记录温度、压力、开停车情况及中间罐和受压罐内的压力变动。

9. 防灾计划不充分

（1）没有得到管理部门的大力支持；

（2）责任分工不明确；

（3）装置运行异常或故障仅从属于安全部门，只是单线起作用；

（4）没有预防事故的计划，或即使有也很差；

（5）遇有紧急情况未采取得力措施；

（6）没有实行由管理部门和生产部门共同进行的定期安全检查；

（7）没有对生产负责人和技术人员进行安全生产的继续教育和必要的防灾培训。

瑞士再保险公司统计了化学工业和石油工业的 102 起事故案例，分析了上述 9 类危险因素所导致事故的情况，表 8.1 为统计结果。虽然在化学工业和石油工业中，导致事故的主要因素有所不同，但是因为设备缺陷问题导致事故的比例最高。

表 8.1　化学工业和石油工业的危险因素

类别	危险因素	危险因素的比例／％	
		化学工业	石油工业
1	工厂选址问题	3.5	7.0
2	工厂布局问题	2.0	12.0
3	结构问题	3.0	14.0
4	对加工物质的危险性认识不足	20.2	2.0
5	化工工艺问题	10.6	3.0
6	物料输送问题	4.4	4.0
7	误操作问题	17.2	10.0
8	设备缺陷问题	31.1	46.0
9	防灾计划不充分	8.0	2.0

8.2 化工过程设计安全

化工事故虽然多发生在工厂操作环节,但是化工过程设计环节会对后续的生产和操作有重要影响。如果设计时考虑不周,存在先天不足之处,那么也容易导致生产操作时引发事故。本节讲述如何从安全的角度出发进行化工过程设计,主要包括化工厂的定位、选址、布局和单元区域规划、化工工艺设计等方面的内容。

8.2.1 化工厂的定位

考虑工厂定位,我们面对的是一个计划中的工厂和一个现实的环境,要解决的问题是把工厂建于何处。工厂所在的地区对化工厂的安全是至关重要的问题,一般遵循以下5个原则:

(1)有原料、燃料供应和产品销售的良好流通条件;

(2)有储运、公用工程和生活设施等方面良好的协作环境;

(3)靠近水量充足、水质优良的水源;

(4)有便利的交通条件;

(5)有良好的工程地址和水文气象条件。

工厂应避免定位在下列地区:

(1)易发生强度地震区域;

(2)易遭受洪水、泥石流、滑坡等危险的山区;

(3)有开采价值的矿藏地区;

(4)对机场、电台等使用有影响的地区;

(5)国家规定的历史文物、生物保护和风景游览地区;

(6)城镇等人口密集的地区。

从经济性考虑,世界上大多数大型石化企业都建在原料产地附近,如美国德州石油城、我国大庆石化城、大港油田等。从安全角度考虑也可以避免运输过程中的事故。

8.2.2 化工厂的选址

化工厂选址是工厂相对于周围环境的定位问题。主要应考虑化工厂对所在的社区可能的危险,如三废排放带来的污染及可能的事故带来的危险。如果有废气排放,应依据主导风向将工厂置于居民区的下风区域;如果有废液排放,应保证预期的排污方法不会污染社区的饮用水,特别要避免对渔业及海洋生物的污染;工厂不应邻近高速公路和文物保护地区;地形也是一个要考虑的因素,厂区最好是一片平地。另外,在考虑工厂定位和选址时,还要考虑到周围环境及社区的发展。因为化工厂的搬迁是投入比较大的工程,如果不考虑社区将来的发展,一个刚建好不久的化工厂可能不久就会因为和周围的环境不和谐而面临搬迁事宜,这往往要投入巨大的人力、财力和物力。

8.2.3 化工厂的布局

化工厂布局是指工厂内部组件之间相对位置的定位问题。一般采用留有一定间距的区块化的方法,按照功能划分为以下 6 个区块。

1. 工艺装置区

工艺装置区是工厂中最危险的区域。应遵循以下原则:

(1)应离开工厂边界一定的距离,避免发生事故时对厂外社区造成伤害;

(2)应该集中(有助于危险的识别)而不是分散分布,但不能太拥挤;

(3)应置于主要的火源和人口密集区的下风区;

(4)应汇集这个区域的一级危险,找出毒性、易燃物质、高温、高压、火源等;

(5)找出易发生故障的机械设备,避免人员操作失误等。

这部分的安全评价因素:①过程单元间的距离;②过程单元中的因素,如温度、压力、物料类型、物料量、单元中设备的类型、单元的相对投资额、救火或其他紧急操作需要的空间。

2. 罐区

罐区中如气柜或液体储罐,是需要特别重视的装置。因为每个这样的容器都是巨大的能量或毒性物质的储存器,如 CO 气柜或甲醇储罐等,如果密封不好就会泄漏大量毒性或易燃物质,所以罐区务必在工厂的下风区域并与人员密集区、操作单元区、储罐间保持尽可能远的距离。其分布要考虑以下 3 个因素:

(1)罐与罐之间的间距;

(2)罐与其他装置的间距;

(3)设置拦液堤(围堰)所需要的面积。

罐区一般用围堰包围,防止泄漏的液体外溢。围堰高度统一定为 20 cm,其体积不小于最大储罐的体积。里面为水泥地,不允许种花草或堆放杂物。在南方地区雨水较多的地方要在内侧留有沟槽,用于抽取积存的雨水用。

3. 公用设施区

公用设施区应远离工艺装置区、罐区和其他危险区,以便遇到紧急情况时仍能保证水、电、气等的正常供应。

供给蒸汽、电的锅炉设备和配电设备可能会成为火源,应设置在易燃液体设备的上风区域。管路一定不能穿过围堰区,以免发生火灾时毁坏管路。

4. 运输装卸区

一般不允许铁路支线通过厂区,可以将铁路支线规划在工厂边缘地区。

原料库、成品库和装卸站等机动车辆进出频繁的设施,不得设在通过工艺装置和罐区的地带,一般在离厂门口比较近的地方,并与居民区、公路和铁路保持一定的安全距离。

5. 辅助生产区

维修车间和研究室要远离工艺装置区和罐区,且应置于工厂的上风区域,因为它是重要的火源,且是人员密集区。

废水处理装置是工厂各处流出的毒性或易燃物汇集的终点,应该置于工厂的下风远程区域。

6. 管理区

每个工厂都需要一些管理机构,从安全角度考虑,应设在工厂的边缘区域,并尽可能与工厂的危险区隔离。一是因为销售和供应人员必须到工厂办理业务,不必进入厂区;二是办公室人员的密度最大。

8.2.4　化工单元区域规划

单元区域规划即定出各单元边界内不同设备的相对物理位置,这并非易事。因为从费用考虑,单元排列越紧密,配管、泵送和地皮不动产的费用越低,但从安全角度考虑,单元排列应比较分散,为救火或其他紧急操作留有充分的空间。下面分3方面讲述。

1. 加工单元区域规划

加工单元包括原料发生和精制、反应器、精馏塔、储罐及输送管线等。一般在化工厂,虽然反应过程是化工过程的核心,但工厂中反应器所占地方并不大。大多数设备为原料发生和净化装置及产品分离所用的精馏塔、换热器以及物料输送所用的泵和压缩机等。这些设备的排列一般遵循以下原则。

1) 设备配置的直线原则

单元中大多数塔器、筒体、换热器、泵和主要管线成直线狭长排列,主要特征如下。

(1) 设备配置直线的两边都与厂区道路连接,为救火或其他紧急情况提供方便。另外,连接道路可作为阻火堤,把设备配置线和厂区其余部分隔离。

(2) 钢制框架与道路邻接。热交换器置于框架上部,冷却水箱置于框架下部。

(3) 设备配置直线上的精馏塔、热交换器、馏出液接收器、回流筒等装置,一般采用框架结构平坡式布局。

(4) 管架也设置在设备配置直线上。

(5) 泵排设置在设备配置直线的两边,与道路邻接。

将直线排列的原理用于集成化过程单元的规划,可以把前述的区域规划发展成为一系列平行的、并排的设备配置管线。再将各过程单元的其余组件分布在这些直线簇相邻的区域。

2) 非直线排列设施的配置

直线排列的设备构成了单元区域的骨架,单元的其他组件如控制室、压缩机和反应器、溢流槽、加热炉等,可以设置在直线排列的两边。采用这种方法一般可以达到近乎方形的最大面积规划。

控制室是单元的神经中枢,从职能上讲,应置于单元区域的中心,使它距各观测点的距离最短。但这样,危险性最大。所以应设置在单元的周边区域。对于处理毒性物质的单元,控制室应设在单元的上风区域。另外,还应与高温或高压容器,盛有相当量的易燃或毒性液体的容器隔离。

非直线排列设备还包括诸多公用工程设施。另外还要考虑将来发展扩建添加设备的可能性。

3) 室内装置的配置

对于需要精确的温度控制或需要操作者经常观察的情形,则需把加工单元的部分或全部置于室内。加物理屏障,实现装置的隔离;规范从室内装置撤退的道路等。

2. 单元区域的管线配置

1) 防泄漏设计

管线的长度尽量短;排放口的数量尽量少;减少管线的复杂性。

2）软管系统的配置

对于油船、罐车等的液体物料的装卸,软管的选择和应用需格外谨慎。

3）管线配置的安全考虑

管件和阀门配置的简单和易于识别,是安全操作的重要因素。对于不稳定液体的传递,管件、阀门和控制仪表的配置应该防止液体静止在运转的泵中。对于气体和液体的输送,回流(误操作常引起)是导致事故的重要原因,所以设计时应考虑回流的可能性及可能带来的危险,如:

（1）从储罐或下游管线回流进入已关闭的设备;

（2）从设备回流进入有压力降的辅助设备的管线;

（3）泵的故障引起回流;

（4）反应物沿副反应物的物料管线回流。

如真空系统停止时需要先对系统放空,然后再关闭真空泵电源。否则会引起泵中的油倒流入系统。

3. 单元装置和设施的安全设计

1）装置的安全设计

装置、仪表和辅助设施是用来完成各种化学过程或单元操作的,组合在一起构成了一个完整的制造单元。在设计时应采用"故障自动保险"和"二次概率设计"。故障自动保险要求当装置、仪表或过程控制回路出现故障时,系统回复到最小危险状态。二次概率设计是指当操作失误或设备出现故障时会启动备用设备,预防危险出现或降低危险。例如,压力容器的压力释放装置,设备或建筑物的爆炸泄荷设施、储罐周围的围堰防护、紧急关闭系统、报警装置等。

2）辅助工程设施安全

辅助工程设施包括电力、蒸汽、过程用水和锅炉用水;消防用水;冷却水;压缩空气和惰性气体等。

8.2.5 化工工艺设计

化工工艺设计的主要工作之一是工艺流程图的绘制。工艺流程图是描述过程的主要文件。它显示出了主要工艺过程、主要设备、主要物流路线和控制点。主要工艺过程包括反应过程和分离过程等。对于反应过程,需要确定反应器结构和大小及主要控制点;对于分离过程,要确定分离塔的结构和尺寸。主要设备如反应器、塔、槽、罐、泵等的材质和强度,耐腐蚀和耐疲劳性设计。主要物流路线如连接各工艺过程和设备间的管线设计。另外,控制点的设计也很重要,如温度、压力、流量、组成等控制点。

工艺流程图是化工厂设计的初始工作,在此基础上还要进一步绘制管线配置图、平面图和设备图等。早期阶段的决定将严重影响后续阶段,所以在流程图绘制中始终要对安全问题给予充分考虑。工艺过程和装置设备的安全是构成化工生产过程中安全的重要部分。工艺过程安全是指在化工单元过程中,所进行的氧化、还原、硝化、裂化、聚合等过程以及化工单元操作精馏、冷凝、干燥、粉碎等操作过程的安全;生产装置的安全是指构成装置的各种机器设备、塔、罐、槽、泵等的耐腐蚀、耐疲劳性等有关材质和强度方面的安全。在设计阶段,首先应对物料的危险性、工艺过程的危险性、设备的安全性及人的因素进行全面的分析,在此基础上对装置的总的危险性、各个机器设备输送过程和维修中的危险性,提出综合的技术预防设施和手段,安全设计的原则及基本程序如下。

1. 化工工艺安全设计的原则

在进行设计时要遵循考虑两级危险、三级防护的原则。

1) 两级危险

一级危险指潜在的危险,二级危险指直接的危险。典型的一级危险有:

(1) 有易燃物质存在;

(2) 有热源存在;

(3) 有火源存在;

(4) 有富氧存在;

(5) 有压缩物质存在;

(6) 有毒性物质存在;

(7) 人员失误的可能性;

(8) 机械故障的可能性;

(9) 人员、物料和车辆在厂区的流动;

(10) 由于蒸气云降低能见度等。

对于一级危险,在正常条件下不会造成人身或财产的损害,一级危险失去控制就会发展成为二级危险,造成对人身或财产的直接损害。典型的二级危险为:

(1) 火灾;

(2) 爆炸;

(3) 游离毒性物质的释放;

(4) 跌伤;

(5) 倒塌;

(6) 碰撞。

2) 三级防护

对于上述两级危险,可以设置三道防护线。

(1) 第一道防护线是为了解决一级危险,并防止二级危险的发生,是指对工艺过程中的参数如温度、压力、流量、组分进行有效控制。其次是考虑发生异常情况时,设置防止事故及机器设备破坏的装置,如对高压装置要设置安全泄压装置和抑制爆炸装置等。如采用天然气代替煤用于制气时,CO 变换气后 CO 的去除常采用液氮洗涤法,这个过程中易产生 NO,NO 与不饱和烃会生成硝基化合物,易爆炸,预防此类事故的措施是控制 NO 的量;再如温度的控制,在化工反应中,温度升高 10 ℃ 一般会使反应速率提高一倍,如果是放热反应,放热量也会增加,从而带来不稳定因素。第一道防护线的成功主要取决于所使用设备的精细制造工艺以及自控装置的质量,如无破损、无泄漏等和性能稳定可靠的自控仪表。

(2) 第二道防护线是考虑当不能有效阻止事故发生的情况下,设置防止事故扩大的局限设施,如防火墙、防爆墙、防护堤等,当二级危险发生时,可以将生命和财产的损失降至最低程度。

(3) 第三道防护线

即防止发生次生灾害,设置防止事故发生后引起二次或三次灾难的设施,如安全距离、疏散出口及人身保护等设施,提供有效的急救和医疗设施,使受到伤害的人员得到迅速救治。

2.化工工艺安全设计的基本程序

1)安全装置的设计

基本要求如下:

(1)能及时、准确和全面地对过程的各种参数进行检测、调节和控制,在出现异常状况时,能迅速显示报警和调节,使系统恢复正常,安全运行;

(2)能保证预定的工艺指标和安全控制界限的要求,以保证装置的可靠性;

(3)能有效地对装置、设备进行保护,防止过负荷或超限而引起破坏和失效;

(4)准确选择安全装置与控制系统所使用的动力,以保证安全可靠;

(5)要考虑安全装置本身的故障或误动作而招致的危险,必要时应设置 2 套或 3 套备用装置。

安全装置的选择,应根据需要控制的参数及被控介质的特性和使用环境的状况来确定。化工生产中安全装置的配置举例如下:

(1)对超温、超压可能引起火灾爆炸危险的设备应设置报警信号系统及自动、手动紧急泄压排放措施;

(2)有突然超压或瞬间分解爆炸危险物料的设备,应装爆破片,并有防止二次爆炸火灾的措施;

(3)可燃气体压缩机的吸入管道,应有防止产生负压的措施。

2)过程物料的安全评价

过程物料可以划分为过程内物料和过程辅助物料两大类型。过程内物料是指从原料到产品的整个工艺路线上的物料,如原料、催化剂、中间体、产物、副产物、溶剂、添加剂等;而过程辅助物料是指实现过程条件所用的物料,如传热流体、重复循环物、冷冻剂、灭火剂等。对于物料的安全性应有如下资料。

(1)一般性说明资料:名称、分子结构、物理状态、纯度、气味、腐蚀性等。

(2)基础物性资料:蒸汽密度、熔点、沸点、溶解度等。

(3)易燃性资料:闪点、着火点、爆炸极限、自热、粉尘爆炸性。

(4)反应性资料:差热分析、热稳定性、热分解实验等。

(5)毒性资料:毒性危险等级、卫生标准、最大允许浓度、半致死剂量。

(6)暴露作用:吸入或食入危险、呼吸刺激、皮肤刺激等。

(7)放射性资料:放射性测试,α、β、γ、中子射线暴露及危害。

3)过程路线的选择

过程路线的选择是在工艺设计的最初阶段完成的,主要考虑过程的经济性和安全性。过程路线的安全评价,应该考虑过程本身是否具有潜在危险;反应条件的微小变化是否引起偏离预期的反应途径等。

4)工艺设计安全校核

为做好安全可靠和经济合理的设计,应对设计的项目进行安全校核。分别为:

(1)物料和反应的安全校核;

(2)过程安全的总体规范;

(3)非正常操作的安全问题,不仅要考虑稳态运行时的情况,还要考虑开车、停车和维修时的一些情况;

(4)采用危险与可操作性分析(HAZOP 分析)技术对工艺设计的安全性进行校核。

8.2.6 设备安全和装置布局

1. 设备安全

确定设备的安全性,需要考虑以下因素:

(1)是否按照相应的安全标准、规范进行设计;

(2)是否按照设计说明书正确制造;

(3)是否有适当的安全防护装置;

(4)维护、检查的程序是否完善。

对于所有化工装置的设计,目前还没有全部达到标准化,但在机械设备方面的设计则已经实现了标准化。对于化工装置设计标准,可按以下目次查阅审定:基础工程、支持结构、容器和罐、泵和压缩机、加热器和加热炉、换热器、透平机、电气设备、仪表、配管、蒸馏塔和吸收塔、安全消防设备。

关于压力容器,许多规格标准或法规都规定了设计标准。在设计时,除这些标准外,还需要考虑结构材料、施工方法、设计强度、金属厚度等因素。设计温度和设计压力,应该根据操作中的最大值并加一定裕度确定。为了便于维修检查,压力容器上必须开有一定数量的适当尺寸的检查孔。处理腐蚀性物料时,不但要充分注意耐腐蚀处理,而且必须有完善的排液系统,还要注意防止压力容器放空口和安全阀排出的危险物滞留而形成的二次危险。

输送可燃液体和气体的泵和压缩机,应该尽可能设在室外,而且必须采用防震的配管和支撑方法进行安装。特别是输送可燃流体的泵,为了防止起火时,人无法接近,可燃流体仍继续流入泵内,应该安装远程控制开关和配管截断阀。

加热器和加热炉,切莫设置在散发可燃气体的危险区域。需要特别注意点火装置、控制装置、压力安全装置以及燃烧室内的通风。就配管系统而言,要考虑到装置发生火灾的情况,在适当的地点安装紧急切断阀。另外,必须安装止逆阀,防止倒流。

自动化、仪表化是化工装置安全运行的重要因素。所有的仪表都应该是可靠的,且具有良好的耐腐蚀性和耐候性。仪表安装时应考虑到易于检查和维修。

2. 装置布局安全

化工装置的布局和排列,对于绝大多数操作都应该是最有效的,而且安全问题也必须放在同等重要的地位。对于处理大量可燃液体的石油和化工企业,装置布局和设备间距应该注意以下几点:

(1)需要留有足够的空地以把工艺单元可能的火灾控制在最小范围;

(2)对于极为重要的单系列装置,要保留足够的空间,或用其他方法进行防护;

(3)危险性极大的区域应该与其他部分保持足够的安全距离;

(4)装置事故不能直接影响水、电、气等公用工程设施;

(5)因各种原因有可能使装置界区内浸水时,应该设置防水设备;

(6)应该特别注意公路、铁路在装置附近的情况;

(7)对于道路的设置,应该注意在发生事故时能较方便地接近装置;

（8）在装置的边界和出入口，应该安装监视设施。

生产设备会因火灾、爆炸遭受重大损失。其原因有以下几点：由起火的装置直接引起的火灾；因辐射热使相邻装置的可燃物起火；发生火灾的装置或区域的燃烧液体溢流或飞溅至其他装置或区域。火源的辐射热会引燃 300 m 远的可燃液体，发生爆炸时还可能影响到更远的距离。对于可以预想到的火灾、爆炸事故，要留有足够的安全距离，使火灾、爆炸危险不至于波及相邻的装置或区域。对于有些危险性高的工艺装置，应设置泄爆设施，还可以设置混凝土或钢板的防爆墙。

3．化工车间管道布置设计

1）化工车间管道布置设计的要求

（1）符合生产工艺流程的要求，并能满足生产要求；

（2）便于操作管理，并能保证安全生产；

（3）便于管道的安装和维护；

（4）要求整齐美观，并尽量节约材料和投资。

2）化工车间管道布置设计的原则

（1）从物料性质方面考虑，应遵循以下原则。①输送易燃、易爆、有毒及有腐蚀性的物料管道不得铺设在生活间、楼梯、走廊和门等处，这些管道上应设置安全阀、防爆膜、阻火器和水封等防火防爆装置，并应将放空管引至指定地点或高过屋面 2 m 以上。②有腐蚀性物料的管道，不得铺设在通道上空和并列管线的上方或内侧。③管道铺设时应有一定的坡度，坡度方向一般是沿物流的方向，坡度一般为 1/100 ~ 5/1 000。黏度小的液体物料管道可取 5/1 000 左右，含固体的物料管道可取 1/100 左右。④真空管线应尽量短，尽量减少弯头和阀门，以降低阻力，达到更高的真空度。

（2）从施工、操作及维修方面考虑，应遵循以下原则。①管道应尽量集中布置在公用管架上，平行走直线，少拐弯，少交叉，不妨碍门窗开启和设备、阀门及管件的安装维修，并列管道的阀门应尽量错开排列。②支管多的管道应布置在并行管线的外侧，引出支管时，气体管道应从上方引出，液体管道应从下方引出。③管道应尽量沿墙面铺设，或布置于固定在墙的管架上，管道与墙面之间的距离以能容纳管件、阀门及方便安装维修为原则。

（3）从安全生产方面考虑，应遵循以下原则。①架空管道与地面的距离除符合工艺要求外，还应便于操作和检修。管道跨越通道时，最低点离地：通过人行道时不小于 2 m；通过公路时不小于 4.5 m；通过铁路时不小于 6 m；通过厂区主要交通干线时不小于 5 m。②直接埋地或管沟中铺设的管道通过道路时应加套管等保护。③为了防止介质在管内流动产生静电聚集而发生危险，易燃、易爆介质的管道应采取接地措施，以保证安全生产。④长距离输送蒸汽或其他热物料的管道，应考虑热补偿问题，如在两个固定支架之间设置补偿器和滑动支架。

8.3　化工过程操作安全

8.3.1　物料加工和操作安全

应该建立原料、中间体、产物和副产物的完整的物化性质数据档案。根据《第 170 号国际公约》及 1997 年我国施行的《工作场所安全使用化学品规定》,属于危险化学品的物料,可向供应商或制造商索取该物料的《化学品安全技术说明书》。对各种物质的状态、闪点、沸点、熔点、爆炸极限、燃点等性质数据以及操作、储运、应急处置等,都应该有清晰的了解。对物质性质所伴生的危险和可能造成的损失或损害以及相应的处置对策应进行分析和说明,达到防患于未然的目的。

对于操作程序,可分为有化学反应的和无化学反应的两种类型。所谓"有化学反应的"是指在设备中进行聚合、缩合、热裂解、催化裂化、氧化、脱氢、加氢、烷基化等化学反应。而"无化学反应的"则是指混合、溶解、清洗、蒸馏、萃取、吸收、精制、分离、机械加工等不进行化学反应的单元操作。对可能发生的误操作以及一旦发生所造成的后果,应分门别类地进行分析和评价。特别是对可能造成重大损失或损害的操作要格外注意。

8.3.2 工艺操作参数的安全控制

尽量用机械化和自动化控制代替笨重的手工劳动,如以泵、压缩机、皮带、链斗等机械输送代替人工搬运;以破碎机、球磨机等机械设备代替人工破碎、球磨;以各种机械搅拌代替人工搅拌;以机械化包装代替手工包装等等。对于工艺参数控制,尽量使用自动化仪表控制,并设置安全操作参数极限值,出现超出极限值的情况可以通过自动连锁装置做相应调整或通过自动报警装置及时通知当班人员调整相关参数。

8.3.3 工艺过程突发情况的处理

对于不同工艺过程中可能出现的各种突发情况应该预先给予充分考虑并根据其后果严重程度设置相应的预警防护措施和急救措施。

8.3.4 非常规运行和有关作业的维护

除了设备正常运行以外,在开车、停车及维修等环节也存在安全问题。

1. 开车和停车

制定开车、停车操作步骤及安全预防措施并严格按照操作规程执行每一步骤。

2. 容器内作业

容器内破损的维修常需要人员进入容器,这要遵从以下原则。

(1)容器必须由操作人员彻底清洗。

(2)所有连接管线必须断开并进行必要的封堵。

(3)所有电力驱动设施(如搅拌器等)必须在断路开关处切断电源。

(4)采集容器内空气试样检验证明其中无易燃蒸气,在某些情况下还需要证明其中不含有毒性或不卫生物质。如果其中含有危险气体,则需要先用惰性气体置换;如果其中惰性气体浓度过高,则需要带必要的空气面罩和新鲜空气的供应,再进行容器内的操作。

(5)操作和维护检查需签发容器进入许可证,证明上述步骤已经圆满完成,并在容器边贴上标志。

(6)进入容器的工人和观察者必须系上安全带和绳索。

(7)在容器出口要有一个观察者,一直保持与容器内工人的联系。在容器内至少还要另有一个工人,在紧急情况下负责向观察者呼救。一个工人不得单独进入容器。

（8）当直梯不能应用时,可以应用木制或金属横档连起来的绳梯或链梯。但是,应该避免无撤退设施地进入容器。

（9）为防止一旦出现紧急情况无法迅速撤退,不允许工人通过挤缩进入容器。标准开口的直径为 0.56 m。

工人置于任何有限空间存在类似的问题,从其中紧急撤退可能会遇到阻碍,也要采取类似的防护措施。任何深度大于 1.5 m 的料槽、坑洞,在顶盖和塔上进行的任何工作,都存在工人吸收释放出的有毒烟雾的危险,需要采用特殊的控制程序。

3．紧急维护

由于维护意味着防止紧急维修,此处的紧急维护应该更恰当地称为紧急维修。完善的维护程序固然可以应对出现的一般情况,但是,某些特殊问题还是难以避免,需要附加的应对计划。比如,与氯气储罐连接的管接头断开,我们应该事先而不是事后才去维护。应该事先加工好专用的紧管套筒并处于备用状态,事故一旦发生立即投入使用。设想硫酸管道破裂,应该事先设计好关闭、清洗和维修活动,从容应对这类意外事故,减少其对人员和财产的危害。意外事故维护的关键是,事先决定好谁应该做什么、用什么去做,将其排成序列,一旦事故发生即可按部就班地执行和完成。

4．切割、焊接和其他动火作业

由于化学工业加工如此多的易燃或挥发性物料,为了防火防爆,火源控制成为头等重要的问题。因此,有必要建立减少由于热加工和动火作业引起的火险的特殊程序并严格遵守此程序。

8.4　化工过程维修安全

1．化工维护的必要性及预防维护

按照明确计划的时间表检验、维修和更换设备,可以防止许多事故。不仅可避免设备故障,对保护人身安全也有重要作用。

2．设备的维护

（1）设备试压,液压实验:水。

（2）化学污染设备的处理。

（3）设备作业维护。

3．公用设施安全

（1）电气设施。

（2）水和蒸汽设施。

（3）供氧空气和辅助气体设施。

（4）废料处理设施。

8.5　化学品储存和运输安全

化工厂生产过程中需要有原料和产品的储存和运输,这也是化工生产中的薄弱环节,应该遵循一定的章程。尤其是危险化学品的禁配与储运应遵循相应的规范：

（1）危险化学品运输安全技术；

（2）危险化学品贮存的基本要求；

（3）危险化学品分类储存的安全技术（GB 15603—1995）；

（4）危险化学品包装安全要求（Ⅰ类包装、Ⅱ类包装、Ⅲ类包装）。

8.5.1 燃烧性物质的储存和运输

1. 燃烧性物质的储存

燃烧性物质储存时应注意如下几点。

（1）阴凉通风,可降低温度和易燃物质的浓度,从而降低燃烧反应速率。

（2）远离火源,如切割、焊接。

（3）灭火设备,针对储存的物质制订相应的灭火设备。

（4）容器的强度和材质。过去常使用金属容器,其强度较好。但因为金属会与一些物质反应,所以有时可考虑用塑料,它是惰性材料,一般不与化学物质反应。但也有弊病,就是它本身也会燃烧。

2. 燃烧性物质的运输

燃烧性物质的运输要用专车（火车、汽车都可）,装卸要有专用地点。高压天然气、液化石油气、石油原油、汽油或其他燃料油一般采用管道输送,管径可达 1.2 m,操作压力高达 8.27 MPa。为了保证安全,管线上各种检测装置要齐全。一旦发生泄漏,可以立即采取措施,把损失降至最低限度。

8.5.2 爆炸性物质的储存和销毁

爆炸性物质的储存除了应遵循易燃性物质的储存规定外,还必须储存在专用仓库内。储存条件是既能保证爆炸物安全,又能保证爆炸物功能完好。注意起爆器材与炸药要分开储存;要留有足够空间,防止炸药堆放太密;储存温度、湿度、储存期等对爆炸物的性能有重要影响。

另外,爆炸性物质储存时间超出一定期限后需要集中销毁——焚烧销毁。由于焚烧时会存在爆炸危险,所以要选择不会危及人身和财产安全的焚烧地点,一次只能焚烧一种爆炸物。

8.6 化工安全事故的调查

鉴于在实验室进行燃烧和爆炸等破坏性实验危险性较大,所以可利用对化工事故的调查了解燃烧爆炸过程和事故起因,避免同类事故的发生。化工事故的调查程序和步骤如下。

1. 调查授权

从保护现场和保护调查者人身安全的角度考虑,应该是获得授权的专业人员到现场勘查。根据事故的严重程度,获得授权的事故调查组的组成也有所不同,具体可见表 8.2。

表 8.2 事故调查组的构成

事故类别	事故调查组的构成
轻伤事故	发生事故的厂(车间)
重伤(1~2 人)事故	发生事故的企业
重伤(≥3 人)事故	企业主管部门、安全管理部门、工会组织及有关部门组织、公安部门
死亡事故	市级安全管理部门、企业主管部门、公安部门、工会组织
重大死亡事故	省级安全管理部门、企业主管部门、公安部门、工会组织、监察部门
特大死亡事故	国务院

事故调查组成员的权力如下：
(1)调阅一切与事故有关的档案资料；
(2)向当事人及有关人员了解与事故有关的一切情况；
(3)事故现场处理必须经调查组许可；
(4)任何单位或个人不得干涉调查组工作。
事故调查组成员的职责如下：
(1)查明事故发生原因、过程和人员伤亡、经济损失情况；
(2)确定事故责任者；
(3)提出事故处理意见和防范措施的建议；
(4)写出事故调查报告。

2．事故初步了解
大概了解缘由和经过等,如事故的现场处理、物证搜集。

3．事故前实际情况调查
查阅工厂的设备、工程设计图纸等资料,因为设计缺陷也可能导致事故的发生。查阅工艺过程和值班记录,确定是否存在违规操作或误操作等现象。

4．损坏、损失的调查
对事故造成的损坏、损失情况进行调查。

5．证人、目击者询问
除现场人员提供的线索外,目睹事发的公众人物的证据也很有价值。尽管有时目击者的证据是矛盾的,仍然需要记录下来进行分析。

6．研究和分析
分析搜集的事实材料,认真考证证人口述材料的真实程度,进行现场摄影、事故图绘制等。

1)燃烧分析
目的是找到火源区域、着火持续时间、达到的最高温度(一般小于 1 000 ℃金属不会燃烧,也不会熔化,最多是烧得变形了,所以可据此判断燃烧状况)。

2)爆炸分析
容器的破坏或阀的开放;化学反应热或潜热的蓄积;点火源或高温物的形成;人为的失误操作。具体可分为以下情形。

（1）有着火源：着火破坏性爆炸（一般发生在容器内）；泄漏着火（发生在容器外）。

（2）无着火源：自燃着火型爆炸；反应失控型（如自由基聚合）；传热型蒸汽爆炸；平衡力破坏型（尤其在容器内常发生）。

爆炸发生后，现场变得一片狼藉，面目全非。对其分析是件困难的事情。首先，应该进行火源分析：应先确定着火范围，然后再一点点缩小范围，逼近火源。如果是气体燃烧，小火星就可点燃，但固体物质燃烧小火星是不够的，必然有持续的火源。

7. 提交调查报告

根据以上调查写出事故调查报告。报告内容包括如下信息：

（1）工厂地形图；

（2）厂房配置图；

（3）主要产品、产量；

（4）工序、工艺流程图；

（5）平时和事故当天的操作状况；

（6）当天的气象条件、状况；

（7）事故发生前状况、经过，事故概要；

（8）目击者提供的证言；

（9）当事者的服装、携带的工具；

（10）事故后的紧急处置和灾害情况；

（11）现场的照片和示意图；

（12）有关设备的设计图纸和配置；

（13）原材料、产品的危险特性和检测报告。

关于事故调查的详细报告应该在公共媒体进行报道，以警醒他人避免犯此类错误。美国在这方面做得很好，值得我们借鉴。美国政府成立了化工安全署进行化工事故的调查和报道，并建立了一个网站（www.csb.gov）报道化工事故的详细调查结果，使得他人可以从中了解事故的原因、经过和一些必要的防范措施。

主要参考文献及资料

［1］ 冯肇瑞,杨有启. 化工安全技术手册［M］. 北京：化学工业出版社,1993.

［2］ 崔克清. 安全工程燃烧爆炸理论与技术［M］. 北京：中国计量出版社,2008.

［3］ 蒋军成. 化工安全［M］. 北京：中国劳动社会保障出版社,2008.

［4］ 王德堂,周福富. 化工安全设计概论［M］. 北京：化学工业出版社,2008.

第9章   实验室生物安全

SARS 和高致病性禽流感的爆发与流行,使各国政府和国际社会对生物安全问题有了更多的认识和关注。尤其是新加坡和中国台湾、北京等地相继发生实验室感染事件后,实验室生物安全已经由以前的安全隐患演变成可怕的现实危害。实验室生物安全涉及的绝不仅是某个实验室的安全和其工作人员的个人健康,一旦发生事故,极有可能给人类社会、动物、植物乃至整个自然界带来不可预计的危害和影响。因此,实验室生物安全问题亟须解决且事关重大。

9.1   实验室生物安全基础知识

9.1.1   生物安全的定义

生物安全是指对自然生物和人工生物及其产品对人类健康和生态环境可能产生的潜在风险的防范和现实危害的控制。目的是保证试验研究的科学性还要保护被实验因子免受污染。涉及的内容主要有重大传染病、实验室生物安全、流行病及公共健康管理、转基因生物和有害外来物种入侵、生物技术安全、农林畜牧业及食品安全、危险病原体及生化毒素的管理、生物恐怖、生物武器管制与生物战的预防等领域。

9.1.2   生物安全实验室的分类

生物安全实验室,也称生物安全防护实验室,是通过防护屏障和管理措施,能够避免或控制被操作的有害生物因子危害,达到生物安全要求的生物实验室和动物实验室。

生物安全实验室应由主实验室、其他实验室和辅助用房组成。

依据实验室所处理对象的生物危险程度,把生物安全实验室分为四级,其中一级对生物安全隔离的要求最低,四级最高。生物安全实验室的分级见表9.1。

表9.1   生物安全实验室的分级

实验室分级	处理对象
一级	对人体、动植物或环境危害较低,不具有对健康成人、动植物致病的致病因子
二级	对人体、动植物或环境具有中等危害或具有潜在危险的致病因子,对健康成人、动物和环境不会造成严重危害。具备有效的预防和治疗措施
三级	对人体、动植物或环境具有高度危险性,主要通过气溶胶使人传染上严重的甚至是致命的疾病,或对动植物和环境具有高度危害的致病因子。通常有预防治疗措施
四级	对人体、动植物或环境具有高度危险性,通过气溶胶途径传播或传播途径不明,或未知的、危险的致病因子。没有预防治疗措施

9.1.3   生物因子

生物因子(剂),具有一定生物活性的制剂都可称为生物因子,主要包括能够进行基因修饰、细胞培养和生物体内寄生的,可能致人、动物感染、过敏或中毒的一切微生物和其他相关的生物活性物质。

9.1.4 病原体

病原体,是能致病的生物因子,包括能够引发人和动物、植物传染病的生物因子,主要指致病微生物。

9.1.5 病原微生物的危险度等级分类

世界卫生组织(WHO)《实验室生物安全手册》(第三版)根据病原微生物的传染性、感染后对个体或者群体的危害程度,将病原微生物分为四类。

(1)危险度Ⅰ级(无或极低的个体和群体危险):不太可能引起人或动物致病的微生物。

(2)危险度Ⅱ级(个体危险中等,群体危险低):病原体能够对人或动物致病,但对实验室工作人员、社区、牲畜或环境不易导致严重危害;实验室暴露也许会引起严重感染,但对感染具备有效的预防和治疗措施,并且疾病传播的危险有限。

(3)危险度Ⅲ级(个体危险高,群体危险低):病原体通常能引起人或动物的严重疾病,但一般不会发生感染个体向其他个体的传播,并且对感染具备有效的预防和治疗措施。

(4)危险度Ⅳ级(个体和群体的危险均高):病原体通常能引起人或动物的严重疾病,并且很容易发生个体之间的直接或间接传播,对感染一般没有有效的预防和治疗措施。

9.1.6 生物威胁、生物危害和生物危险

生物威胁,是指生物因子形成的使人忧虑的、可能发生的严重危害。

生物危害,是由生物因子形成的伤害。

生物危险,是生物因子将要或可能形成的危害,是伤害概率和严重性的综合,或称风险。研究病原微生物是有一定风险的,生物安全实验室能够降低这种风险。

9.1.7 生物气溶胶

生物气溶胶如图 9.1 所示,是指悬浮于气体介质中粒径一般为 $0.001 \sim 100\ \mu m$ 的固态或液态微小粒子形成的相对稳定的分散体系。气体介质称连续相,通常是空气;微粒或粒子称分散相,是多种多样的,成分很复杂,也是气溶胶学研究的主要对象。分散相内含有微生物的气溶胶称为生物气溶胶,含有生物战剂的气溶胶习惯上叫作生物战剂气溶胶。可产生各种严重程度微生物气溶胶的实验室操作见表 9.2。

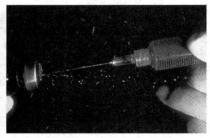

图9.1 常见气溶胶

表 9.2　可产生各种严重程度微生物气溶胶的实验室操作

轻度（<10 个颗粒）	中度（11～100 个颗粒）	重度（>100 个颗粒）
玻片凝集试验	腹腔接种动物,局部不涂消毒剂	离心时离心管破裂
倾倒毒液	实验动物尸体解剖	打碎干燥菌种安瓿
火馅上灼热接种环	用乳钵研磨动物组织	打开干燥菌种安瓿
颅内接种	离心沉淀前后注入、倾倒、混悬毒液	搅拌后立即打开搅拌器盖
接种鸡胚或抽取培养液	毒液滴落在不同表面上	小白鼠鼻内接种
	用注射器从安瓿瓶中抽取毒液	注射器针尖脱落喷出毒液
	接种环接种平皿、试管或三角烧瓶等	刷衣服、拍打衣服
	打开培养容器的螺旋瓶盖	
	摔碎带有培养物的平皿	

9.1.8　消毒

消毒,是减少除细菌芽孢外的微生物的数量,使其达到无害的程度,不一定杀灭或清除全部的微生物。

9.1.9　灭菌

灭菌,是有效地使目的物没有微生物的措施和过程,即杀灭所有的微生物。在 BSL－3 和 BSL－4 实验室中,灭菌要使用不外排的高压蒸汽灭菌器,一般的细菌繁殖体和病毒 121 ℃ 20 min 即可灭菌,对细菌芽孢需要 30 min 以上;对朊病毒(prion)要 134 ℃ 20 min 以上才能灭菌。

9.1.10　生物危害警告标志

国际通用的生物危害警告标志如图 9.2 所示,为最醒目的橘红色,其三边可以任意缠绕粘贴在装有生物危害材料的盒子上,并在不同部位可见,且容易在物品上打上印迹,并且经测验该标志易于识别和记忆。该标志粘贴在实验室入口处,其下部应标注该实验室的生物安全等级和责任人姓名与联系电话。

9.2　生物安全实验室的分级及其相关规定

9.2.1　基础实验室——一级和二级生物安全水平(BSL－1,BSL－2)

1.一级生物安全水平实验室

1)进入规定

(1)应在实验室门口张贴生物危害标志(图 9.2),标明所使用的传染性病原体、实验室负责人的姓名和联系电话,并标明进入实验室的具体要求。

(2)只有经批准的人员方可进入实验室工作区域。

图 9.2　生物危害警告标志

（3）实验室的门应保持关闭。

（4）儿童不应被批准或允许进入实验室工作区域。

（5）进入动物房应当经过特别批准。

（6）与实验室工作无关的动物不得带入实验室。

2）人员防护

（1）在实验室工作时,任何时候都必须穿着连体衣、隔离服或工作服。

（2）在进行可能直接或意外接触到血液、体液以及其他具有潜在感染性的材料或感染性动物的操作时,应戴上合适的手套。手套用完后,应先消毒再摘除,随后必须洗手。

（3）在处理完感染性实验材料和动物后以及在离开实验室工作区域前,都必须洗手。

（4）为了防止眼睛或面部受到泼溅物、碰撞物或人工紫外线辐射的伤害,必须戴安全眼镜、面罩（面具）或其他防护设备。

（5）严禁穿着实验室防护服离开实验室（如去餐厅、咖啡厅、办公室、图书馆、员工休息室和卫生间）。

（6）不得在实验室内穿露脚趾的鞋子。

（7）禁止在实验室工作区域进食、饮水、吸烟、化妆和处理隐形眼镜。

（8）禁止在实验室工作区域储存食品和饮料。

（9）在实验室内用过的防护服不得和日常服装放在同一柜子内。

3）操作规范

（1）严禁用口吸移液管。

（2）严禁将实验材料置于口内,严禁舔标签。

（3）所有的技术操作要按尽量减少气溶胶和微小液滴形成的方式来进行。

（4）应限制使用皮下注射针头和注射器。除了进行肠道外注射或抽取实验动物体液,皮下注射针头和注射器不能用于替代移液管或用作其他用途。

（5）出现溢出事故以及明显或可能暴露于感染性物质时,必须向实验室主管报告。实验室应保存这些事件或事故的书面报告。

（6）必须制订关于如何处理溢出物的书面操作程序,并予以遵守执行。

（7）污染的液体在排放到生活污水管道以前必须清除污染（采用化学或物理学方法）。

根据所处理的微生物因子的危险度评估结果,判断是否需要准备污水处理系统。

(8)需要带出实验室的手写文件必须保证在实验室内没有受到污染。

4)实验室工作区

(1)实验室应保持清洁整齐,严禁摆放和实验无关的物品。

(2)发生具有潜在危害性的材料溢出以及在每天工作结束之后,都必须清除工作台面的污染。

(3)所有受到污染的材料、标本和培养物在废弃或清洁再利用之前,必须清除污染。

(4)在进行包装和运输时必须遵循国家和/或国际的相关规定。

(5)如果窗户可以打开,则应安装防止节肢动物进入的纱窗。

5)基本生物安全设备

(1)移液辅助器——避免用口吸的方式移液。有不同设计的多种产品可供使用。

(2)生物安全柜,在以下情况使用:①处理感染性物质时,如果使用密封的安全离心杯,并在生物安全柜内装样、取样,则这类材料可在开放实验室离心;②空气传播感染的危险增大时;③进行极有可能产生气溶胶的操作时(包括离心、研磨、混匀、剧烈摇动、超声破碎、打开内部压力和周围环境压力不同的盛放有感染性物质的容器、动物鼻腔接种以及从动物或卵胚采集感染性组织)。

(3)一次性塑料接种环,也可在生物安全柜内使用电加热接种环,以减少生成气溶胶。

(4)螺口盖试管及瓶子。

(5)用于清除感染性材料污染的高压灭菌器或其他适当工具。

(6)一次性巴斯德塑料移液管,尽量避免使用玻璃制品。

(7)在投入使用前,如高压灭菌器和生物安全柜等设备必须用正确方法进行验收,应参照生产商的说明书定期检测。

6)健康和医学监测

主管部门有责任通过相关负责人来确保实验室全体工作人员接受适当的健康监测。监测的目的是监控职业获得性疾病。

7)在一级生物安全水平操作微生物的实验室工作人员的监测指南

历史证据表明,在一级生物安全水平操作的微生物不太可能引起人类疾病或兽医学意义的动物疾病。但理想的做法是,所有实验室工作人员应进行上岗前的体检,并记录其病史。疾病和实验室意外事故应迅速报告,所有工作人员都应意识到应用规范的实验室操作技术的重要性。

8)培训

人为的失误和不规范的操作会极大地影响所采取的安全措施对实验室人员的防护效果。因此,熟悉如何识别与控制实验室危害的、有安全意识的工作人员,是预防实验室感染、差错和事故的关键。基于这一原因,不断地进行安全措施方面的在职培训是非常必要的。

9)废弃物处理

具体介绍请参见本书第 11 章相关内容。

一级生物安全水平实验室的结构示意如图 9.3 所示。

2.二级生物安全水平实验室

二级生物安全水平实验室除了上面提到的与一级生物安全水平实验室共同的特点之

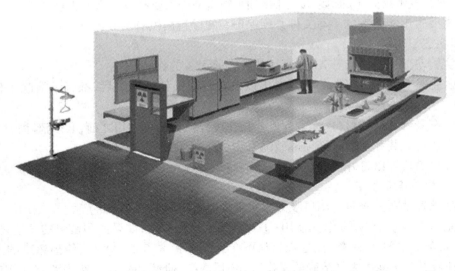

图 9.3　典型的一级生物安全水平实验室结构示意
注:图片引自 WHO《实验室生物安全手册》第三版

外,还有以下一些不同。

(1)在处理危险度Ⅱ级或更高危险度级别的微生物时,在实验室门上应标有国际通用的生物危害警告标志(图 9.2)。标明所从事的生物因子、负责人、紧急联系电话。

(2)实验室的门应带锁并可自动关闭。实验室的门应有可视窗。

(3)应在实验室内配备生物安全柜。

(4)潜在被污染的废弃物同普通废弃物分开处理。

(5)至少应在实验室所在的建筑内配备高压蒸汽灭菌器或其他适当的消毒设备。

(6)在二级生物安全水平操作微生物的实验室工作人员的监测指南如下。

①必须有录用前或上岗前的体检。记录个人病史,并进行一次有目的的职业健康评估。

②实验室管理人员要保存工作人员的疾病和缺勤记录。

③育龄期妇女应知道某些微生物(如风疹病毒)的职业暴露对未出生孩子的危害。保护胎儿的正确措施因妇女可能接触的微生物而异。

二级生物安全水平实验室的结构示意如图 9.4 所示。

9.2.2　防护实验室——三级生物安全水平(BSL-3)

三级生物安全水平的防护实验室是为处理危险度Ⅲ级微生物和大容量或高浓度的、具有高度气溶胶扩散危险的危险度Ⅱ级微生物的工作而设计的。三级生物安全水平需要比一级和二级生物安全水平的基础实验室更严格的操作和安全程序。

三级生物安全水平的防护实验室首先必须应用基础实验室的指标,此外还有一些增添的部分。

(1)张贴在实验室入口门上的国际生物危害警告标志(图 9.2)应注明生物安全级别以及管理实验室出入的负责人姓名,并说明进入该区域的所有特殊条件,如免疫接种状况。

(2)实验室由清洁区、半污染区和污染区组成,各区之间应设缓冲间。

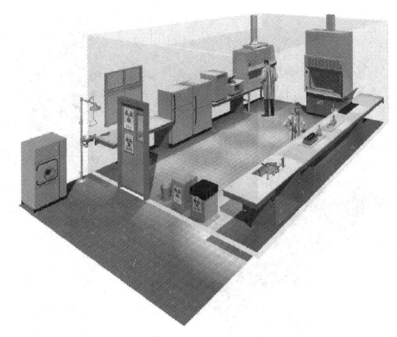

图 9.4　典型的二级生物安全水平实验室结构示意

注:图片引自 WHO《实验室生物安全手册》第三版

（3）实行严格的双人工作制度,任何情况下,严禁单独在实验室里工作。

（4）实验室防护服必须是正面不开口的或反背式的隔离衣、清洁服、连体服、带帽的隔离衣,必要时穿着鞋套或专用鞋。前系扣式的标准实验服不适用,因为不能完全罩住前臂。实验室防护服不能在实验室外穿着,且必须在清除污染后再清洗。当操作某些微生物因子时(如动物感染性因子),可以允许脱下日常服装换上专用的实验服。

（5）开启各种有潜在感染性物质的操作均须在生物安全柜或其他基本防护设施中进行。

（6）有些实验室操作,或在进行感染了某些病原体的动物操作时,必须配备呼吸防护装备。

（7）Ⅰ级或Ⅱ级生物安全柜是三级生物安全水平的屏障实验室中常用的安全柜,而在涉及各国所规定的危险度Ⅲ级微生物的高危险操作时,可能需要Ⅲ级生物安全柜。

（8）对在三级生物安全水平的防护实验室内工作的所有人员,要强制进行医学检查。内容包括一份详细的病史记录和针对具体职业的体检报告。临床检查合格后,给受检者配发一个医疗联系卡,说明他或她受雇于三级生物安全水平的防护实验室。

三级生物安全水平实验室结构示意如图 9.5 所示。

9.2.3　最高防护实验室——四级生物安全水平(BSL – 4)

四级生物安全水平的最高防护实验室是为进行与危险度Ⅳ级微生物相关的工作而设计的。这种实验室在建设和投入使用前,应充分咨询有运作类似设施经验的机构。四级生物安全水平的最高防护实验室的运作应在国家或其他有关的卫生主管机构的管理下进行。有

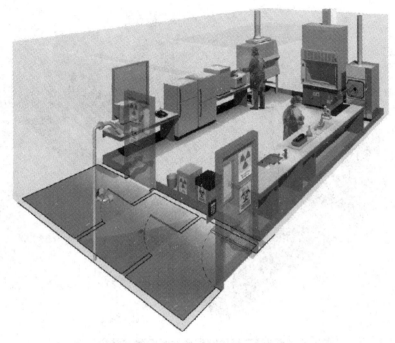

图 9.5　典型的三级生物安全水平实验室结构示意

注:图片引自 WHO《实验室生物安全手册》第三版

关四级生物安全水平实验室开展的实质性工作,应与 WHO 的生物安全规划处联系相关资料。

四级生物安全水平的最高防护实验室在应用三级生物安全水平实验室指标的基础上还有一些增添的部分。

(1)四级生物安全水平的最高防护实验室必须位于独立的建筑内,也可以在一个安全可靠的建筑中明确划分出来的区域内。

(2)工作人员进入实验室之前和离开实验室时,必须更换全部衣服和鞋子。

(3)必须配备由Ⅲ级生物安全柜型实验室和/或防护服型实验室组合而成的、有效的基本防护系统。

(4)设施内应保持负压。供风和排风均需经 HEPA 过滤。

(5)污水需经净化消毒处理,排出前需将 pH 值调至中性。个人淋浴室和卫生间的污水可以不经任何处理直接排到下水道中。

(6)实验室的核心工作区必须配备专用的双扉传递型高压灭菌器。

(7)必须有供样品、实验用品和动物进入的气锁室。

9.3　生物安全实验室管理与防护

9.3.1　生物安全管理制度体系

实验室的生物安全管理不仅要有缜密的管理组织体系,同时还应建立健全管理制度。

管理制度一般通过规章制度、管理规范、程序文件、标准操作程序(SOP)和记录等文件形式体现。

1. 规章制度

涉及生物安全的规章制度应包括但并不限于如下制度。

1)人员培训制度

所有实验室相关人员在上岗前都必须经过相应的培训。培训要有计划性和可持续性,并有完整的培训记录。应对被培训者和培训者进行考核和评估。经考核合格者方有上岗资格。

2)实验室准入制度

只有告知潜在风险并符合进入实验室条件特殊要求(如经过免疫接种)的人,才能进入实验室。在开展涉及有关病原微生物的工作时,实验室负责人应禁止或限制人员进入实验室。一般情况下,易感人员或感染后会出现严重后果的人员,不允许进入实验室或动物房,例如,患有免疫缺陷或免疫抑制的人,其被感染的危险性较大。实验室负责人对每种情况的估计和决定进入实验室或动物房工作的人员,负有最终责任。

3)安全计划审核制度

每年应由实验室负责人对安全计划至少审核和检查一次,包括但不限于下列要素:

(1)安全和健康规定;

(2)书面的工作程序,包括安全工作行为;

(3)教育及培训;

(4)对工作人员的监督;

(5)常规检查;

(6)危险材料和物质;

(7)健康监护;

(8)急救服务及设备;

(9)事故及病情调查;

(10)健康和安全审查;

(11)记录及统计;

(12)确保落实审核中提出需要采取的全部措施的计划。

4)安全检查制度

实验室负责人有责任确保安全检查的执行。每年应对工作场所至少检查一次,以保证:

(1)应急装备、警报体系和撤离程序功能及状态正常;

(2)用于危险物质泄漏控制的程序和物品状态,包括紧急淋浴;

(3)对可燃易燃性、可传染性、放射性和有毒物质的存放进行适当的防护和控制;

(4)污染和废物处理程序的状态;

(5)实验室设施、设备和人员的状态。

5)事件、伤害、事故和职业性疾病报告制度

实验室应有实验室事件、伤害、事故、职业性疾病以及潜在危险的报告程序。所有事件(包括伤害)报告应形成文件。报告应包括事件的详细描述、原因评估、预防类似事件发生的建议以及为实施建议所采取的措施。事件报告(包括补救措施)应经高层管理者、安全委

员会或实验室安全负责人评审。

6）危险标识制度

应系统而清晰地标识出危险区，且适用于相关的危险。在某些情况下，宜同时使用标记和物质屏障标识出危险区。应清楚地标识在实验室或实验室设备上使用的具体危险材料。通向工作区的所有进出口都应标明其中存在的危险。尤其应注意火险以及易燃、有毒、放射性、有害和生物危险材料。实验室负责人应负责定期评审和更新危险标识系统，以确保其适用现有的危险。该活动每年应至少进行一次。应对相关非实验室员工（如维护人员、合同方、分包方）进行培训，确保其知道可能遇到的任何危险并掌握有关紧急程序。应标识和评审对孕妇健康和易感人员的潜在危险。应进行危害评估并记录。

7）记录制度

对实验室所发生的任何涉及安全的事件和活动应进行及时的记录。

（1）对职业性疾病、伤害、不利事件或事故以及所采取的相应行动应建立报告和记录制度，同时应尊重个人隐私。

（2）危害评估记录：应有正式的危害评估体系。可利用安全检查表对危害评估过程记录及文件化。安全审核记录和事件趋势分析记录有助于制定和采取补救措施。

（3）危险废物处理和处置记录：危险废物处理和处置记录是安全计划的一个组成部分。危险废物处理和处置、危害评估、安全调查记录和所采取的相应行动记录应按有关规定的期限保存并可查阅。

2. 管理规范

管理规范应包括但不限于如下内容。

1）实验室安全手册

要求所有员工阅读的安全手册应在工作区随时可用。手册应针对实验室的需要，主要包括但不限于以下几方面：① 生物危险；② 消防；③ 电气安全；④ 化学品安全；⑤ 辐射；⑥ 废物处理和处置。

安全手册应对从工作区撤离和事件处理规程有详细说明。实验室负责人应至少每年对安全手册进行评审和更新。

实验室中其他有用的信息来源还包括（但不限于）实验室涉及的所有材料的安全数据单、教科书和权威性期刊刊出的文章等参考资料。

2）食品、饮料及类似物品

食品、饮料及类似物品只应在指定的区域中准备和食用。食品和饮料只应存放于非实验室区域内指定的专用处。冰箱应适当标记以明确其规定用途。实验室内禁止吸烟。

3）化妆品、头发和珠宝

禁止在工作区内使用化妆品和处理隐形眼镜。长发应束在脑后。在工作区内不应佩戴戒指、耳环、腕表、手镯、项链和其他珠宝。

4）免疫

如有条件，所有实验室工作人员应接受免疫以预防其可能被所接触的生物因子感染。并应按有关规定保存免疫记录。

5）个人物品

个人物品、服装和化妆品不应放在有规定禁放的和可能发生污染的区域。

6）内务行为

（1）由实验室安全负责人监督保持良好的内务行为。工作区应时刻保持整洁有序。禁止在工作场所存放可能导致阻碍和绊倒危险的大量一次性材料。

（2）所有用于处理污染性材料的设备和工作台表面在每次工作结束、有任何漏出或发生了其他污染时应使用适当的试剂进行清洁和消毒。

（3）对漏出的样本、化学品、放射性核素或培养物应在风险评估后清除并对涉及区域去污染。清除时应使用经核准的安全预防措施、安全方法和个人防护装备。

（4）内务行为改变时应报告实验室负责人以确保避免发生无意识的风险或危险。实验室行为、工作习惯或材料改变可能对内务和/或维护人员有潜在危险时，应报告实验室负责人，并书面告知内务和维护人员的管理者。

（5）应制定在发生事故或漏出导致生物、化学或放射性污染时，设备保养或修理之前对每件设备去污染、净化和消毒的专用规程。

7）洗手

（1）实验室工作人员在实际或可能接触了血液、体液或其他污染材料后，即使戴有手套也应立即洗手。

（2）摘除手套后、使用卫生间前后、离开实验室前、进食或吸烟前应例行洗手。

（3）实验室应为过敏或对某些消毒防腐剂中的特殊化合物有其他反应的工作人员提供洗手用的替代品。

（4）洗手池不得用于其他目的。在限制使用洗手池的地点，使用基于乙醇的"无水"手部清洁产品是可接受的替代方式。

洗手六步法为：第一步，双手手心相互搓洗（双手合十搓5下）；第二步，双手交叉搓洗手指缝（手心对手背，双手交叉相叠，左右手交换各搓洗5下）；第三步，手心对手心搓洗手指缝（手心相对十指交错，搓洗5下）；第四步，指尖搓洗手心，左右手相同（指尖放于手心相互搓洗）；第五步，一只手握住另一只手的拇指搓洗，左右手相同；第六步，指尖摩擦掌心或一只手握住另一只手的手腕转动搓洗，左右手相同。

8）接触生物源性材料的安全工作行为

（1）处理、检验和处置生物源性材料的规定和程序应利用良好微生物行为标准。

（2）工作行为应可降低污染的风险。执行污染区内的工作行为应可预防个人暴露。

（3）样本的处理应遵循正确的规范，应规定标本有损坏或泄漏的处理程序。禁止口吸移液。

（4）应培训实验室工作人员安全操作尖利器具及装置。

（5）安全工作行为应尽可能减少使用利器和尽量使用替代品。禁止用手对任何利器剪、弯、折断、重新戴套或从注射器上移去针头。

（6）包括针头、玻璃、一次性手术刀在内的利器应在使用后立即放入耐扎容器中。尖利物容器应在内容物达到三分之二前置换。

（7）所有样本、培养物和废物应被假定含有传染性生物因子，应以安全方式处理和处置。

（8）所有有潜在传染性或毒性的质量控制和参考物质在存放、处理和使用时应按未知风险的样本对待。

（9）操作样本、血清或培养物的全过程应穿戴适当的且符合风险级别的个人防护装备。操作实验动物应穿戴耐抓咬、防水个人防护服和手套；应戴适当的面部、眼部防护装置，必要时，增加呼吸防护；应在生物安全柜内操作。

（10）摘除手套后一定要彻底洗手。

（11）生物安全柜内最好不用明火，而采用电子灼烧灭菌装置对微生物接种环灭菌。

9）减少接触有害气溶胶行为

（1）实验室工作行为的设计和执行应能减少人员接触化学或生物源性有害气溶胶。

（2）样本只应在有盖安全罩内离心。所有进行涡流搅拌的样本应置于有盖容器内。

（3）在能产生气溶胶的大型分析设备上应使用局部通风防护，在操作小型仪器时使用定制的排气罩。

（4）在可能出现有害气体和生物源性气溶胶的地方应采取局部排风措施。

（5）饲养、操作动物应在适当的动物源性气溶胶防护设备中进行，工作人员应同时使用适当的个人防护设备。

（6）有害气溶胶不得直接排放。

10）紫外线和激光光源（包括高强度光源的光线）

在使用紫外线和激光光源的场所，应提供适用且充分的个人防护装备，应有适当的标识公示。应为安全使用设备提供培训。这些光源只能用于其设计目的。

11）紧急撤离

应制定紧急撤离的行动计划。该计划应考虑到包括生物性在内的各种紧急情况。应包括采取使留下的建筑物处于尽可能安全状态的措施。

所有人员都应了解行动计划、撤离路线和紧急撤离的集合地点。所有人员每年应至少参加一次演习。实验室负责人应确保有用于急救和紧急程序的设备在实验室内可供使用。

12）样本运送

（1）所有样本应以防止污染工作人员或环境的方式运送到实验室。

（2）样本应置于被承认的、本质安全、防漏的容器中运输。

（3）样本在机构所属建筑物内运送应遵守该机构的安全运输规定。样本运送到机构外部应遵守现行的有关运输可传染性和其他生物源性材料的法规。

（4）样本、培养物和其他生物材料在实验室间或其他机构间的运送方式应符合相应的安全规定。应遵守国际和国家关于道路、铁路和水路运输危险材料的有关要求。

（5）按国家或国际标准认为是危险货物的材料拟通过国内或国际空运时，应包装、标记和提供资料，并符合现行国家或国际相关的要求。

9.3.2 实验室人员管理

"硬件、软件和操作者"是构成实验室生物安全的三要素，而其中人是核心要素。如果管理者和使用者的安全意识淡漠、操作不规范，多高级的设施也发挥不了作用，再好的制度也得不到落实。因此，有计划地开展人员培训以提高实验室相关人员的素质显得尤为重要。实验室或者实验室的设立单位应当每年定期对工作人员进行培训，保证其掌握实验室技术规范、操作规程、生物安全防护知识和实际操作技能，并进行考核。工作人员经考核合格方可上岗。从事高致病性病原微生物相关实验活动的实验室，应当每半年将培训、考核其工作人员的情况和实验室运行情况向相应级别的卫生主管部门或者兽医主管部门报告。

在实验室生物安全的三要素中人又是最宝贵的要素,必须保证操作者的身体健康和生命安全,同时也要防止因操作的意外感染而导致的传染病传播。因此,必须对病原微生物实验室相关人员进行健康监测。每年组织对其进行体检,并建立健康档案。必要时,应当对实验室工作人员进行预防接种。

9.3.3　感染性物质的管理

感染性物质是已知或可能含有传染性致病原的物质,主要包括各种菌(毒)种、寄生虫和样本等。在工作过程中,由于各种感染性物质处于不同的状态,实验室工作人员应根据情况对其进行相应的管理,避免差错,保证工作质量和实验室生物安全。

对感染性物质的严格管理是保证实验室生物安全的重要内容之一,只有规范严格的管理制度以及对该制度的执行情况进行有效的监督,才能防止在传染病防治、科研、教学以及生物制品生产过程中造成感染性物质的扩散或遗失。规范的管理可确保研究及保管人员的安全,避免发生实验室感染或引起传染病的传播,从而确保人民群众的身体健康和生命安全。

因此从感染性物质的采集、包装和运输、接收、领取、保存、使用与管理以及销毁程序的全过程中都要严格遵守相关的规定,确保万无一失。

9.3.4　记录和资料的管理

对于实验活动实施和管理的全过程应做详细的记录,并制订规范化的记录表格。所有的记录均应存档,对于记录和档案资料的建立、管理应制订专门的程序。

1. 实验记录

实验记录是对实验过程真实、详细的描述。实验记录主要有书面记录和计算机记录两种形式,主要包括在实验过程中的文字叙述、表格、统计数据、录音和各种图像等内容。

1)实验记录应包括的内容

实验记录应包括以下内容:实验目的、人员、时间、材料、方法、结果和分析等。在科研工作中,通常采用文献提供或自主研制的方法进行实验工作,因此,对于各种方法的使用有较为广泛的选择性;而在紧急疫情和突发公共卫生事件处理过程中,根据疫情的需要,主要使用国家或行业的标准方法对疾病进行诊断,以便及时获得可靠的结果。但应注意,凡是涉及感染性物质的实验方法均应经过单位批准并形成 SOP。对于各种实验结果则主要依靠统计数据、表格和图像的形式来记录。

2)实验记录的整理和保存

实验室书面记录以表格的形式为主,应根据实验工作的性质,保存于相应的实验室内,留底供查询。

输入计算机的实验记录应每日整理,将文字和影像资料(影像照片、数据、表格等)录入计算机储存。实验记录应每月备份一次,检查内容无误后,形成单独的文件刻录成光盘。光盘文件不允许修改或删除,日后如发现错误,重新刻入修正文件,说明修改原因和修改责任人,并保留原始的记录。刻入光盘的实验记录编号入档,长期保存。

实验室负责人应定期检查实验室的工作记录。

2. 实验室资料和档案

实验室档案是从事各种实验室活动时,直接产生的有保存价值的各种文字、图表、图像和声像等不同形式的真实记录。可以分为两部分,基本档案与参考文件。对实验室内保存的所有感染性物质,都应建立档案管理制度。

1）实验室资料的分类整理

基本档案为文字文件,包括原始记录及进入实验室后的所有鉴定记录,以数字和简单的文字描述反映。参考文件包括无法收入基本档案的详细实验记录,例如:图像以及样品鉴定的实验报告和文献等。为了便于管理和查询,所有档案均应制作索引,实验室资料的保存将各种实验记录和资料进行系统整理,采用项目分类保管的方式。文字资料分阶段或题目进行装订,并附上所有相关表格和图像等。

计算机资料需要定期备份,存入光盘,编号保存。

对于档案保存方式和期限应有明确规定。

2）实验室资料的档案管理

实验室资料应按照档案管理的要求进行,主要包括任务来源、目的、内容、方法、结果、附件（各种记录）等。根据工作需要,定期将档案中有关内容打印成表格,分类归档,专人负责,长期保存。查、借阅、查询实验记录要经过批准并履行登记,注意保密,爱护实验记录,妥善保管,不准转借、损毁、污染、涂改等。

9.4　生物安全实验室的个人防护

实验室工作人员需配备必要的个人防护用品。在生物实验中因为要接触不同的试剂、细菌、质粒、病毒甚至辐射源等对人体有害的因素,所以生物安全防护的工作很重要,一是体现在防护意识上,二是体现在防护措施上,三是体现在事故处理方面。防护意识包括防护意识差或是过度防护造成心理恐惧两个方面。防护措施主要包括口罩、连体衣、袖套和防护目镜等个人防护装备的使用。应急事故处理主要包括应急处理程序和应急处理设备。

9.4.1　个人防护装备的总体要求

个人防护装备是指用来防止人员受到物理、化学和生物等有害因子伤害的器材和用品。使用个人防护装备是为了减少操作人员暴露于气溶胶、喷溅物以及意外接种等危险环境而设立的一个物理屏障,防止工作人员受到工作场所中物理、化学和生物等有害因子的伤害。在危害评估的基础上,实验室工作人员需结合工作的具体性质,按照不同级别的防护要求选择适当的个人防护装备。

1. 选择合格产品

实验人员选择的任何个人防护装备应符合国家有关标准。同时,实验人员还应接受关于个人防护装备的选择、使用和维护等方面的指导和培训。对个人防护装备的选择使用和维护应有明确的书面规定、程序和使用指导,形成标准化体系。

2. 使用前验证

个人防护装备使用前应仔细检查,不使用标志不清、破损或泄漏的个人防护用品,保证个人防护的可靠性。

3. 个人防护装备的净化和消毒

为了防止个人防护装备被污染而携带生物因子,所有在致病微生物实验室使用过的个人防护装备均应被视为已被"污染"。应进行净化和消毒后再作处理。实验室应制定严格的个人防护装备去污染的标准操作程序并遵照执行。同时,所有个人防护装备不得带离实验室。

4. 个人防护的易操作性和舒适性

个人防护要适宜、科学。在危害评估的基础上,按不同级别的防护要求选择适当的个人防护装备。在确保防护水平高于保护工作人员免受伤害所需要的最低防护水平的同时,也要避免个人防护过度,造成操作不便甚至有害健康。建议个人防护分为三级,一级防护用于 BSL-1 和 BSL-2,二级防护用于 BSL-3,三级防护用于 BSL-4。

9.4.2　生物实验室个人防护装备

在实验室工作中,个人防护所涉及的防护部位主要包括眼睛、头面部、躯体、手足、耳(听力)以及呼吸道,其防护装备包括眼镜(安全镜、护目镜)、口罩、面罩、防毒面具、防护帽、手套、防护服(实验服、隔离衣、连体衣、围裙)、鞋套以及听力保护器等。表9.3 汇总了在实验室中使用的一些个人防护装备及其所能提供的保护。

表9.3　个人防护装备

装备	避免的危害	安全性特征
实验服、隔离衣、连体衣	污染衣服	背面开口,罩在日常服装外
塑料围裙	污染衣服	防水
鞋袜	碰撞和喷溅	不露脚趾
护目镜	碰撞和喷溅	防碰撞镜片(必须有视力矫正或外戴视力矫正眼镜),侧面有护罩
安全眼镜	碰撞	防碰撞镜片(必须有视力矫正),侧面有护罩
面罩	碰撞和喷溅	罩住整个面部,发生意外时易于取下
防毒面具	吸入气溶胶	在设计上包括一次性使用的、整个面部或一半面部空气净化的、整个面部或加罩的动力空气净化呼吸器的以及供气的防毒面具
手套	直接接触微生物	得到微生物学认可的一次性乳胶、乙烯树脂或聚腈类材料的保护手套

1. 手臂防护

当进行实验室操作时,手由于直接进行操作,最有可能被污染,也容易受到"锐器"伤害。在进行实验室一般性工作以及在处理感染性物质、血液和体液时,应广泛地使用一次性乳胶、乙烯树脂或聚腈类材料的手术用手套。可重复使用的手套虽然也可以用,但必须注意一定要正确冲洗、摘除、清洁并消毒。手套的作用是防止生物危险、化品、辐射污染、冷和热、产品污染、刺伤、擦伤和动物咬伤等。手套选用应该按照所从事操作的性质来选择,符合舒适、合适、灵活、握牢、耐磨、耐脏和耐撕的要求,以提供足够的保护。

在操作完感染性物质、结束生物安全柜中的工作以及离开实验室之前,均应该摘除手套并彻底洗手。用过的一次性手套应该与实验室的感染性废弃物一起丢弃。实验室或其他部门工作人员在戴乳胶手套,尤其是那些添加了粉末的手套时,曾有过发生皮炎及速发型超敏反应等变态反应的报道,应该配备替代加粉乳胶手套的品种。在进行尸体解剖等可能接触尖锐器械的情况下,应该戴不锈钢网孔手套。但这样的手套只能防止切割损伤,而不能防止针刺损伤。手套不得戴离实验室区域。

2. 头面部防护

1)头部防护(帽子)

在实验室工作中佩戴由无纺布制成的一次性简易防护帽,可以保护工作人员避免化学和生物危害物质飞溅至头部(头发)造成的污染;同时,可防止头发和头屑等污染工作环境,保护负压实验室的空气过滤器。

2)面部防护(口罩、面具)

面部的防护装备主要有口罩和防护面罩。常用的外科手术口罩由三层纤维组成,可预防飞沫进入口鼻,适用于 BSL-1 和 BSL-2 实验室,可以保护部分面部免受生物物质危害,如血液、体液及排泄物等的喷溅污染。N 95 口罩适用于一些高危的工作程序,如在 BSL-2 或 BSL-3 实验室操作经呼吸道传播的高致病性微生物感染性材料时,则需要佩戴 N 95 级或以上级别的口罩。N 系列口罩适用于无油性烟雾的工作环境,可过滤 0.3 μm 或以上的微粒(如飞沫或结核菌),效率达 95%(N 95 级)、99%(N 99 级)甚至 99.97%(N 100 级)。在有油性烟雾的情况下,可选择 R 系列或 P 系列的口罩(R 为抗油,P 为防油)。

防护面罩可保护实验室工作人员的面部避免碰撞或切割伤以及感染性材料飞溅或接触造成的脸部、眼睛和口鼻的危害。防护面罩一般由防碎玻璃制成,通过头戴或帽子佩戴,分一次性面罩和耐用面罩。当需要对整个面部进行防护,尤其是进行可能产生感染性材料喷溅或气溶胶的操作时,需要在使用防护面罩的同时,根据需要佩戴口罩、安全镜或护目镜。

3)眼部防护(防护镜、生物安全镜、洗眼装置)

在所有易发生潜在眼睛损伤,包括理化和生物等因素引起的损伤以及有潜在黏膜吸附感染危险的实验室中工作时,必须采取眼部防护措施。眼部防护装备主要包括生物安全眼镜和护目镜。另外,必要时还应配备洗眼装置。

应根据所进行的操作来选择相应的装备,安全眼镜和护目镜可保护眼睛免受有害物质飞溅进入眼内而透过黏膜进入体内。制备屈光眼镜(prescription glasses)或平光眼镜应当配备专门镜框,将镜片从镜框前面装上,这种镜框用可弯曲的或侧面有保护罩的防碎材料制成(安全眼镜)。安全眼镜即使侧面带有保护罩也不能对喷溅提供充分的保护。护目镜应该戴在常规视力矫正眼镜或隐形眼镜(它们对生物学危害没有保护作用)的外面来对飞溅和撞击提供保护。

根据《实验室生物安全通用要求》(GB 19489—2004)的规定,实验室内,尤其是 BSL-2 或 BSL-3 实验室,必须配备紧急洗眼装置,洗眼装置应安装在室内明显和易取的地方,并保持洗眼水管的通畅。

3. 呼吸道防护

当进行高度危险性的操作(如清理溢出的感染性物质)时,如不能安全有效地将气溶胶限定在许可范围内,必须采用呼吸道防护装备来防护。呼吸道防护装备主要包括高效口罩、正压头盔和防毒面具。

1）高效口罩

高效口罩即前面所述的 N 95 级和以上级别的口罩,可有效过滤 0.3 μm 或以上级别的有害微粒,在一定程度上防止呼吸道受到危害。

2）正压头盔

正压头盔也称头盔正压式呼吸防护系统,主要有正压式、双管供气式、电动式三种类型。正压头盔除了可对呼吸系统防护外,还可提供眼睛、面部和头部的防护。

3）防毒面具

应根据操作的危险类型来选择防毒面具。防毒面具中装有一种可更换的过滤器,可以保护佩戴者免受气体、蒸气、颗粒和微生物的影响。过滤器必须与防毒面具的类型相配套。为了达到理想的防护效果,每一个防毒面具都应与操作者的面部相适合并经过测试。具有一体性供气系统的配套完整的防毒面具可以提供彻底的保护。在选择正确的防毒面具时,要听从专业卫生工作者等有相应资质人员的意见。有些单独使用的一次性防毒面具(ISO 13.340.30)设计用来保护工作人员避免生物因子暴露。

防毒面具不得戴离实验室区域。

4. 躯体和下肢的防护

躯体和腿部的防护装备主要是防护服,包括工作服、实验服、隔离衣、连体衣、围裙以及正压防护服。各级实验室应确保具备足够的、有适当防护水平的、清洁防护服可供使用。不用的时候,应将清洁的防护服置于专用存放处。已污染的防护服应在有适当标记的防漏袋中放置和运输。每隔适当的时间,应更换防护服以确保清洁。当知道防护服已被危险材料污染时,应立即更换。工作人员离开实验室区域之前应脱去防护服。

当有潜在危险的物质可能溅到工作人员身上时,应该使用塑料围裙或防液体长罩服。在这种工作环境中,如有必要,还应穿戴其他的个人防护装备,如手套、防护镜、面具和头面部保护罩等。穿着合适的鞋子和鞋套或靴套,可防止实验人员的足部(鞋袜)免受损伤,尤其可以防止有害物质喷溅造成的污染以及化学腐蚀伤害。

1）工作服

实验室人员在常规工作中应穿工作服。工作服可保护工作人员躯体及日常穿着免受实验室各种理化因素的危害。

2）实验服(图 9.6(a))

前面能完全扣住的实验服一般用于 BSL - 1 实验室进行下述工作时的躯体防护:静脉血和动脉血的穿刺抽取;血液、体液或组织的处理加工;质量控制和实验室仪器设备的维修保养;化学品和试剂的处理和配制;洗涤、触摸或在污染/潜在污染台面上工作。

3）隔离衣(图 9.6(b))

隔离衣为长袖背开式,穿着时应保证颈部和腕部扎紧。隔离衣通常在 BSL - 2 和 BSL - 3 实验室内使用,适用于接触大量血液或其他潜在感染性材料时穿着。

4）正压防护服(图 9.6(c))

正压防护服适用于涉及致死性生物危害物质或第 I 类生物危害因子的操作。进入正压型 BSL - 4 实验室的工作人员应穿着正压防护服。该防护服具有生命维持系统,分为内置式和外置式两种,包括提供超量清洁呼吸气体的正压供气装置,保证防护服内气压相对周围环境为持续正压。

5)围裙

在必须对血液或培养液等化学或生物学物质的溢出提供进一步防护时,应在实验服或隔离衣外面再穿上塑料高颈保护的围裙。

6)鞋及鞋套

实验室工作鞋应该舒适,鞋底防滑。推荐使用皮制或合成材料的不渗透液体的鞋类。在从事可能出现漏出液体的工作时可以穿一次性防水鞋套。鞋套可防止将病原体带离工作地点而扩散到生物安全实验室以外。BSL－2 和 BSL－3 实验室中要坚持穿鞋套或靴套,BSL－3 和 BSL－4 中还要求使用专用鞋(如一次性鞋或橡胶靴子)。

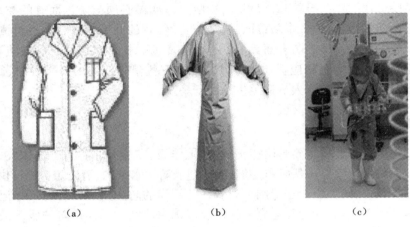

（a）　　　　　　　　　　（b）　　　　　　　　　　（c）

图 9.6　各种防护服

（a）实验服；（b）隔离衣；（c）正压防护服

9.4.3　个人防护用品的去污染消毒

凡在生物安全实验室使用过的个人防护装备均应视为被污染过,应做消毒处理。实验室应制定个人防护用品去污消毒的标准操作程序(SOP),并经过培训演练,严格执行。下面仅就某些个人防护用品的消毒方法做一介绍。

1. 塑料、橡胶、无纺布制品

(1)一次性用品,包括防护帽、口罩、手套、防护服等使用后应放入医疗废物袋内进行高压灭菌,作为医疗废物统一处理。

(2)拟回收再用的耐热的塑料器材,按要求打包、表面有效消毒后,121 ℃ 15 min(根据微生物特点而定)高压灭菌处理。

(3)不耐热拟回收再用的塑料器材可用 0.5% 过氧乙酸喷洒或浸泡于有效氯为 2 000 mg/L 的含氯消毒剂中≥1 h,然后清水洗涤沥干;或用环氧乙烷消毒柜,在温度为 54 ℃、相对湿度为 80%、环氧乙烷气体浓度为 800 mg/L 的条件下,作用 4~6 h。

(4)橡胶手套等污染后可用 121 ℃、15 min 压力蒸汽灭菌处理后,0.5%～1.0% 肥皂液或洗涤剂溶液清洗,然后清水洗涤沥干后再用。

(5)可重复使用的棉织工作服、帽子、口罩等 121 ℃、15 min 压力蒸汽灭菌处理。有明显污染时,随时喷洒消毒剂消毒或放入专用的污染袋中,然后进行高压蒸汽灭菌处理。为了清洁,可用 70 ℃以上热水加洗涤剂洗涤。

2. 操作过程中手套的消毒

当进行实验操作时,手的污染概率最大。一般操作高致病微生物时需要佩戴双层乳胶手套,或乙烯树脂或聚腈类材料的手套。在操作过程中应随时随地对外层手套进行消毒,必要时更换。一般采用 70% 酒精或 0.5% 过氧乙酸喷洒手套消毒。

在安全柜内操作完成后,双手撤离安全柜前对手套进行药物消毒。在实验室内清理收尾工作完成后,对外层手套消毒,而后放入医疗废物袋内,待进一步处理。

3. 正压防护服和正压面罩消毒

离开实验室前对正压防护服和正压面罩进行消毒剂淋浴消毒,然后放入环氧乙烷灭菌柜或过氧化氢等离子体灭菌柜内进行熏蒸灭菌后用净水清洗,沥干后存放待用。

4. 鞋袜

在病原微生物实验室中工作的人员如果鞋袜受到感染性物质的污染,应及时按规定程序进行消毒、更换。在 BSL-3 实验室中,若穿用鞋套,离开核心区时应在缓冲区Ⅱ脱去(外层)鞋套,放入医疗废物袋,进行高压蒸汽灭菌处理。鞋袜或内层鞋套在缓冲区Ⅰ或更衣室内更换或脱掉。

9.4.4 各级生物安全实验室的个人防护要求

个人防护的内容包括防护用品和防护操作程序。所有实验室人员必须经过个人防护的必要培训,考核合格获得相应资质,熟悉所从事工作的风险和实验室特殊要求后方可进入实验室工作。实验室应按照分区实施相应等级的个人防护。实验室操作必须严格遵守个人防护原则。不同生物安全等级的实验室个人防护要求如下。

1. BSL-1 实验室

工作人员进入实验室应穿工作服,实验操作时应戴手套,必要时佩戴防护眼镜。离开实验室时,工作服必须脱下并留在实验区内。不得穿着工作服、戴着手套进入办公区等清洁区域。用过的工作服应定期消毒。

2. BSL-2 实验室

BSL-2 除符合 BSL-1 的要求外,还应该符合下列要求。

进入实验室时,应在工作服外加罩衫或穿防护服,戴帽子、口罩。离开实验室时,上述防护用品必须脱下并留在实验室,消毒后统一洗涤或丢弃。如可能发生感染性材料的溢出或溅出时,宜戴两副手套。可能产生致病微生物气溶胶或发生溅出的操作均应在生物安全柜或其他物理抑制设备中进行,当微生物操作不可能在生物安全柜内进行,而必须采取外部操作时,为防止感染性材料溅出或雾化危害,必须使用面部保护装置(如护目镜、面罩、个体呼吸保护用品或其他防溅出保护设备)。

3. BSL-3 实验室

BSL-3 实验室的个人防护除符合 BSL-2 的要求外,还应该符合下列要求。

(1)工作人员在进入实验室时必须使用个体防护装备,包括两层防护、两层手套、生物安全专业防护口罩(不应使用医用外科口罩等),必要时佩戴眼罩、呼吸保护装置等。工作完毕必须脱下工作服,不得穿工作服离开实验室。可再次使用的工作服必须先消毒后清洗。

（2）在实验室中必须配备有效的消毒剂、眼部清洗剂或生理盐水，且易于取用。实验室区域内应配备应急药品。

4．BSL－4 实验室

BSL－4 实验室的个人防护除符合 BSL－3 的要求外，还应该符合下列要求。

（1）所有工作人员进入 BSL－4 实验室时要更换全套服装。工作后脱下所有防护服，淋浴后再离去。

（2）在防护服型或混合型 BSL－4 实验室中工作人员需穿着整体的由生命维持系统供气的正压工作服。

（3）在与灵长类动物接触时应考虑黏膜暴露对人的感染危险，要戴防护眼镜和面部防护器具。

（4）室内有传染性灵长类动物时，必须使用面部保护装置（护目镜、面罩、个体呼吸保护用品或其他防溅出保护设备）。

（5）进行容易产生高危险气溶胶的操作时，包括对感染动物的尸体和鸡胚、体液的收集和动物鼻腔接种，都要同时使用生物安全柜或其他物理防护设备和个体防护器具（例如口罩或面罩）。

（6）当不能安全有效地将气溶胶限定在一定范围内时，应使用呼吸保护装置。

（7）不同类型的 BSL－4 实验室的个人防护装置有所不同。在生物安全柜型的 BSL－4 实验室中，个人防护装备同 BSL－3；在防护型 BSL－4 实验室中，个人防护装备配备正压个人防护服；在混合型 BSL－4 实验室中，个人防护装备为上述两种的组合。

主要参考文献及资料

[1] 吕京，吴东来，祁建城，等. GB 19489—2008《实验室 生物安全通用要求》理解与实施[M]. 北京：中国标准出版社，2010.

[2] 武桂珍，魏强，刘艳，等. 实验室生物安全个人防护装备基础知识与相关标准[M]. 北京：军事医学科学出版社，2012.

[3] 刘来福，吕京，刘全国. 病原微生物实验室生物安全管理和操作指南[M]. 北京：中国标准出版社，2010.

[4] 李勇，赵卫，任涛，等. 实验室生物安全[M]. 北京：军事医学科学出版社，2009.

[5] 徐涛，车凤翔，董先智，等. 实验室生物安全[M]. 北京：高等教育出版社，2010.

[6] 黄凯，张志强，李恩敬. 大学实验室安全基础[M]. 北京：北京大学出版社，2012.

[7] 中华人民共和国住房和城乡建设部. 生物安全实验室建筑技术规范[M]. 北京：中国建筑工业出版社，2012.

[8] 世界卫生组织. 实验室生物安全手册（修订本）[M]. 2 版. 北京：人民卫生出版社，2004.

[9] 世界卫生组织. 实验室生物安全手册（中文版）[M]. 3 版. 北京：中国疾病预防控制中心，2005.

[10] 刘利兵，曲萍，于军，等. 实验室生物安全与突发公共卫生事件[M]. 西安：第四军医大学出版社，2009.

[11] 祁国明. 病原微生物实验室生物安全[M]. 2 版. 北京：人民卫生出版社，2006.

第 10 章　实验事故应急处理

10.1　实验室应急设施与事故应急预案

10.1.1　实验室应急设施

实验室应急设施包括个人防护器具和安全应急设备。

个人防护器具包括护目镜、口罩、实验服、防护手套等,安全应急设备包括表 10.1 所列器具和设施。

表 10.1　安全应急设备

洗眼器	应急冲淋器	防护墙或防护掩体
烟雾报警器	灭火砂箱	防火毯
应急灯	警示信号和标示	火灾报警系统
急救药箱	防溢箱	阻燃防爆箱
MSDS 表	通风橱	事故应急预案说明
用于运送化学药品的专用提篮		盛放碎玻璃或尖锐物的容器

上述设施的具体介绍可参阅本书第 2～9 章相关章节。在个人进入实验室工作前,务必检查这些器具和设施是否完备。

10.1.2　实验事故应急预案

应急预案又称应急计划,是针对可能的重大事故或灾害,为保证迅速、有序、有效地开展应急与救援行动、降低事故损失而预先制定的有关计划或方案。它是在辨识和评估潜在的重大危险、事故类型、发生的可能性、发生过程、事故后果及影响严重程度的基础上,对应急机构与职责、人员、技术、装备、设施(备)、物资、救援行动及其指挥与协调等方面预先做出的具体安排。它明确了在突发事故发生之前、发生过程中以及刚刚结束之后,谁负责做什么,何时做以及相应的策略和资源准备等。每个实验室中都张贴有事故应急预案,在进入实验室时要首先阅读应急预案,了解事故发生后的应急程序,包括如何报警、控制灾害、疏散、急救等。

10.2　心肺复苏术

10.2.1　心肺复苏术(CPR)

心肺复苏术(Cardio Pulmonary Resuscitation)简称 CPR,指当呼吸终止及心跳停顿时,合并使用人工呼吸及胸外心脏按压来进行急救,使病人回复呼吸、心跳的一种技术。

当人体因呼吸心跳终止时,心脏、脑部及器官组织均将因缺乏氧气的供应而渐趋坏死。在 4 min 内,肺与血液中原来含有的氧气还可维持大脑、组织、器官对氧气的供应;在 4～6 min 之间则视个体情况不同,脑细胞可能会发生损伤;6 min 以上则患者脑和其他重要器官一定会发生不同程度的不可逆损伤;而延迟至 10 min 以上时,脑细胞会因缺氧而坏死,患者生还希望几无。因此心搏骤停后的心肺复苏必须在现场立即进行,尤其是在骤停后的黄金 4 min 内,这将为进一步抢救直至挽回患者的生命赢得最宝贵的时间。

凡由窒息、中毒、电击、心脏病、高血压、溺水、异物堵塞呼吸道等导致呼吸终止、心跳停顿时,均应对其立即实施心肺复苏术。

10.2.2 徒手心肺复苏术的操作流程

1. 徒手心肺复苏术的操作流程

一般徒手心肺复苏术的操作流程分为以下 5 步(如图 1.1)。

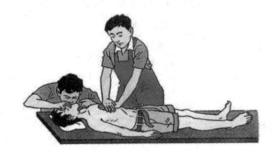

图 10.1　徒手心肺复苏术示意

1)评估意识

判断患者是否意识丧失,心跳、呼吸停止。一般轻拍病人肩膀并大声呼喊(禁止摇动患者头部,防止损伤颈椎)以判断意识是否存在;以食指和中指触摸脉搏或颈动脉感觉有无搏动(一般不能超过 10 s);检查患者是否有呼吸,如果没有呼吸或者没有正常呼吸(即只有喘息),就可做出心搏骤停的诊断,并应该立即实施初步急救和复苏。

2)摆正体位

使病人仰卧于硬板床或地面上,头部与心脏在同一水平,以保证脑血流量。如有可能应抬高下肢,以增加回心血量。

3)胸外心脏按压

施救者两手上下平行重叠(手指并拢、分开或互握均可,但不得接触胸壁),将掌根置于患者的胸骨中下三分之一处,借助体重和肩臂力量,均匀而有节奏地向下施压,使胸骨下陷至少 5 cm(5～13 岁 3 cm,婴、幼儿 2 cm),然后迅速地将手松开,胸壁自然弹回,如此反复进行。按压与放松的时间大致相等,放松时掌根部不得离开按压部位,以防位置移动,但放松应充分,以利于血液回流。按压频率一般至少 100 次/min,按压中断不可超过 5 s。

4)打开气道

其操作方法为仰头抬颌法:将一只手置于患者前额使其头部后仰;另一手的食指与中指置于下颌骨近下或下颌角处,抬起下颌。注意在开放气道的同时应该用手指挖出病人口中异物或呕吐物,有义齿者应取出义齿。

5)人工呼吸

一般可采用口对口呼吸或口对鼻呼吸。具体方法如下:在帮患者打开气道后,施救者正常吸一口气,捏紧病人的鼻孔,用自己的双唇把病人的口完全包绕,然后吹气 1 s 以上,使患者胸廓扩张;吹气毕,施救者松开捏鼻孔的手,让病人的胸廓及肺依靠其弹性自主回缩呼气,同时均匀吸气,以上步骤再重复一次。如患者面部受伤妨碍进行口对口人工呼吸,则可进行口对鼻通气:深呼吸一次并将嘴封住患者的鼻子,抬高患者的下巴并封住口唇,对患者的鼻子深吹一口气;吹气毕,用手将受伤者的嘴敞开,这样气体可以出来。人工呼吸频率一般为 10 次/min,注意不可过度通气。

2. 徒手心肺复苏术操作过程中的注意事项

(1)有研究表明在心跳骤停的早期,仅通过单纯的胸外心脏按压,氧气可通过弥散呼吸进入患者体内,满足其血氧需求。因此在争分夺秒的 CPR 早期,可考虑将操作复杂的人工呼吸延后进行,仅进行胸外心脏按压,直至专业人员到来。

(2)施行心肺复苏术时应将患者的衣扣及裤带解松,以免引起内脏损伤。

(3)有足够的救援者分别进行胸外按压和人工呼吸,则两者同时各自进行;如果没有足够的救援者,只能交替执行胸外按压和人工呼吸,则按压和呼吸比例按照 30∶2 进行。

(4)在施救同时,大声求救,让附近的人拨打 120 或 110。

(5)人工呼吸时,无论口对口还是口对鼻方式,如果有纱布,则宜放一块叠二层厚的纱布,或放一块一层的薄手帕,将病人口、鼻隔一下。

(6)没有经过心肺复苏术培训,可以提供只有胸外按压的 CPR。即"用力按,快速按",在胸部中心按压,直至受害者被专业抢救者接管。

10.2.3　心肺复苏术有效的指标及终止抢救的标准

1. 心肺复苏有效指标

(1)颈动脉搏动:按压有效时,每按压一次可触摸到颈动脉一次搏动,若中止按压搏动亦消失,则应继续进行胸外按压,如果停止按压后脉搏仍然存在,说明病人心搏已恢复。

(2)面色:复苏有效时,面色由紫绀转为红润;若变为灰白,则说明复苏无效。

(3)其他:复苏有效时,可出现自主呼吸,或瞳孔由大变小并有对光反射,甚至有眼球活动及四肢抽动。

2. 终止抢救的标准

现场 CPR 应坚持不间断地进行,不可轻易做出停止复苏的决定,如符合下列条件者,现场抢救人员方可考虑终止复苏:

(1)患者呼吸和循环已有效恢复;

(2)有专业医护人员接手承担复苏或其他人员接替抢救;

(3)心肺复苏术持续 1 h 之后,患者无心搏和自主呼吸,瞳孔散大固定;

(4)操作者已筋疲力尽而无法再施行心肺复苏术。

10.3 触电急救措施与方法

"迅速、就地、准确、坚持"是触电急救的原则。发现人身触电事故时,发现者一定不要惊慌失措,首先要迅速将触电者脱离电源;然后立即就地进行现场救护,同时找医生救护;由于触电者经常会出现假死,对触电者的救护一定要正确、坚持、不放弃。

10.3.1 脱离电源的正确方法

电流对人体的作用时间愈长,对生命的威胁愈大。所以,触电急救首先要使触电者迅速脱离带电体。在脱离带电体时,救护人员既要救人,又要注意保护自己。

1. 脱离低压电源的常用方法

脱离低压电源的方法可用"拉""切""挑""拽"和"垫"五个字来概括。

(1)"拉":是指就近拉开电源开关,拔出插销或切断整个室内电闸。

(2)"切":当断开电源有困难时,可用带有绝缘柄或干燥木柄的利器切断电源。切断时应防止带电导线断落触及其他人。

(3)"挑":如果导线搭落在触电人身上或压在身下,这时可用干燥木棍或竹竿等挑开导线,使之脱离开电源。

(4)"拽":是救护人戴上手套或在手上包缠干燥衣服、围巾、帽子等绝缘物拖拽触电人,使他脱离开电源导线。

(5)"垫":是指如果触电人由于痉挛手指紧握导线或导线绕在身上,这时救护人可先用干燥的木板或橡胶绝缘垫塞进触电人身下使其与大地绝缘,隔断电源的通路,然后再采取其他办法把电源线路切断。

2. 脱离高压带电设备方法

由于电源的电压等级高,一般绝缘物品不能保证救护人员的安全,而且高压电源开关一般距现场较远,不便拉闸。因此,使触电者脱离高压电源的方法与脱离低压电源的方法有所不同。

(1)立即电话通知有关部门拉闸停电。

(2)如果电源开关离触电现场不太远,可戴上绝缘手套,穿上绝缘鞋,使用适合该电压等级的绝缘工具,拉开高压跌落式熔断器或高压断路器。

(3)抛掷裸金属软导线,使线路短路,迫使继电保护装置切断电源,但应保证抛掷的导线不触及触电者和其他人,防止电弧伤人或断线危及人员安全。

注意:如果不能确认触电者触及或断落在地上的带电高压导线无电时,救护人员在未做好安全措施(如穿绝缘靴或临时双脚并紧跳跃地接近触电者)前,不能接近断线点至 8~10 m 范围内,防止跨步电压伤人。触电者脱离带电导线后亦应迅速带至 8~10 m 以外,确认已经无电后立即开始触电急救。

3. 脱离电源时的注意事项

(1)救护人不得采用金属和其他潮湿的物品作为救护工具。

(2)在未采取绝缘措施前,救护人不得直接接触触电者的皮肤和潮湿的衣服及鞋。

（3）在拉拽触电人脱离开电源线路的过程中，救护人宜用单手操作。这样做对救护人比较安全。

（4）当触电人在高处时，应采取预防措施预防触电人在解脱电源时从高处坠落摔伤或摔死。

（5）夜间发生触电事故时，在切断电源时会同时使照明失电，应考虑切断后的临时照明，如应急灯等，以利于救护。

10.3.2　触电者脱离带电体后的处理

1．触电者脱离带电体后的救护

（1）对症抢救的原则是将触电者脱离电源后，立即移到安全、通风处，并使其仰卧。

（2）迅速鉴定触电者是否有心跳、呼吸。

（3）若触电者神志清醒，但感到全身无力、四肢发麻、心悸、出冷汗、恶心，或一度昏迷，但未失去知觉，应将触电者抬到空气新鲜、通风良好的地方舒适地躺下休息，让其慢慢地恢复正常。要时刻注意保温和观察。若发现呼吸与心跳不规则，应立刻设法抢救。

（4）若触电者出现呼吸或心跳停止症状，则应立即实施心肺复苏术。

2．救护注意事项

（1）救护人员应在确认触电者已与电源隔离，且救护人员本身所涉环境安全距离内无危险电源时，方能接触伤员进行抢救。

（2）在抢救过程中，不要为方便而随意移动伤员，更不要拼命摇动触电者。如确需移动，应使伤员平躺在担架上并在其背部垫以平硬阔木板，不可让伤员身体蜷曲着进行搬运。移动过程中应继续抢救。

（3）任何药物都不能代替人工呼吸和胸外心脏按压，对触电者用药或注射针剂，应由有经验的医生诊断确定，慎重使用。

（4）实施胸外心脏复苏术时，切不可草率行事，必须认真坚持，直到触电者苏醒或其他救护人员、医生赶到。如需送医院抢救，在途中也不能中断急救措施。

（5）在抢救过程中，要每隔数分钟再判定一次，每次判定时间均不得超过 5~7 s。

（6）在医务人员未接替抢救前，现场救护人员不得放弃现场抢救，只有医生有权做出伤员死亡的诊断。

10.4　机械性损伤事故的应急处理

机械性损伤指当机体受到机械性暴力作用后，器官组织结构被破坏或功能发生障碍，又称为创伤。根据损伤处皮肤或黏膜是否完整可分为闭合性损伤和开放性损伤。

实验室常发生的机械性损伤包括割伤、刺伤、挫伤、撕裂伤、撞伤、砸伤、扭伤等。对于轻伤，处理的关键是清创、止血、防感染。当伤势较重，出现呼吸骤停、窒息、大出血、开放性或张力性气胸、休克等危及生命的紧急情况时，应临时施心肺复苏、控制出血、包扎伤口、骨折固定、转运等。

10.4.1 轻伤的应急处理

1. 开放性损伤的应急处理

对于较轻的开放性损伤,处理的关键是清创、防感染。具有步骤如下。

(1)伤口浅时,先小心取出伤口中异物。伤口深时,如发生较深的刺伤,先不要动异物,紧急止血后应及时送医院处理。

(2)用冷开水或生理盐水冲洗伤口,擦干。

(3)用碘酊或酒精消毒周围皮肤。

(4)伤口不大,可直接贴"创可贴"。若没有创可贴,或伤口较大时,取消毒敷料紧敷伤处,直至停止出血。

(5)用绷带轻轻包扎伤处,或用胶布固定住。伤口深时,应按加压包扎法止血(具体参见 10.4.2)。

注意:切勿用手指、用过的手帕或其他不洁物触及伤口,勿让口对着伤口呼气,以防伤口感染。伤口较深者,应急处理后应立即送到医院使用抗生素和注射破伤风抗毒血清防止感染。

2. 闭合性损伤的应急处理

闭合性损伤的急救关键是止血。具体方法如下:

(1)冷敷:用自来水淋洗伤处或将伤处浸入冷水中 5~10 min。另一种方法是用冷水浸透毛巾,放在伤处,每隔 2~3 min 换一次,冷敷半小时。若在夏天,可用冰袋冷敷。

(2)取适当厚度的海绵或棉花一块,放在伤处,用绷带稍加压力进行包扎。

(3)应将伤处抬高,使高于心脏水平,以减少伤处充血。

(4)若伤处停止出血,急性炎症逐渐消退,但仍有瘀血及肿胀(通常在受伤一两天后),为使活血化瘀,宜作热敷(热水袋敷,热毛巾敷或热水浸)、按摩或理疗。

注意:在损伤初期(24~48 h 内),应及早冷敷,以使伤处血管收缩,减轻局部充血与疼痛,且不宜立即作热敷或按摩,以免加剧伤处小血管出血,导致伤势加重。

10.4.2 严重流血者的急救

由于大量失血,可使伤员在 3~5 min 内死亡。因此对严重流血者的急救关键是:切勿延误时间! 对伤处直接施压止血。

1. 急救操作步骤

(1)搀扶伤者躺下,避免伤者因脑缺血而晕厥。同时尽可能抬高其受伤部位,减少出血。

(2)快速将伤口中明显的污垢和残片清除。

(3)用干净的布、卫生纸,若没有这些材料时,可用手直接按压伤口。

(4)保持按压直到血止。保持按压 20 min,期间不要松手窥察伤口是否已停止流血。

(5)在按压期间,可用胶布或绷带(甚或一块干净的布)将伤口围扎起来以起到施压的作用。

(6)如果按压伤口仍然无法起到止血的作用,握捏住向伤口部位输送血液的动脉。同时另一只手仍然保持按压伤口的动作。

（7）血止以后，不要再移动伤者的受伤部位。此时不要拆除绷带，应尽快地将伤者送医急救。

2．注意事项

手的压力和扎绷带的松紧度以能取得止血效果但又不致过于压迫伤处为宜。不要试图取出那些较大的或者嵌入伤口较深的物体。不要拆除绷带或者纱布，即使包扎以后血还不停地通过纱布渗透出来，也不要把纱布拿去，应该用更多的吸水性更强的布料缠裹住伤口。胳膊上的动脉应在腋窝和肘关节之间的手臂内侧，腿部的动脉应在膝盖后部和腹股沟处。

10.4.3　骨折固定

对骨折部位及时进行固定，可以制动、止痛或减轻伤员痛苦，防止伤情加重和休克，保护伤口，防止感染，便于运送。

骨折固定的要领是：先止血，后包扎，再固定。固定用的夹板材料可就地取材，如：木板、硬塑料、硬纸板、木棍、树枝条等；夹板长短应与肢体长短相称；骨折突出部位要加垫；先扎骨折上下两端，然后固定两关节；四肢需露指（趾）；胸前需挂标志。骨折固定好后应迅速送往医院。

10.4.4　头部机械性伤害的应急处理

头皮裂伤是由尖锐物体直接作用于头皮所致。实验室中可能发生的头部机械性伤害如：头发卷入机床造成的头皮撕裂，高空坠物造成的头皮伤害等。

较小的头皮裂伤可剪去伤口周围毛发，再用碘酒或酒精等消毒伤口及周围组织，再用无菌纱布或干净手帕包扎即可。较大的头皮裂伤，由于头皮血液循环丰富，因此，出血比较多，处理原则是先止血、包扎，然后迅速送往医院。由于头皮血供方向是从周围向顶部，故用绷带围绕前额、枕后，作环形加压包扎即可止血。对出血伤口局部，可用干净的纱布、手帕等加压包扎，也可直接用手指压迫伤口两侧止血。

若发生头皮撕脱，要迅速包扎止血。由于头皮撕脱，疼痛剧烈，伤员高度紧张易发生休克，必须安慰伤员，让其放松、坚持。对撕脱的头皮则需用无菌或干净的布巾包好，放入密封的塑料袋内，再放入盛有冰块的保温瓶内，同伤员一起迅速送往医院。

10.4.5　碎屑进入眼内的应急处理

若木屑、尘粒等异物进入眼内，可由他人翻开眼睑，用消毒棉签轻轻取出异物，或任眼睛流泪带出异物，再滴入几滴鱼肝油。

玻璃屑进入眼内的情况比较危险。这时要尽量保持平静，绝不可用手揉擦，也不要试图让别人取出碎屑，尽量不要转动眼球，可任其流泪，有时碎屑会随泪水流出。用纱布，轻轻包住眼睛后，立刻将伤者送去医院处理。

10.4.6　伤员搬运

在医务人员来到之前，切勿任意搬动伤员。但若继续留在事故区会有进一步遭受伤害危险时，则应将伤员转移。转移前，应尽量设法止住流血，维持呼吸与心跳，并将一切可能有骨折的部位用夹板固定。搬运时,应根据伤情恰当处理,谨防因方法不当而加重伤势。对所有的重伤员,均可采取仰卧位体位。搬运时,先了解伤员伤处,三个搬运者并排单腿跪在伤员身体一侧,同时分别把手臂伸入到伤员的肩背部、腹臀部、双下肢的下面,然后同时起立,始终使伤员的身体保持水平位置,不得使身体扭曲。三人同时迈步,并同时将伤员放在硬板担架上。颈椎损伤者应再有一人专门负责牵引、固定头颈部,不得使伤员头颈部前屈后伸、左右摇摆或旋转。四人动作必须一致,同时平托起伤员,再同时放在硬板担架上。

10.5 烧烫伤及冻伤的应急处理

10.5.1 烧伤和烫伤的应急处理

1. 烧伤与烫伤的关系

一般说的烫伤是指高温液体、蒸气或固体对人体的灼伤,烧伤是火焰、高温物质和强辐射热引起的组织损伤。烧伤通常较烫伤更为严重,一般都在Ⅱ度以上,严重时局部有烧焦炭化情况。理论上烫伤是烧伤的一种,处理方法与烧伤一致。

实验室中的烫伤事故往往是因为不慎接触加热仪器的金属部位或高温玻璃造成的,烧伤往往由于火灾、电击造成。

2. 烧伤深度的判断

烧伤深度(烧伤严重程度)可分为Ⅰ度、Ⅱ度和Ⅲ度。Ⅰ度烧伤损伤最轻。烧伤皮肤发红、疼痛、明显触痛、有渗出或水肿,轻压受伤部位时局部变白,但没有水疱。Ⅱ度烧伤损伤较深。皮肤有水疱,触痛敏感,压迫时变白。Ⅲ度烧伤损伤最深。烧伤表面可以发白、变软或者呈黑色、炭化皮革状,压迫时不再变色。破坏的红细胞可使烧伤局部皮肤呈鲜红色,偶尔有水疱,烧伤区的毛发很容易拔出,感觉减退。Ⅲ度烧伤区域一般没有痛觉,因为皮肤的神经末梢被破坏。

3. 烧烫伤的应急处理方法

发生烧烫后应立即将伤口用大量水冲洗,然后在凉水中浸泡半小时左右,至离开凉水后疼痛明显减轻,从而达到迅速散热的作用。对轻度的烧烫伤,可在伤处涂些鱼肝油、烫伤油膏或京万红后包扎,3~5天即可痊愈。若起水疱,则表明已经伤及真皮层,属中度烧烫伤,此时不宜挑破水疱,应该用纱布包扎后送医院治疗。对重度烧烫伤,应立即用清洁的被单或衣服简单包扎,避免污染和再次损伤,创伤面不要涂擦药物,保持清洁,迅速送医院治疗。大面积烧伤可引起体液丢失,威胁生命,必须静脉或口服补液,如口服2%~3%盐水。若发现呼吸、心跳停止,立即进行人工呼吸和胸外心脏按压。

10.5.2 冻伤的应急处理

1. 冻伤的症状

冻伤是在一定条件下由于寒冷作用于人体,引起局部的乃至全身的损伤。冻伤发生时,受冻区发硬及发白,初有疼痛感,但很快消失。当温暖时,转为斑状发红、肿胀、疼痛,在4~6 h内形成水疱。表浅损害,冻伤轻时可造成皮肤过性损伤,愈合后不残留组织丧失;重时由于深部组织冷冻可引起干性坏疽,可致永久性功能障碍;严重时会出现肢体坏死,甚至死亡。实验室中的冻伤事故往往是操作液氮、干冰等制冷剂时不慎造成的。

2. 冻伤的应急处理方法

治疗冻伤的根本措施是使受伤机体部位迅速复温。首先应迅速脱离冷源,用衣物或用温热的手覆盖受冻的部位使之保持适当温度,以维持足够的供血。若受伤部位是手,可放在腋下进行复温。接着需要用水浴复温,水浴温度应为 37 ~ 43 ℃,适用于各种冻伤。当皮肤红润柔滑时,表明受伤组织完全解冻。禁止对受伤部位的任何摩擦,禁止用冰块摩擦冻僵的肢体、烘烤或缓慢复温,这样会进一步损伤组织。若冻伤患处破溃感染,应在局部用 65% ~ 75% 酒精消毒,吸出水疱内液体,外涂冻疮膏、樟脑软膏等,保暖包扎。必要时可使用抗生素及破伤风抗毒素。

10.6　化学灼伤及化学中毒的应急处理

10.6.1　化学灼伤的应急处理

1. 引起化学灼伤的原因和症状

化学灼伤是常温或高温的化学物质直接对皮肤的刺激、腐蚀作用及化学反应热引起的急性皮肤损害,可伴有眼灼伤和呼吸道损伤。化学灼伤常由强酸、强碱、黄磷、液溴、酚类等腐蚀性物质引起。伤处剧烈灼痛,轻者发红或起疱,重者溃烂。创面不易愈合。某些化学品可被皮肤、黏膜吸收,出现合并中毒现象。

2. 化学灼伤的紧急处理方法

(1)迅速移离现场,脱去受污染的衣物,立即用大量流动清水冲洗 20 ~ 30 min。碱性物质污染后冲洗时间应延长,特别注意眼及其他特殊部位如头面、手、会阴的冲洗。

(2)对有些化学物灼伤,如氰化物、酚类、氯化钡、氢氟酸等在冲洗时应进行适当解毒急救处理。

(3)化学灼伤创面应彻底清创、剪去水疱、清除坏死组织。深度创面应立即或早期进行削(切)痂植皮及延迟植皮。例如黄磷灼伤后应及早切痂,防止磷吸收中毒。

(4)灼伤创面经水冲洗后,必要时进行合理的中和治疗,例如氢氟酸灼伤,经水冲洗后,需及时用钙、镁的制剂局部中和和治疗,必要时用葡萄糖酸钙动、静脉注射。

(5)烧伤面积较大,应令伤员躺下,等待医生到来。头、胸应略低于身体其他部位,腿部若无骨折,应将其抬起。

(6)化学灼伤合并休克时,冲洗从速、从简,积极进行抗休克治疗。

(7)如患者神志清醒,并能饮食,给以大量饮料。

(8)及时就医,解毒、抗感染,进行进一步治疗。

注意事项如下。

(1)三氯化铝、四氯化钛等物质应先用干布或纸擦除,再用水洗。

(2)少量浓硫酸、氧化钙沾到皮肤上用大量水冲洗;量多时,则需用干布或纸擦除,再用水洗。

（3）化学灼伤患者不得服用酒精类饮料。

3．眼部发生化学灼伤的处理

眼部灼伤后，必须尽快就近取得清水或生理盐水，分开眼帘充分冲洗结膜囊，至少持续10 min。冲洗要及时、有效。如不合并颜面严重污染或灼伤，亦可采取浸洗，即将眼浸入水盆中，频频眨目，效果也好。如果化学物质能与水发生作用，如生石灰等，则需先用沾有植物油的棉签或干毛巾擦去化学物质，再用水冲洗。冲洗处理后需立刻就医。

注意：冲洗时不要用热水，以免增加机体对有毒物质的吸收；水压不要过大，以免伤到眼球。

10.6.2 化学品急性中毒的应急处理

下面介绍的是化学品中毒的一些通用应急方法，对于常见化学品中毒急救方法可见附录Ⅲ。

1．一般的应急处理方法

当发现实验室有人员发生化学品急性中毒时，必须根据化学物质品种、中毒方式与当时病情进行有针对性的急救，同时应立刻拨打急救电话，找专业医生救治。

化学品急性中毒的一般性应急措施如下。

（1）立即切断毒源，尽快使中毒者脱离中毒现场，移至空气新鲜处。

（2）若化学品污染衣服、皮肤时，小心脱掉污染衣物，用清水或温水反复冲洗被污染皮肤，特别是皮肤皱褶、毛发处，至少冲洗10 min。若污染眼睛，处理方法同化学灼伤眼睛的处理办法。

（3）若吸入中毒，则需立刻清除中毒者鼻腔、口腔内分泌物，除去义齿，解开衣领，放松身体，保持呼吸道通畅。

（4）若吞食中毒且中毒者神志清醒，则需根据中毒的化学品性质，采取催吐、服用大量稀释液、吸附剂、解毒剂等措施，降低有毒物质在体内的浓度。

（5）对昏迷、抽搐的中毒者，应立即送医院由医务人员为其做洗胃、灌肠、吸氧等处理。

（6）当昏迷中毒者出现频繁呕吐时，救护者要将他的头放低，使其口部偏向一侧，以防止呕吐物阻塞呼吸道引起窒息。

（7）若中毒者呼吸能力减弱时，需立刻实施人工呼吸。实施时，需先用清洁的棉布包裹住手指将中毒者口腔中的呕吐物或药品残余清除后再进行人工呼吸；如果中毒者口腔污染严重，则需采用口对鼻方式进行人工呼吸。

（8）当中毒者呼吸、心跳停止时，应立即实施长时间的心肺复苏术抢救，待生命体征稳定后，再送医院治疗。

（9）救治过程中用毛巾之类东西盖在中毒者身体上对其进行保温。

2．常用应急排毒方法

1）催吐

（1）适用范围：神志清醒且有知觉的人，服入有毒药品不久而无明显呕吐者，通过催吐的方法可以排除体内大量的有毒物质，减少人体对毒素的吸收，其效果往往强于洗胃。已发生呕吐的病人应多次饮清水或盐水使其反复呕吐。胃的排空时间为1.5~4 h，催吐进行得越早,毒物就清理得越完全。

(2)物理催吐法:用手指或匙子的柄摩擦患者的喉头或舌根使其呕吐。

(3)饮服催吐法:服用吐根糖浆等催吐剂,或在 80 ml 热水中溶解一匙食盐作为催吐剂服用。

(4)禁忌:吞食酸、碱类腐蚀性药品或石油、烃类液体时,因有胃穿孔或胃中的食物吐出呛入气管的危险,不可催吐。意识不清者也不可催吐,也易造成窒息。

2)洗胃

洗胃是指将一定成分的液体灌入胃腔内,混合胃内溶物后再抽出,如此反复多次,以清除胃内未被吸收的毒物或清洁胃腔。

(1)适用范围:在催吐失败或昏迷病人无法催吐时,应立即洗胃。对于急性中毒如短时间内吞服有机磷、无机磷、生物碱、巴比妥类药物等,洗胃是一项重要的抢救措施。一般在食入有毒物质 6 h 以内均可洗胃。如在食入毒物前胃内容物过多,毒物量大,或有毒物质在胃吸收后又可再排至胃内者,超过 6 h 也不应该放弃洗胃。

(2)洗胃方式:最简便的方式是注射器抽吸法。患者可取坐位,昏迷患者取平卧头侧位。操作时需将患者义齿取下。将胃管前端涂石蜡油润滑,经口腔或鼻腔插入胃内,成人一般插入深度 45 ~ 50 cm,用 50 ml 注射器抽出胃内容物,然后注入洗胃液(一般 200 ~ 300 ml 为宜,过多容易将毒物驱入肠内),再抽吸出来弃去,反复抽吸,直到洗出液清澈为止。拔管前可向胃内注入导泻剂(一般用甘露醇 250 ml,硫酸镁溶液也可,禁用油类导泻剂),以通过腹泻清除已进入肠道内的毒物。需要注意的是:插入胃管时,如病人出现咳嗽、紫绀,可能误入气管,须迅速拔出重插。

(3)洗胃液的选择:最常用 35 ~ 38 ℃温开水,也可用清水或生理盐水。洗胃液的温度切不可过高,否则会扩张血管,加速毒物吸收。

(4)禁忌:强腐蚀性毒物中毒时,禁止洗胃,以免穿孔。应服用保护剂及物理性对抗剂,如牛奶、蛋清、米汤、豆浆等保护胃黏膜。肝硬化伴食管底静脉曲张、食管阻塞、胃癌、消化道溃疡、出血患者应慎行胃管插入。胸主动脉瘤、重度心功能不全、呼吸困难者也不能洗胃。

3)导泻

洗胃后,在拔胃管前可向胃内注入导泻剂,通过腹泻清除已进入肠道内的毒物。如果服入有毒物质时间较长,比如超过两三个小时,而且精神较好,则口服一些泻药,促使中毒食物尽快排出体外。

常用导泻剂有甘露醇、硫酸镁或硫酸钠溶液。一般硫酸钠较硫酸镁安全,用时可一次口服 15 ~ 30 g 硫酸钠的温水溶液即可。

禁忌:体质极度衰弱者,已有严重脱水患者及强腐蚀性毒物中毒者及孕妇禁用导泻。

3. 常用应急解毒方法

1)服用吸附保护剂

为了降低胃中药品的浓度,延缓毒物被人体吸收的速度,保护胃黏膜,可饮食下述任一种东西:牛奶、打溶的蛋、面粉、淀粉、土豆泥的悬浮液以及水等。

如果不能及时找到上述东西,可在 500 ml 蒸馏水中加入约 50 g 活性炭,用前再添加 400 ml 蒸馏水,并把它充分摇动润湿,然后给患者分次少量吞服。一般 10 ~ 15 g 活性炭,大约可吸收 1 g 毒物。

2）万能解毒剂

两份活性炭、一份氧化镁和一份丹宁酸混合均匀而成的东西被称为万能解毒剂。如果备有万能解毒剂,可将 2～3 茶匙此药剂,加入一酒杯水做成糊状,服用。

3）沉淀剂

发生重金属中毒时,可立刻喝一杯含有几克硫酸镁的水溶液,沉淀重金属离子。

4）重金属螯合剂

当重金属中毒时,可用螯合剂除去体内重金属离子。重金属的毒性,主要由于它与人体内酶的巯基(—SH)结合而产生。加入配位能力强于巯基的螯合剂后,螯合剂会与重金属结合而释放出巯基,故能有效地消除由重金属而引起的中毒。重金属与螯合剂形成的配合物,易溶于水,可从肾脏排出。服用螯合剂的同时,一般给患者体内同时输入利尿剂(10% 的右旋醣酐溶液,或 20% 的甘露醇溶液),促使其利尿排毒。

医疗上常用的螯合剂有以下这些物质:乙二胺四乙酸钙二钠($CaNa_2 \cdot EDTA$),适用于铅、镉、锰中毒;2,3-二巯基丙醇(BAL),适用于汞、砷、铬中毒;β-二甲基半胱氨酸,适用于铅、汞中毒;二乙基二硫代氨基甲酸钠三水合物适用于铜中毒等。但是镉中毒时,用螯合剂会使肾的损害加剧,因此尽量不用螯合剂为好。对有机铅之类物质中毒,用螯合剂解毒则无能为力。此外,螯合剂对生物体所必需的重金属也起螯合作用,使用时需注意。

10.7　化学品泄漏的控制和处理

10.7.1　化学品泄漏危险程度的评估

一旦泄漏发生,不要惊慌。尽量不要去摸它、从泄漏物上面走或者去呼吸它,要按照应急程序来处理,首先评估化学品泄漏的危险程度。

1. 小的泄漏事故

通常小于 1 L 的挥发物和可燃溶剂、腐蚀性液体、酸或碱,小于 100 ml 的 OSHA(美国职业安全与健康标准)管制的高毒性化学物质可认为是小的泄漏事故。即便是处理这样的事故,也必须了解其危险性并佩戴合适的个人防护设备才可以实施控制和清理。

2. 大的泄漏事故

满足下面一个或多个条件,就可视为大的泄漏:

(1) 人员发生需要医学观察的受伤情况;

(2) 起火或有起火的危险;

(3) 超出涉及人员的清理能力;

(4) 没有后备人员来支持清理;

(5) 没有需要的专业防护设备;

(6) 不知道泄漏的是什么物质;

(7) 泄漏可能导致伤亡;

(8) 泄漏物进入周围环境(土壤和下水道、雨水口)。

对于大的泄漏事故必须报告公共安全或消防部门,交给受过专业培训和有专业装备的专业人士来处理。

10.7.2　化学品泄漏的一般处理程序

化学品泄漏事故的处理程序一般包括报警、紧急疏散、现场急救、泄漏处理和控制几方面。

1. 报警

无论泄漏事故大小，只要发现化学品泄漏，需要立刻向上级汇报。及时传递事故信息，通报事故状态，是使事故损失降低到最低水平的关键环节。对于大的泄漏事故，则需首先向公安消防部门报告，拨打 119 电话，报告事故单位，事故发生的时间、地点、化学品名称和泄漏量以及泄漏的速度、事故性质（外溢、爆炸、火灾）、危险程度、有无人员伤亡以及报警人姓名及联系电话。

2. 紧急疏散

根据化学品泄漏的扩散情况建立警戒区，迅速将警戒区内与事故应急处理无关的人员撤离，以减少不必要的人员伤亡。

3. 现场急救

在任何紧急事件中，人命救助是最高优先原则。当化学品对人体造成中毒、窒息、冻伤、化学灼伤、烧伤等伤害时，要立刻进行应急处理，并及时送往医院。救护时，不论患者还是救援人员都需要进行适当的防护。

4. 泄漏处理和控制

危险化学品的泄漏处理不当，容易发生中毒或转化为火灾爆炸事故。因此化学品发生泄漏时，一定要处理及时、得当，避免重大事故的发生。在进入泄漏现场进行处理时，应注意以下几项。

（1）进入现场的人员必须配备必要的个人防护器具。

（2）如果泄漏的化学品易燃易爆，应严禁火种。扑灭任何明火及任何其他形式的热源和火源，以降低发生火灾爆炸危险性。

（3）应急处理时严禁单独行动，要有监护人，必要时用水枪掩护。

（4）应从上风、上坡处接近现场，严禁盲目进入。

10.7.3　化学品泄漏围堵、吸附材料

1. 吸附棉

处置化学品泄漏、油品泄漏的最常用的物品是吸附棉。吸附棉由熔喷聚丙烯制成，具有吸附量大（一般为自重的 10 ~ 25 倍）、吸附快、可悬浮（浮于水面）、化学惰性、安全环保、不助燃、可重复使用、无储存时限、成本低等特点。吸附棉（图 10.2）可分为通用型吸附棉（通常为灰色）、吸油棉（通常为白色）和吸液棉（化学品吸附棉，通常为红色或粉色，可用于酸、腐蚀性化学液体的吸附）三种。产品形式通常有垫（片）、条（索）、卷、枕、围栏等。

2. 吸附剂

吸附剂是一类具有适宜的孔结构或表面结构，具有大的比表面积，对吸附质有强烈吸收能力，不与吸附质和介质发生化学反应的具有良好机械强度、制造方便、容易再生的物质，常为颗粒、粉末或多孔固体。用于泄漏处理的吸附剂通常有四种，分别是活性炭、天然无机吸

图 10.2 各类吸附棉外观和样品形式

附剂(沙子、黏土、珍珠岩、二氧化硅、活性氧化铝等)、天然有机吸附剂(木纤维、稻草、玉米秆等)及合成吸附剂(聚氨酯、聚丙烯,聚苯乙烯和聚甲基丙烯酸甲酯树脂等)。

10.7.4　实验室化学品泄漏处理方法

1. 通常的处理方法

实验室存储的化学品量一般较少,由于意外出现化学品泄漏,情况不严重时,可以参照以下方法处理。

(1)应立即向同室人员示警。

(2)根据泄漏物质的危险特性佩戴好相应的防护工具,如防化手套、防护眼镜、防化服等。

(3)用适用于该化学品的吸附条或吸附围栏围堵泄漏液体的扩散流动,以防泄漏品进一步污染大面积环境;或抛洒吸附剂(没有专业吸附剂,可用消防沙),并用扫帚等工具翻动搅拌至不再扩散。

(4)取出吸附垫,放置到围住的化学品液体表面上,依靠吸附垫的超强吸附力对化学品进行快速吸收,以减少化学品的挥发和暴露产生的燃爆危险和毒性。

(5)取出擦拭纸,将吸附垫、吸附条粗吸收处理后残留物进行最后完全吸收处理。

(6)最后,取出防化垃圾袋,将所有用过吸附片、吸附条、黏稠的液体或固体及其他杂质,一起清理到垃圾袋里,扎好袋口,贴上有害废物标签。标签中必须注明有害废物的名称、产生区域和产生日期,放到泄漏应急处理桶内运走,交由专业的废弃物处理公司来处理。泄漏应急处理桶可以在处理干净后,重新使用。

情况严重时,则应向室内人员示警,关闭实验室电闸(非可燃气体泄漏)、实验室门,迅速撤离,报警。若危险大时,则还需疏散附近人员。如遇可燃气体泄漏,则应迅速关闭阀门,打开窗户,迅速撤离,关闭实验室门。严禁开关、操作各种电气设备。

2. 汞的泄漏处理

金属汞散失到地面上时,可用硬纸将汞珠赶入纸簸箕内,再收集到玻璃容器中,加水液封;也可用滴管吸起汞珠收集入水液封的玻璃容器中;另一种方法是使用润湿的棉棒,可以将散落的小汞滴收集成大汞珠,再收集到水液封的玻璃容器中。更小的汞滴可用胶带纸粘起,放入密封袋或容器中。收集不起来的和落入缝隙的小汞滴,可撒硫粉覆盖,用刮刀反复推磨使之反应生成硫化汞,再将硫化汞收集放入密封袋中;也可撒锌粉或锡粉生成稳定的金属汞齐。受污染的房间应将窗户和大门打开通风至少一天。注意:在清除汞时必须戴上手套,使用过的手套同样放在密封袋中。放入污染物的容器和密封袋必须贴上"废汞"或"废汞污染物"的标签。

10.8　生物安全事故的应急措施

每个实验室工作人员都应严格按照操作规程(SOP)进行病原微生物的操作。但实际工作中,操作者在实验过程中的疏忽或错误时有发生,有时会造成严重后果,对操作者本人、共同进行操作的工作人员和实验室环境造成威胁。因此,妥善、果断地处理这些意外差错和事故,对于保证实验室安全至关重要。

10.8.1　菌(毒)外溢处理的一般原则

1.在台面、地面和其他表面洒溢

(1)戴手套,穿防护服,必要时需进行脸和眼睛防护。

(2)用布或纸巾覆盖并吸收溢出物。

(3)向纸巾上倾倒适当的消毒剂,并立即覆盖周围区域。通常可以使用5%漂白剂溶液(次氯酸钠溶液)、苯扎溴铵等。

(4)使用消毒剂时,从溢出区域的外围开始,向中心进行处理。

(5)作用适当时间后(如30 min),将所处理物质清理掉。如果含有碎玻璃或其他锐器,则要使用簸箕或硬的厚纸板来收集处理过的物品,并将它们置于可防刺透的容器中以待处理。

(6)对溢出区域再次清洁并消毒(如有必要,重复第(2)～(5)步)。

(7)将污染材料置于防漏、防穿透的废弃物处理容器中。

(8)在成功消毒后,通知主管部门目前溢出区域的清除污染工作已经完成。

2.在安全柜内菌(毒)种洒溢

(1)如果在生物安全柜内、台面有消毒巾,洒溢量少,危险不大,经消毒后可继续工作,没有严重后果可定为差错。

(2)如果在安全柜内洒溢量比较大,视为有一定危险,应及时处理,停止工作,安全柜消毒后检查是否正常。没有严重后果可定为重要差错。

3.污染、半污染区内安全柜外洒溢

视为有较大危险,应停止工作,按要求处理后,安全撤离,对当事人进行一定的医疗观察。如果是干粉,危险性很大,应根据危害评估的结果对当事人进行隔离预防治疗,如果没有造成严重后果可定为严重差错。

4.在污染半污染区以外洒溢

视为有很大危险,应立即在加强个人防护条件下进行消毒处理,如果没有造成严重后果可定为一般事故。

5.洒溢在防护服上

视为危险,应立即就近进行局部消毒。然后,对手进行消毒,到第Ⅱ缓冲区按操作规程脱掉被污染的衣服,用消毒液浸泡后进行高压灭菌处理。换上待用的防护服。对现场可能污染的表面用消毒巾擦拭,对可能污染的空气靠通风和紫外线去除和消毒。只有把可能的污染去除才可继续工作,如果没有造成严重后果可定为差错。

6. 菌(毒)外溢到皮肤黏膜

视为有较大危险,应立即停止工作,撤到第Ⅱ缓冲区或半污染区。能用消毒液的部位可进行消毒,然后用肥皂水冲洗 15 ~ 20 min,之后立即安全撤离,视情况隔离观察,期间根据条件进行适当的预防治疗。对事故中环境表面和空气的污染应由有经验的人在加强个人防护(如戴上面具和特殊的呼吸道保护装备)下按规程处理,如果没有造成严重后果可定为一般事故。

10.8.2 皮肤刺伤(破损)

视为有极大危险,应立即停止工作,对局部进行可靠消毒、挤血、包扎等处置。如果手部损伤应脱去手套(避免再污染),撤离到第Ⅱ缓冲区。由另一位工作者戴上洁净手套对伤口进行消毒、挤血(向外挤),用水冲洗 15 min 左右(冲洗废水收集灭菌),按规程撤离实验室。视情况隔离观察,期间根据条件进行适当的预防治疗,如果没有造成严重后果可定为一般事故。

10.8.3 感染性物质的食入

视为有很大危险,应立即停止工作,按规程撤离实验室,转移到专用隔离病房或隔离室。单位生物安全委员会和相关医师共同研究医学处理方案,其中,包括了解食入材料的剂量和事故发生的细节,制订隔离和预防治疗措施,并保留完整的医疗记录,如果没有造成严重后果可定为一般事故。

10.8.4 潜在危害性气溶胶的释放(在生物安全柜以外)

视为很大危险,所有人员必须立即撤离相关区域,任何暴露人员都应接受医师咨询。应当立即通知实验室负责人和上级领导。为了使气溶胶排出以及使较大的粒子沉降,在一定时间(如 1 h)内严禁人员入内。如果实验室中没有中央通风系统,则应推迟进入实验室(如 24 h)。

实验室门外应张贴"禁止进入"的标志。过了相应时间后,在生物安全实验室负责人参加或指导下来清除污染,应穿戴适当的防护服和呼吸保护装备,如果没有造成严重后果可定为一般事故。

10.8.5 容器破碎及感染性物质的溢出

视为有很大的个人危险和环境污染,当事人应当立即用布或纸巾覆盖受感染性物质污染或受感染性物质溢洒的破碎物品,然后在上面倒上消毒剂并使其作用适当时间,开启紫外消毒、撤离现场。然后,立即向相关负责人汇报。根据危险评估和操作规程,作用一定时间,由有经验的人在加强个人防护下,进入现场将布、纸巾以及破碎物品清理;玻璃碎片应用镊子清理。然后再用消毒剂擦拭污染区域。对清理的破碎物,应当进行高压灭菌或放在有效的消毒液内浸泡。用于清理的布、纸巾和抹布等应当放在盛放污染性废弃物的容器内。在所有这些操作过程中都应戴手套。如果实验表格或其他打印或手写材料被污染,应将这些信息复制,并将原件置于盛放污染性废弃物的容器内。如果没有造成严重后果可定为一般事故。

10.8.6　离心管发生破裂

非封闭离心桶的离心机内盛有潜在感染性物质的离心管发生破裂,这种情况被视为发生气溶胶暴露事故,应立即加强个人防护力度,其处理原则如下。

（1）如果机器正在运行时发生破裂或怀疑发生破裂。应关闭机器电源,停止后密闭离心筒至少 30 min,使气溶胶沉积。

（2）如果机器停止后发现破裂,应立即将盖子盖上,并密闭至少 30 min。

发生这两种情况时都应报告实验室负责人,随后的所有操作都应加强个人呼吸保护,并戴结实的手套(如厚橡胶手套),必要时可在外面戴适当的一次性手套。当清理玻璃碎片时应当使用镊子,或用镊子夹着的棉花进行。所有破碎的离心管、玻璃碎片、离心桶、十字轴和转子,都应放在无腐蚀性的、已知对相关微生物具有杀灭活性的消毒剂内。未破损的带盖离心管应放在另一个有消毒剂的容器中,然后回收。离心机内腔应用适当浓度的同种消毒剂反复擦拭,然后用水冲洗并干燥。清理时所使用的全部材料都应按感染性废弃物处理。

（3）可封闭的离心桶(安全杯)内离心管发生破裂。所有密封离心桶都应在生物安全柜内装卸。如果怀疑在安全杯内发生破损,应该松开安全杯盖子并将离心桶高压灭菌。还可以采用化学方法消毒安全杯,如果没有造成严重后果可定为一般事故。

10.8.7　发现相关症状

若操作者或其所在实验室的工作人员出现与被操作病原微生物导致疾病类似的症状,则应被视为可能发生实验室感染,应及时到指定医院就诊,并如实告知工作性质和发病情况。在就诊过程中应采取必要的隔离防护措施,以免疾病传播。一旦发生了实验室相关感染,必须严格控制,杜绝再传播。杜绝传播的关键是做好实验室相关感染的预测、预警,严格按着预防方案处理。其中,提高警惕,及早诊断、及早隔离治疗非常重要。

主要参考文献及资料

［1］北京大学化学与分子工程学院实验室安全技术教学组. 大学实验室安全基础［M］. 北京:北京大学出版社,2012.

［2］何荣华,岳欣荣. 对心肺复苏术顺序的重新认识［J］. 医学外科·心血管疾病分册,1989,25(4):216－218.

［3］徐涛,车凤翔,董先智,等. 实验室生物安全［M］. 北京:高等教育出版社,2010.

［4］世界卫生组织. 实验室生物安全手册(修订本)［M］. 2 版. 北京:人民卫生出版社,2004.

［5］世界卫生组织. 实验室生物安全手册(中文版)［M］. 3 版. 北京:中国疾病预防控制中心,2005.

第 11 章　实验室废弃物的处理

实验室废弃物是指实验过程中产生的三废(废气、废液、固体废物)物质、实验用剧毒物品、麻醉品、化学药品残留物、放射性废弃物、实验动物尸体及器官、病源微生物标本以及对环境有污染的废弃物。

与工业三废相比,实验室废弃物数量上较少,但其种类多、成分复杂、具有多重危险危害性,如燃、爆、腐蚀、毒害等。由于不便集中处理,实验室废弃物处理成本高、风险大。长期以来,实验室处理废弃物,除剧毒物质外,废液、废气等几乎都是稀释一下就自然排放了,对待固体废物则按生活垃圾处理。经过长时间的积累后,这些废弃物会对周边的水环境、大气环境、土壤环境、生态环境和人体健康造成严重影响。因此,必须加强对实验室废弃物的管理,正确处置、处理实验废弃物。

我国颁布了多项法律法规,如:《中华人民共和国环境保护法》《中华人民共和国废弃物污染环境防治法》《中华人民共和国水污染防治法》《病原微生物实验室生物安全环境管理条例》《废弃危险化学品污染环境防治办法》(国家环境保护总局令第 27 号)等,从法律上、制度上来保证和规范对实验室废弃物的管理。

11.1　实验室废弃物的一般处理原则

11.1.1　处理实验废弃物的一般程序

处理实验废弃物的一般程序可分为下述四步:
(1)鉴别废弃物及其危害性;
(2)系统收集、储存实验废弃物;
(3)采用适当的方法处理废弃物以减少废弃物的数量;
(4)正确处置废弃物。

11.1.2　实验废弃物及其危害性的鉴别

实验废弃物及其危害性的识别对实验室废弃物的收集、存放、处理、处置至关重要。了解实验废弃物的组成及危害性为正确处置这些废弃物提供了必需的信息。可按下面方法对实验废弃物进行鉴别。

1. 做好已知成分废弃物的标记

养成对实验废弃物的成分进行标记的习惯,不论废弃物的量是多少,在盛放废弃物的容器上标明它的成分及可能具有的危害性及贮存时间,这将为安全处置废弃物提供便利。

2. 鉴别、评估未知成分废弃物

对于不明成分的废弃物,可通过简单的实验测试其危害性。我国颁布了《危险废物鉴别标准》(GB 5085.1~3—1996),规定了腐蚀性鉴别、急性毒性初筛和浸出毒性、危险废物的反应性、易燃性、感染性等危险特性的鉴别标准。对于其他危害性目前还没有制定相应的鉴定标准,鉴定时只能参考国外的有关标准。

3. 废弃物的收集和储存

在实验废弃物处理过程中,不可避免地涉及收集和储存的问题。在废弃物收集和储存时需要注意下面的问题。

（1）使用专门的储存装置,放置在指定地点。

（2）相容的废弃物可以收集在一起,不具相容性的实验室废弃物应分别收集贮存。切忌将不相容的废弃物放在一起。

（3）做好废弃物标签,将标签牢固贴在容器上。标签的内容应该包括:组分及含量,危害性,开始存储日期及储缓日期、地点、存储人及电话。

（4）避免废弃物储存时间过长。一般不要超过 1 年。应及时做无害化处理或送专业部门处理。

（5）对感染性废弃物或有毒有害生物性废物,应根据其特性选择合适的容器和地点,专人分类收集进行消毒、烧毁处理,需日产日清。

（6）对无毒无害的生物性废弃物,不得随意丢弃,实验完成后将废弃物装入统一的塑料袋密封后贴上标签,存放在规定的容器和地点,定期集中深埋或焚烧处理。

（7）高危类剧毒品、放射性废物必须按相关管理要求单独管理储存,单独收集清运。

（8）回收使用的废弃物容器一定要清洗后再用,废弃不用的容器也需要作为废弃物处理。

4. 废弃物的再利用及减害处理

实验废弃物应先进行减害性预处理或回收利用,采取措施减少废弃物的体积、重量和危险程度,以降低后续处置的负荷。

（1）回收再利用废弃的试剂和实验材料。对用量大、组分不复杂、溶剂单一的有机废液可以利用蒸馏等手段回收溶剂;对玻璃、铝箔、锡箔、塑料等实验器材、容器也尽量回收利用。

（2）废弃物的减容、减害处理。通过安全适当的方法浓缩废液;利用化学反应,如酸碱中和、沉淀反应等消除或降低其危害性;拆解固体废弃物在实现废弃物的减容减量的同时,实现资源的回收利用等。

在对废弃物的再利用及减害处理过程中,需要注意做好个人防护措施。

5. 废弃物的正确处置

对于经过减害处理过的废气可以排放到空气中;对于经过灭菌处理的生物、医学研究废物可按一般生活垃圾处理;对减害处理后,重金属离子浓度和有机物含量 TOC 达到排放标准的不含有机氯的废液可直接排放至城市下水管网中;其他有害废弃物,如含氯的有机物、传染性物质、毒性物质、达不到排放标准的物质等,需要将这些废弃物交由合法的、有资质的专业废弃物处理机构处理。

焚烧是处理废弃物,尤其是有害废弃物的一种办法,但对废弃物的焚烧必须取得公共卫生机构和环卫部门的批准。焚烧废弃物时,应使用二级焚烧室,温度设置在 1 000 ℃ 以上,焚烧后的灰烬可作生活垃圾处理。

11.2 化学实验室废弃物的处理

11.2.1 化学实验室废弃物分类

化学实验室废弃物为可分为废气、有机废液、无机废液、有机固体废弃物、固体废弃物、超过有效使用期限或已经变质的化学品及空试剂瓶等。其中以废液数量最多,废液又可按图11.1所示分类。

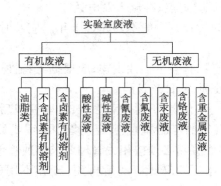

图11.1 实验室化学废液分类图

11.2.2 污染源的控制

为减少对环境的污染,实验室教学和科研活动中应采用无污染或少污染的新工艺、新设备,采用无毒无害或低毒低害的原材料,尽可能减少危险化学物品的使用,以防止新污染源的产生。在进行试验时,可将常规量改为微量,既节约药品、减少废物生成,又安全。

使用易挥发化学品的实验操作必须在通风橱内进行。

实验室应定期清理多余试剂,按需购置化学试剂、药品,鼓励各实验室之间交换共享,尽可能减少试剂和药品的重复购置和闲置浪费现象。

在保证安全的前提下,回收有机溶剂,浓缩废液使之减容,利用沉淀、中和、氧化还原、吸附、离子交换等方法对废弃物进行无害化或减害处理。

11.2.3 实验废弃物的收集与储存

1. 收集实验废弃物的注意事项

(1)实验室废液应根据其中主要有毒有害成分的品种与理化性质分类收集,装入专用的废液桶或废物袋中(一般废液不超过容器容积的70%～80%)。

(2)在收集容器上贴上废弃物登记标签,标签上应有明确标示出有毒有害成分的全称或化学式(不可写简称或缩写)以及大致含量、收集日期、收集人及电话。同时将该废弃物收集信息登记在专用的"化学废弃物记录单"中,以备查用。

2．实验废弃物储存时的注意事项

（1）化学性质相抵触或灭火方法相抵触的废弃物不得混装，要分开包装、分开存储。如氰化物、硫化物、氟化物与酸，有机物与强氧化剂等均不可相互混合。图 11.2 是化学实验废液相容表，在收集、存储废液时，可参照此表。

（2）收集的废液、固体废弃物应放置在专门的区域，与实验操作区隔离，并保证阴凉、干燥、通风。

实验废液相容表

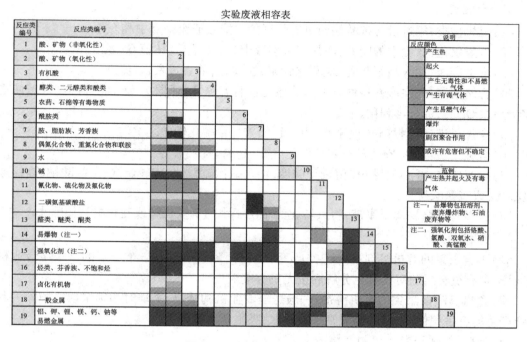

图 11.2　化学实验废液相容表

11.2.4　化学实验废弃物的处置与管理

1．一般废弃物的处置与管理

（1）实验室的废弃化学试剂和实验产生的有毒有害废液、废物，严禁向下水口倾倒。

（2）不可将废弃的化学试剂及沾染危险废物的实验器具放在楼道等公共场合。

（3）不得将危险废物（含沾染危险废物的实验用具）混入生活垃圾和其他非危险废物中贮存。

（4）不含有毒有害成分的酸、碱、无机废液（如盐酸、氢氧化钠等）可经适当中和、充分稀释后排放。

（5）提倡对废液进行安全无害的浓缩处理，提倡提纯回收有机溶剂再利用。

（6）接触危险废物的实验室器皿（包括损毁玻璃器皿、空试剂瓶）、包装物等，必须完全消除危害后，才能改为他用，或集中回收处理。

（7）不能处理的废弃物交给本单位相关管理人员，委托有资质的废弃物处理机构处置。

（8）禁止将废弃化学药品提供或委托给无许可证的单位从事收集、贮存、处置等活动。

2. 管制类废弃物的处置与管理

（1）废弃剧毒化学品应填写"废弃剧毒试剂登记表"，交到本单位相关管理人员及设备管理处，由专人负责与主管部门联系处理。

（2）放射性废弃物是管制物品，不可擅自处理，其处理详见 11.4 节。

11.2.5　常见化学废弃物的减害处理方法

1. 无机废液

（1）无机酸类：用过量含碳酸钠或氢氧化钙的水溶液或废碱液中和。

（2）含氢氧化钠、氨水的废液：用盐酸水溶液中和，稀释至 pH 值 6 ~ 8。

（3）含氟废液：加入消石灰乳（氢氧化钙浆）至碱性，放置过夜，过滤。

（4）含铬废液：先在酸性条件下加入硫酸亚铁将 $Cr(\text{VI})$ 还原为 $Cr(\text{III})$，再投入碱使之沉淀为 $Cr(OH)_3$，进行再利用。

（5）含汞废液：可调节 pH 值至 6 ~ 10 后，加入过量硫化钠使之沉淀。

（6）含砷废液：加入 Fe^{3+} 及石灰乳使之沉淀，分离。

（7）含氰废液：务必先将 pH 值调至碱性，加入硫代硫酸钠、硫酸亚铁、次氯酸钠、高锰酸钾使之生成硫氰酸盐。

（8）含多种重金属离子废液：将其转化为难溶于水的氢氧化物或硫化物沉淀除去。

2. 有机废液

（1）不含卤素的有机溶剂：易被生物分解的可稀释后直接排放，难分解的可送至专业机构焚烧，含有重金属的对其氧化分解后按无机类废液处理。

（2）含氮、硫、卤素类的有机溶剂：一般送至专业机构焚烧，焚烧时必须采取措施除去其燃烧产生的有害气体，难燃的物质则采取萃取、吸附及水解处理。

（3）油脂类：送至专业机构焚烧。

3. 废气

对毒害性大的废气可采用冷凝、吸收、吸附、燃烧、反应、过滤器过滤等净化措施处理。

11.3　生物安全实验室废弃物的处理

生物安全实验室废弃物主要是指病原微生物操作产生的废弃物。病原微生物操作产生的废弃物的处理应遵循我国《中华人民共和国传染病防治法》和《中华人民共和国固体废物污染环境防治法》所制定的《医疗废物管理条例》（2003 年）。应当制定规章制度和应急方案；及时检查、督促、落实废弃物的管理工作。废弃物收集、运送、贮存、处置等相关工作人员和管理人员，应进行相关法律和专业技术、安全防护以及紧急处理等知识的培训。并配备必要的防护用品，定期进行健康检查及免疫接种。

应执行废弃物转移联单管理制度。对废弃物的来源、种类、重量或者数量、交接时间、处置方法、最终去向以及经办人签名等项目予以登记。登记资料至少保存 3 年。发生医疗废物流失、泄漏、扩散时，医疗卫生机构和医疗废物集中处置单位应当采取减少危害的紧急处理措施，对致病人员提供医疗救护和现场救援；同时向所在地的卫生行政主管部门、环境保护行政主管部门报告,并向可能受到危害的单位和居民通报。

禁止转让、买卖医疗废物。禁止在非贮存地点倾倒、堆放医疗废物或将其混入其他废物和生活垃圾。禁止邮寄,或在饮用水源保护区的水体上、铁路、航空运输,或与旅客在同一运输工具上载运医疗废物。

病原体的培养基、标本和菌种、毒种保存液属于《医疗废物管理条例》中的高危险废弃物,应当就地消毒。排泄物应严格消毒后,方可排入污水处理系统。使用后的一次性医疗器具和容易致人损伤的医疗废物,应当消毒并作毁形处理。能够焚烧的,应当及时焚烧;不能焚烧的,消毒后集中填埋。

违反相关规定者,将依据情节严重程度不同而遭到行政处罚,直至承担相应的民事或刑事责任。

11.3.1　生物安全实验室废弃物处理的原则

生物安全实验室废弃物是指将要丢弃的所有物品。这些废弃物需要进行分类处理。生物安全实验室废弃物处理的原则是所有感染性材料必须在实验室内清除污染、高压灭菌或焚烧:

(1)实验人员完成实验后将废弃物进行分类处理;

(2)实验人员将感染性废弃物进行有效消毒或灭菌处理或焚烧处理;

(3)实验人员将未清除污染的废弃物进行包裹后存放到指定位置,以便进行后续处理;

(4)在感染性废弃物处理过程中避免人员受到伤害或环境被破坏。

生物安全实验室废弃物清除污染的首选方法是高压蒸汽灭菌。废弃物应装在特定容器中(根据内容物是否需要进行高压蒸汽灭菌和/或焚烧而采用不同颜色标记的可以高压灭菌的塑料袋),也可采用其他替代方法。

11.3.2　生物安全实验室废弃物的处理和丢弃程序

1. 先进行鉴别并分别进行处理

废弃物可以分成以下几类:

(1)可重复使用的非污染性物品;

(2)污染性锐器——注射针头、手术刀、刀及碎玻璃,这些废弃物应收集在带盖的不易刺破的容器内,并按感染性物质处理;

(3)通过高压灭菌和清洗来清除污染后重复或再使用的污染材料;

(4)高压灭菌后丢弃的污染材料;

(5)直接焚烧的污染材料。

2. 不同种类的废弃物的处理程序

这里主要对于生物实验室特有的废弃物进行介绍,关于有毒实验废弃物和放射性废弃物的管理详见本章相关部分的介绍。

(1)生物活性实验材料:实验废弃的生物活性实验材料特别是细胞和微生物(细菌、真菌和病毒等)必须及时灭活和消毒处理。

(2)固体培养基等要采用高压灭菌处理,未经有效处理的固体废弃物不能作为日常垃圾处置。

（3）液体废弃物如细菌等需用 15% 次氯酸钠消毒 30 min，稀释后排放，最大限度地减轻因此对周围环境的影响。

（4）动物尸体或被解剖的动物器官需及时进行妥善处置，禁止随意丢弃动物尸体与器官。无论在动物房或实验室，凡废弃的实验动物或器官必须按要求消毒，并用专用塑料袋密封后冷冻储存，统一送有关部门集中焚烧处理。严禁随意堆放动物排泄物，与动物有关的垃圾必须存放在指定的塑料垃圾袋内，并及时用过氧乙酸消毒处理后方可运出。

（5）实验器械与耗材：吸头、吸管、离心管、注射器、手套及包装等塑料制品应使用特制的耐高压超薄塑料容器收集，定期灭菌后，回收处理。

（6）废弃的玻璃制品和金属物品应使用专用容器分类收集，统一回收处理。

（7）注射针头用过后不应再重复使用，应放在盛放锐器的一次性容器内焚烧，如需要可先高压灭菌。盛放锐器的容器不能装得过满。当达到容量的四分之三时，应将其放入"感染性废弃物"的容器中进行焚烧，可先进行高压灭菌处理。

（7）高压灭菌后重复使用的污染（有潜在感染性）材料必须在高压灭菌或消毒后进行清洗、重复使用。

（8）应在每个工作台上放置盛放废弃物的容器、盘子或广口瓶，最好是不易破碎的容器（如塑料制品）。当使用消毒剂时，应使废弃物充分接触消毒剂（即不能有气泡阻隔），并根据所使用消毒剂的不同保持适当接触时间。盛放废弃物的容器在重新使用前应高压灭菌并清洗。

11.3.3 高压处理的分类及高压处理前的准备

1. 高压处理的分类

1）可以用来高压处理的物品

（1）感染性的标本和培养物。

（2）培养皿和相关的材料。

（3）需要丢弃的活的疫苗。

（4）污染的固体物品（移液管、毛巾等）。

2）不能用来高压处理的物品

（1）化学性和放射性废物。

（2）某些外科手术器械。

（3）某些锐器。

2. 高压处理前的准备

（1）必须使用特定的耐高压包装袋。

（2）包装袋不能装得过满。

（3）能够重复使用的物品高压处理时需要和液体的物品分开放置。

（4）如果袋子外面被污染，需要用双层袋子。

（5）所有的有生物材料的长颈瓶需要用铝箔进行封口。

（6）所有的物品均需要有标签。

（7）最好是专人负责高压锅的使用，使用人使用前必须学会：①如何正确开关机；②做好个人防护；③正确区分物品是否可以高压处理并确认包装是否正确；④超过 50 L 的高压操作人员要有高压锅操作岗位证书。

11.4　放射性污染与放射性废物的处理

11.4.1　放射性污染的处理

在放射性物质生产和使用的过程中,时常会发生人体表面和其他物体表面受到污染的现象,不但影响操作者本身的健康,也会污染周围的环境。一般的轻微污染,即那些放射毒性较低、污染量较小的事件,在一定的时间和条件支持下,可以进行相应的清洗,清洗污染的过程越早进行效果越好。如果污染情况较为严重,特别是有人员损伤的情况下,应属于放射性事故,应参照放射性事故应急处理程序进行处置。

常规轻微的放射性污染清理处置的方法如下。

(1)工作室表面污染后,应根据表面材料的性质及污染情况,选用适当的清洗方法。一般先用水及去污粉或肥皂刷洗,若污染严重则考虑用稀盐酸或柠檬酸溶液冲洗,或刮去表面或更换材料。

(2)手和皮肤受到污染时,要立即用肥皂、洗涤剂、高锰酸钾、柠檬酸等清洗,也可用 1% 二乙胺四乙酸钙和 88% 的水混合后擦洗;头发如有污染也应用温水加肥皂清洗。不宜用有机溶剂及较浓的酸清洗,若这样做则会促使污染物进入体内。

(3)对于吸入放射性核素的人,可用 0.25% 肾上腺素喷射上呼吸道或用 1% 麻黄素滴鼻使血管收缩,然后用大量生理盐水洗鼻、漱口,也可用祛痰剂(氯化铵、碘化钾)排痰,眼睛、鼻孔、耳朵也要用生理盐水冲洗。

(4)清除工作服上的污染时,如果污染不严重,及时用普通清洗法即可;污染严重时,不宜用手洗,要用高效洗涤剂,如用草酸和磷酸钠的混合液。如果一时找不到这些清洗剂,可将受污染的衣物先封存在一个大塑料袋内,以避免大面积污染。

(5)有些污染不适合使用上述方法清洗,应咨询专家,具体分析污染内容再做处理。

11.4.2　放射性废物的管理与处置

放射性废物是指含有放射性核素或被放射性污染,其活度和浓度大于国家规定的清洁控制水平,并预计不可再利用的物质。生产、研究和使用放射性物质以及处理、整备(固化、包装)、退役等过程都会产生放射性废物。

对放射性废物中的放射性物质,现在还没有有效的方法将其破坏,以使其放射性消失。目前只是利用放射性自然衰减的特性,采用在较长的时间内将其封闭,使放射强度逐渐减弱的方法,达到消除放射污染的目的。

1. 放射性废物的储存

实验室应有放射性废物存放的专用容器,并应防止泄漏或沾污,存放地点还应有效屏蔽防止外照射。放射性废物的存放应与其他废物分开,不可将任何放射性废物投入非放射性垃圾桶或下水道。

放射性废物的储存要防止丢失,包装完整易于存取,包装上一定要标明放射性废物的核素名称、活度、其他有害成分以及使用者和日期。应经常对存放地点进行检查和监测,防止泄漏事故的发生。

　　放射性废物在实验室临时存放的时间不要过长,应按照主管部门的要求送往专门储存和处理放射性废物的单位进行处置。

　　2. 放射性废物的处理

　　放射性废物处理的目的是降低废物的放射性水平和危害,减小废物处理的体积。在实际放射性工作中,合理设计实验流程,合理使用放射性设备、试剂和材料,尽量能做到回收再利用,尽量减少放射性废物的产生量。优化设计废物处理,防止处理过程中的二次污染;放射性废物要按类别和等级分别处理,从而便于储存和进一步深化处理。

　　1)放射性液体废物的处理

　　(1)稀释排放。对符合我国《放射防护规定》中规定浓度的废水,可以采用稀释排放的方法直接排放,否则应经专门净化处理。

　　(2)浓缩贮存。对半衰期较短的放射性废液可直接在专门容器中封装贮存,经一段时间,待其放射强度降低后,可稀释排放。对半衰期长或放射强度高的废液,可使用浓缩后贮存的方法。通过沉淀法、离子交换法和蒸发法浓缩手段,将放射物质浓集到较小的体积,再用专门容器贮存或经固化处理后深埋或贮存于地下,使其自然衰变。

　　(3)回收利用。在放射性废液中常含有许多有用物质,因此应尽可能回收利用。这样做既不浪费资源,又可减少污染物的排放。可以通过循环使用废水,回收废液中某些放射性物质,并在工业、医疗、科研等领域进行回收利用。

　　2)放射性固体废物的处理

　　对可燃性固体废物可通过高温焚烧大幅度减容,同时使放射性物质聚集在灰烬中。焚烧后的灰可在密封的金属容器中封存,也可进行固化处理。采用焚烧方式处理,需要有良好的废气净化系统,因而费用高昂。

　　对无回收价值的金属制品,还可在感应炉中熔化,使放射性被固封在金属块内。

　　经压缩、焚烧减容后的放射性固体废物可封装在专门的容器中,或固化在沥青、水泥、玻璃中,然后将其埋藏在地下或贮存于设于地下的混凝土结构的安全贮存库中。

　　3)放射性气体废物的处理

　　对于低放射性废气,特别是含有半衰期短的放射物质的低放射性废气,一般可以通过高烟筒直接稀释排放。

　　对于含有粉尘或含有半衰期长的放射性物质的废气,则需经过一定的处理,如用高效过滤的方法除去粉尘,碱液吸收去除放射性碘,用活性炭吸附碘、氪、氙等。经处理后的气体,仍需通过高烟筒稀释排放。

主要参考文献及资料

[1]　LISA MORAN, TINA MASCIANGIOLI. Chemical laboratory safety and security:A guide to prudent chemical management [M]. Washington, DC:The National Academies Press, 2010.

[2]　北京大学化学与分子工程学院实验室安全技术教学组. 大学实验室安全基础[M]. 北京:北京大学出版社, 2012.

[3]　冯肇瑞,杨有启. 化工安全技术手册[M]. 北京:化学工业出版社, 1993.

第12章 特种设备安全

12.1 特种设备及其类型

特种设备是指涉及生命安全、危险性较大的锅炉、压力容器(含气瓶)、压力管道、电梯、起重机械、客运索道、大型游乐设施、场(厂)内专用机动车辆。特种设备包括其所用的材料、附属的安全附件、安全保护装置和与安全保护装置相关的设施。

特种设备可分为承压类和机电类两大类型。承压类特种设备主要包括锅炉、压力容器(含气瓶)、压力管道;机电类特种设备主要包括电梯、起重机械、客运索道、大型游乐设施和场(厂)内专用机动车辆等(表12.1)。

表12.1 特种设备的分类目录

代码	种类	项目	内容
1 000	锅炉	含义	是指利用各种燃料、电或者其他能源,将所盛装的液体加热到一定的参数,并对外输出热能的设备,其范围规定为容积大于或者等于30 L的承压蒸汽锅炉;出口水压大于或者等于0.1 MPa(表压),且额定功率大于或者等于0.1 MW的承压热水锅炉;有机热载体锅炉
2 000	压力容器	含义	是指盛装气体或者液体,承载一定压力的密闭设备,其范围规定为最高工作压力大于或者等于0.1 MPa(表压),且压力与容积的乘积大于或者等于2.5 MPa·L的气体、液化气体和最高工作温度高于或者等于标准沸点的液体的固定式容器和移动式容器;盛装公称工作压力大于或者等于0.2 MPa(表压),且压力与容积的乘积大于或者等于1.0 MPa·L的气体、液化气体和标准沸点等于或者低于60 ℃液体的气瓶;氧舱等
8 000	压力管道	含义	是指利用一定的压力,用于输送气体或者液体的管状设备,其范围规定为最高工作压力大于或者等于0.1 MPa(表压)的气体、液化气体、蒸汽介质或者可燃、易爆、有毒、有腐蚀性、最高工作温度高于或者等于标准沸点的液体介质,且公称直径大于25 mm的管道
3 000	电梯	含义	是指动力驱动,利用沿刚性导轨运行的箱体或者沿固定线路运行的梯级(踏步),进行升降或者平行运送人、货物的机电设备,包括载人(货)电梯、自动扶梯、自动人行道等
4 000	起重机械	含义	是指用于垂直升降或者垂直升降并水平移动重物的机电设备,其范围规定为额定起重量大于或者等于0.5 t的升降机;额定起重量大于或者等于1 t,且提升高度大于或者等于2 m的起重机和承重形式固定的电动葫芦等
9 000	客运索道	含义	是指动力驱动,利用柔性绳索牵引箱体等运载工具运送人员的机电设备,包括客运架空索道、客运缆车、客运拖牵索道等
6 000	大型游乐设施	含义	是指用于经营目的,承载乘客游乐的设施,其范围规定为设计最大运行线速度大于或者等于2 m/s,或者运行高度距地面高于或者等于2 m的载人大型游乐设施

代码	种类	项目	内容
5 000	场(厂)内专用机动车辆	含义	是指除道路交通、农用车辆以外仅在工厂厂区、旅游景区、游乐场所等特定区域使用的专用机动车辆

特种设备广泛应用于学校教学科研各个领域中,锅炉、压力容器(含气瓶)、压力管道、起重机械、电梯等都是学校或实验室内常用设备。随着特种设备数量的增加和应用范围的扩大,随之而来的安全问题也越来越突出。由于特种设备事故多发且危害较大,国家对特种设备的安全管理也越来越重视,《中华人民共和国特种设备安全法》已经颁布并于 2014 年 1月 1 日起施行。

12.2　压力容器(含气瓶)安全

压力容器的用途十分广泛,它在石油化学工业、能源工业、科研和军工等国民经济的各个部门都起着重要作用。实验室内用到的压力容器主要有高压灭菌锅、高压反应釜、反应罐、反应器和各种压力储罐等(图 12.1)。压力容器一般由筒体、封头、法兰、密封元件、开孔和接管、支座等六大部分构成容器本体。由于密封、承压及介质等原因,压力容器易发生爆炸、燃烧等危及人员、设备、财产的安全及污染环境的事故。

图 12.1　高压灭菌锅、高压反应釜和压力储罐

12.2.1　压力容器的分类

1.按承压方式分类

1)外压容器

当容器的内压力小于一个绝对大气压(约 0.1 MPa)时又称为真空容器。

2)内压容器

内压容器又可按设计压力(p)大小分为四个压力等级。

(1)低压(代号 L)容器:$0.1\ \text{MPa} \leqslant p < 1.6\ \text{MPa}$。

(2)中压(代号 M)容器:$1.6\ \text{MPa} \leqslant p < 10.0\ \text{MPa}$。

(3)高压(代号 H)容器:$10\ \text{MPa} \leqslant p < 100\ \text{MPa}$。

(4)超高压(代号 U)容器:$p \geqslant 100\ \text{MPa}$。

2.按生产中的作用分类

1)反应压力容器(代号 R)

用于完成介质的物理、化学反应。

2)换热压力容器(代号 E)

用于完成介质的热量交换。

3)分离压力容器(代号 S)

用于完成介质的流体压力平衡缓冲和气体净化分离。

4)储存压力容器(代号 C,其中球罐代号 B)

用于储存、盛装气体、液体、液化气体等介质。

3.按安装方式分类

1)固定式压力容器

固定式压力容器是有固定安装和使用地点、工艺条件和操作人员也较固定的压力容器。

2)移动式压力容器

使用时不仅承受内压或外压载荷,搬运过程中还会受到由于内部介质晃动引起的冲击力以及运输过程带来的外部撞击和振动载荷,因而在结构、使用和安全方面均有其特殊的要求。

4.按安全技术管理分类

《压力容器安全技术监察规程》采用既考虑容器压力与容积乘积大小,又考虑介质危险性以及容器在生产过程中的作用的综合分类方法,将压力容器分为第一、第二和第三类压力容器,以利于安全技术监督和管理。

12.2.2　压力容器安全附件及其作用

压力容器的主要安全附件有安全阀、爆破片、压力表、液位计、温度计、紧急切断装置和快开式压力容器的安全连锁装置等。

1.安全阀

安全阀是一种超压自动泄压阀门。当容器内的压力超过某一规定值时,安全阀就自动开启迅速排放容器内部的过压气体,实现降压措施。当压力降回到设定值后,安全阀又自动关闭,从而使容器内压始终低于允许范围的上限,不致因超压而酿成事故。

2.爆破片

一旦压力容器超压,爆破片破裂使压力下降。主要作用与安全阀一样,不同之处是不能自动关闭,只能等压力或介质放完后重新更换。

3.压力表

压力表是监测压力容器工作压力的一种仪表。压力表还可以记录压力容器的中间工况状态,也可在一定程度上反映介质的贮存量,压力表的准确与否直接关系到容器的安全。压力表的最大量程最好选用为容器工作压力的 1.5 ~ 2 倍。

4.液位计

液位计是用来测量液化气体或物料的液位、流量、充装量、投料量等的一种仪表。它的作用是监测液位高低或介质的存量。

5. 温度计

监测压力容器的工作温度,也可以记录压力容器的中间工况状态。

12.2.3 压力容器的使用与检验

1. 压力容器的使用要求

正确合理地使用压力容器,才能保证其安全运行。即使是容器的设计完全符合要求,制造、安装质量优良,如果操作不当,同样会造成事故。对压力容器使用要注意以下事项。

(1)压力容器的操作人员在取得质量技术监督部门统一颁发的"压力容器操作人员证"后,方可上岗工作。操作人员一定要熟悉本岗位的工艺流程、容器的结构、类别、主要技术参数和技术性能,严格按操作规程操作。掌握处理一般事故的方法,认真填写有关记录。

(2)压力容器严禁超温、超压运行。压力容器的使用压力不能超过压力容器的最高工作压力,以保证压力容器的安全运行。实行压力容器安全操作挂牌制度或采用机械连锁机制防止误操作。检查减压阀失灵与否。装料时避免过急过量,液化气体严禁超量装载,并防止意外受热等。

(3)压力容器要平稳操作。压力容器开始加载时,速度不宜过快,要防止压力突然上升。高温容器或工作温度低于0 ℃的容器,加热或冷却都应缓慢进行。尽量避免操作中压力的频繁和大幅度波动。

(4)严禁带压拆卸压紧螺栓。压力容器内部有压力时,不得进行任何修理。对压力容器的受压部件进行重大修理和改造,应符合《压力容器安全技术监察规程》和有关标准的要求,并将修理和改造方案报质量技术监督部门审查通过后,方可施工。

(5)经常检查安全附件运行情况。检查安全阀、压力表有无失效,有无按规定送校验。安全阀每年至少校验一次,压力表每半年校验一次。新安全阀在安装之前,应根据压力容器的使用情况,送校验后,才准安装使用。必须保证安全报警装置灵敏可靠。

2. 压力容器的检验

亦称压力容器运行中的检查,检查的主要内容有:压力容器外表面有无裂纹、变形、泄漏、局部过热等不正常现象;安全附件是否齐全、灵敏、可靠;紧固螺栓是否完好、全部旋紧以及防腐层有无损坏等异常现象。

压力容器除日常定点检查外,还应进行定期检验,以便及时发现缺陷并采取相应措施防止重大事故发生。定期检验分为外部检查和内外部检验及耐压试验。压力容器的定期检验由专业人员完成。

12.2.4 压力容器事故及应急处理

1. 压力容器事故率高的原因

在相同的条件下,压力容器的事故率要比其他机械设备高得多。其主要原因有如下几点。

(1)使用条件比较苛刻。压力容器不但承受着大小不同的压力载荷(在一般情况下还是脉动载荷),而且有的还是在高温或深冷的条件下运行,工作介质又往往具有腐蚀性,工况环境比较恶劣。

（2）容易超负荷。容器内的压力常常会因操作失误或发生异常反应而迅速升高，而且往往在尚未发现的情况下，容器即已破裂。

（3）局部应力比较复杂。例如，在容器开孔周围及其他结构不连续处，常会因过高的局部应力和反复的加载卸载而造成疲劳破裂。

（4）常隐藏有严重缺陷。焊接或锻制的容器，常会在制造时留下微小裂纹等严重缺陷，这些缺陷若在运行中不断扩大，或在适当的条件（如使用温度、工作介质性质等）下都会使容器突然破裂。

2. 压力容器的主要危险参数

1）压力

压力容器的压力来自两个方面，一是容器外产生（增大）的压力，二是容器内产生（增大）的压力。

（1）最高工作压力，多指在正常操作情况下，容器顶部可能出现的最高压力。

（2）设计压力，指在相应设计温度下用以确定容器壳体厚度的压力，亦即标注在铭牌上的容器设计压力，压力容器的设计压力值不得低于最高工作压力；装有安全阀的压力容器，其设计压力不得低于安全阀的开启压力或爆破压力。容器的设计压力确定应按 GB 150—2011《压力容器》的相应规定执行。

2）温度

（1）金属温度，系指容器受压元件沿截面厚度的平均温度。在任何情况下，元件金属的表面温度不得超过钢材的允许使用温度。

（2）设计温度，系指容器在正常操作情况下，在相应设计压力下，壳壁或元件金属可能达到的最高或最低温度。对于 0 ℃以下的金属温度，则设计温度不得高于元件金属可能达到的最低金属温度。容器设计温度（即标注在容器铭牌上的设计介质温度）是指壳体的设计温度。设计温度值不得低于元件金属可能达到的最高金属温度。

3）介质

压力容器盛装的介质按物质状态分类，有气体、液体、液化气体、单质和混合物等；按化学特性分类，则有可燃、易燃、惰性和助燃四种；按毒害程度分类，又可分为极度危害（Ⅰ）、高度危害（Ⅱ）、中度危害（Ⅲ）、轻度危害（Ⅳ）四级。

（1）易燃介质：是指与空气混合的爆炸下限小于 10%，或爆炸上限和下限之差值大于等于 20% 的气体，如一甲胺、乙烷、乙烯等。

（2）毒性介质：《压力容器安全技术监察规程》对介质毒性程度的划分参照 GB 5044《职业性接触毒物危害程度分级》分为四级。其最高容许浓度分别为：极度危害（I 级）$<0.1\,mg/m^3$；高度危害（Ⅱ 级）$0.1 \sim 1.0\,mg/m^3$；中度危害（Ⅲ 级）$1.0 \sim 10\,mg/m^3$；轻度危害（Ⅳ 级）$\geqslant 10\,mg/m^3$。压力容器中的介质为混合物质时，应以介质的组成并按毒性程度或易燃介质的划分原则，由设计单位的工艺设计部门或使用单位的生产技术部门决定介质毒性程度或是否属于易燃介质。

（3）腐蚀性介质：某些介质对压力容器用材具有耐腐蚀性要求，压力容器在选用材料时，除了应满足使用条件下的力学性能要求外，还要具备足够的耐腐蚀性，必要时还要采取一定的防腐措施。

3. 压力容器故障及常见事故应急处理

压力容器出现超压、超温、异常声响、异常变形、异常振动或泄漏等情况，处置不当会产生重大安全事故,这就要求在压力容器开机情况下,操作人员和安全管理人员密切关注容器的运行状态和重要参数的变化,做好事故应急预案。

一旦发生事故,操作人员应按照应急预案规定程序进行操作。一般应急操作程序如下。

(1)压力容器操作人员根据具体操作方案,立即操作相应阀门,对容器进行降压、降温后,停止设备运行。

(2)切断电源,做好消防和防毒准备,防止容器泄漏、防止易燃易爆介质燃烧爆炸。

(3)如果事故严重,应立即通知应急救援队伍、设备管理部门、工艺运行部门并撤离现场无关人员,如有人员受伤应立即拨打 120 急救电话救助伤员。

(4)检查设备元件、安全附件并对受损部件进行修理或更换。

(5)详细记录事故情况、受损部件的修理或更换情况。

12.2.5 气瓶安全

气瓶属于移动式压力容器,但在充装和使用方面有其特殊性,所以在安全方面还有一些特殊的规定和要求。

气瓶按充装气体的物理性质可分为压缩气体气瓶、液化气体气瓶(高压液化气体、低压液化气体);按充装气体的化学性质分为惰性气体气瓶、助燃气体气瓶、易燃气体气瓶和有毒气体气瓶。《气瓶安全监察规程》按照设计压力对压缩气体和液化气体气瓶的分类见表 12.2。

表 12.2　常用压缩气体和液化气体气瓶分类

气体类别		设计压力(p)/(N/cm^2)	充装气体
压缩气体 $t_c < -10$ ℃		2 940 ~ 1 960	空气、氧、氢、氮、氩、氦、氖、氙、甲烷、煤气等
		1 470	空气、氧、氢、氮、氩、氦、氖、氙、甲烷、煤气、三氟化硼、四氟甲烷(F-14)等
液化气体 $t_c \geqslant -10$ ℃	高压液化气体 -10 ℃ $\leqslant t_c \leqslant 70$ ℃	1 960 ~ 1 470	二氧化碳、氧化亚氮、乙烷、乙烯等
		1 225	氙、氧化亚氮、六氟化硫、氯化氢、乙烷、乙烯、三氟氯甲烷(F-13)、三氟甲烷(F-23)、六氟乙烷(F-116)、偏二氟乙烯、氟乙烯、三氟溴甲烷(F-13B1)等
		294	六氟化硫、氯化氢、乙烷、乙烯、三氟氯甲烷(F-13)、三氟甲烷(F-23)、六氟乙烷(F-116)、偏二氟乙烯、氟乙烯、三氟溴甲烷(F-13B1)等
	低压液化气体 $t_c > 70$ ℃ 在 60 ℃ 时的 $p_c > 9.8$ N/cm^2	490	溴化氢、硫化氢、碳酰二氯(光气)等
		294	氨、丙烷、丙烯、二氟氯甲烷(F-22)、三氟乙烷(F-143)等
		196	氯、二氧化硫、环丙烯、六氟丙烯、二氯二氟甲烷(F-12)、偏二氟乙烷(F-152a)、三氟氯乙烯、氯甲烷、甲醚、四氧化二氮、氟化氢、溴甲烷等
		98	正丁烷、异丁烷、异丁烯、1-丁烯、1,3-丁二烯、二氯氟甲烷(F-21)、二氯四氟乙烷(F-114)、二氟氯乙烷(F-142)、二氟溴氯甲烷(F-12B1)、氯乙烯、溴乙烯、甲胺、二甲胺、三甲胺、乙胺、乙烯基甲醚、环氧乙烷等

1. 气瓶的标记

1) 气瓶的钢印标志

气瓶的钢印标记包括制造钢印标记和检验钢印标记,是识别气瓶的依据。

（1）制造钢印标记（图 12.2）是气瓶的原始标志,是由制造厂用钢印由机械或人工打印在气瓶肩部、筒体、瓶阀护罩上的,有关设计、制造、充装、使用、检验等技术参数的印章。

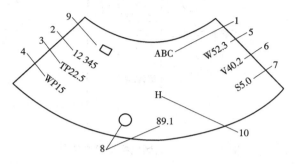

图 12.2　气瓶的制造钢印标记

1—气瓶制造单位代号;2—气瓶编号;3—水压试验压力,MPa;
4—公称工作压力,MPa;5—实际重量,kg;6—实际容积,L;7—瓶体设计壁厚,mm;
8—制造单位检验标记和制造年月;9—监督检验标志;10—寒冷地区用气瓶标记

（2）检验钢印标记（图 12.3）是气瓶定期检验后,由检验单位用钢印由机械或人工打印在气瓶肩部、筒体、瓶阀护罩上或打印在套于瓶阀尾部金属标记环上的印章。

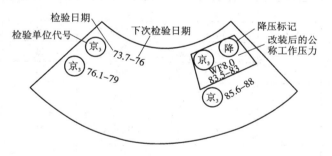

图 12.3　气瓶的检验钢印标记

2) 气瓶的颜色标记

气瓶的颜色标记是指气瓶外表的瓶色、字样、字色和色环（图 12.4）。气瓶喷涂颜色标记的主要目的是方便辨别气瓶内的介质,即从气瓶外表的颜色上迅速辨别盛装某种气体的气瓶和瓶内气体的性质（可燃性、毒性）,避免错装和错用。此外,气瓶外表喷涂带颜色的油漆,还可以防止气瓶外表锈蚀。国内常用气瓶的颜色标记见表 12.3。

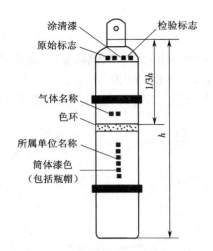

图 12.4　气瓶的颜色标记喷涂位置

表 12.3　实验室内常用气瓶颜色标记

序号	盛装介质	化学式	外表颜色	字样	字色	色环
1	氢	H_2	淡绿	氢	大红	$p=20$ 淡黄色环一道 $p=30$ 淡黄色环二道
2	氧	O_2	淡(酞)蓝	氧	黑	$p=20$ 白色环一道 $p=30$ 白色环二道
3	氮	N_2	黑	氮	淡黄	
4	空气		黑	空气	白	
5	二氧化碳	CO_2	铝白	液化二氧化碳	黑	$p=20$ 黑色环一道
6	氨	NH_3	淡黄	液氨	黑	
7	氯	Cl_2	深绿	液氯	白	
8	甲烷	CH_4	棕	甲烷	白	$p=20$ 淡黄色环一道 $p=30$ 淡黄色环二道
9	丙烷	C_3H_8	棕	液化丙烷	白	
10	乙烯	C_2H_4	棕	液化乙烯	淡黄	$p=15$ 白色环一道 $p=20$ 白色环二道
11	硫化氢	H_2S	白	液化硫化氢	大红	
12	溶解乙炔	C_2H_2	白	乙炔不可近火	大红	
13	氩	Ar	银灰	氩	深绿	$p=20$ 白色环一道 $p=30$ 白色环二道
14	氦	He	银灰	氦	深绿	
15	氖	Ne	银灰	氖	深绿	
16	氪	Kr	银灰	氪	深绿	

注:色环栏内的 p 是气瓶的公称工作压力(MPa)。

2. 气瓶的安全附件

1)安全泄压装置

气瓶的安全泄压装置是在气瓶超压时能自动泄压,以防气瓶遇到火灾等特殊高温时,瓶内介质受膨胀而导致的气瓶超压爆炸。国内使用的气瓶,安全泄压装置的配置原则是:盛装剧毒介质(如氯、氟、一氧化碳、光气、四氧化二氮等)气瓶,禁止安装安全泄压装置,以防在正常条件下发生误操作(包括气体泄漏)造成的中毒或伤亡事故;液化石油气瓶一般不安装安全泄压装置,特别是民用液化气瓶,以防误操作安全泄压装置,造成火灾或空间爆炸事故;除上述两类气瓶外,包括介质为助燃、易燃或不燃,具有一般毒性的永久气体气瓶等应根据其特性选装相应的安全泄压装置。

2)瓶帽及防护罩

一般气瓶的顶部在瓶阀位置均装有瓶帽或防护罩,用以保护气瓶顶部的瓶阀,防止瓶阀在搬运过程中被撞击损坏,造成瓶内气体高速喷出,造成人身伤亡事故。

3)防震圈

防震圈是用橡胶或塑料制成的,套在瓶体上部和下部,具有一定弹性的套圈。它是防止气瓶瓶体受撞击的一种保护装置,同时还可以保护气瓶表面的漆膜。

3. 气瓶的充装与检验

1)气瓶充装

气瓶实行固定充装单位充装制度。气瓶充气前要进行严格检查,充装过程中要防止充装超量,充装后充装单位必须在每只充装的气瓶上粘贴符合国家标准 GB 16804—1997《气瓶警示标签》的警示标签和充装标签。

气瓶充装不当会发生事故,其原因多数是氧气与可燃气体混装或充装过量。氧气与可燃气体混装往往是原来盛装可燃气体(如氢、甲烷等)的气瓶,未经过置换、清洗等处理,而且瓶内还有余气,又用来盛装氧气,或者将原来装氧气的气瓶用来充装可燃气体,使可燃气体与氧气在瓶内发生化学反应,瓶内压力急剧升高,气瓶破裂爆炸。充装过量也是气体爆炸的常见原因,特别是盛装低压液化气体的气瓶。

2)气瓶检验

气瓶的定期技术检验,由气体制造厂或专业检验单位负责。检验内容包括内外表面检验和耐压试验(水压试验)。按规定:盛装空气、氧、氮、氢、二氧化碳等一般气体的气瓶每 3 年检验一次;盛装氩、氖、氦、氪、氙等惰性气体的气瓶每 5 年检验一次;盛装氯、氯甲烷、硫化氢、光气、二氧化硫、氯化氢等腐蚀性介质的气瓶每 2 年检验一次。盛装剧毒或高毒介质的气瓶,进行水压试验后还应进行气密性试验。乙炔气瓶在全面检验时,还要检查填料、瓶阀的易熔塞,测定壁厚并做气密性试验(不做水压试验)。

4. 气瓶的使用

1)气瓶的正确使用方法

在搬动气瓶时,应装上防震垫圈,旋紧安全帽,以保护开关阀,防止其意外转动和减少碰撞。近距离移动气瓶,可以用手平抬或垂直转动,但绝不允许手持开关阀移动;移动距离较远时,最好用特制的气瓶推车运送,严禁抛、滚、滑、翻。

气瓶的放置地点,不得靠近热源和明火,应保证气瓶瓶体干燥。盛装易起聚合反应或分解反应气体的气瓶应避开放射性线源。毒性气体气瓶和瓶内气体相互抵触能引起燃烧、爆炸、产生毒物的气瓶,最好分室存放,并在附近设置防毒用具和灭火器材。

气瓶使用时一般立放,有防止倾倒的措施。气瓶使用前应先安装压力表和减压阀,不同性质气体气瓶的压力表不能混用;严禁使用过程中敲击和碰撞气瓶;气瓶在夏季使用时,应防止暴晒;可燃和助燃气体气瓶之间距离、与明火的距离不应小于 10 m(确难达到时,应采取隔离措施)。

使用气瓶在开启或关闭瓶阀时,只能用手或专用扳手,不准使用锤子、管钳等工具,以防损坏阀件。开启或关闭瓶阀的速度应缓慢(开启乙炔气瓶瓶阀时不要超过一圈半,一般情况下开启四分之三圈),防止产生摩擦热或静电火花,对盛装可燃气体的气瓶尤应注意,操作人员应站立在气瓶侧面,严防瓶嘴崩出伤人。

使用氧气瓶和氧化性气体气瓶时,应配备专用工具,并严禁与油类接触,操作人员不能穿戴沾有各种油脂或易感应产生静电的服装手套操作,以免引起燃烧或爆炸。

瓶内气体不得用尽,必须留有剩余压力或重量。永久气体气瓶的剩余压力应不小于 0.05 MPa;液化气体气瓶应留有不少于 0.5% ~ 1.0% 规定充装量的剩余气体,以备充气单位取样和防止其他气体倒灌。

2)气瓶的使用禁忌与事故预防

气瓶使用不当和维护不良可能直接或间接造成爆炸、火灾或中毒事故。

将气瓶置于烈日下长时间暴晒或气瓶靠近高温热源,是气瓶爆炸的常见原因,特别是盛装低压液化气体的气瓶。有时气瓶局部受热,虽不至于发生爆炸,也会使气瓶上的安全泄压装置开放泄气,使瓶内可燃气体或有毒气体喷出,造成火灾或中毒事故。

气瓶操作不当常会发生着火或烧坏气瓶附件等事故,如打开气瓶瓶阀时,因开得太快,使减压器或管道中的压力迅速提高,出现绝热压缩,温度大大升高,严重时还会造成橡胶垫圈等附件的烧毁。

盛装可燃气体气瓶的瓶阀泄漏,氧气瓶瓶阀或其他附件沾有油脂等也常常会引起着火燃烧事故。

气瓶在运输(或搬动)过程受到震动或冲击,把瓶阀撞坏或碰断,容易发生气瓶喷气飞离原处或喷出的可燃气体着火等事故。

12.3 起重机械的使用安全

12.3.1 起重机械的结构及工作原理

起重机械由驱动装置、工作机构、取物装置、操纵控制系统和金属结构组成。

1.驱动装置

驱动装置是用来驱动工作机构的动力设备。常见的驱动装置有电力驱动、内燃机驱动和人力驱动等。电力驱动是现代起重机的主要驱动形式,几乎所有的在有限范围内运行的有轨起重机、升降机等都采用电力驱动。对于可以远距离移动的流动式起重机(如汽车起重机、轮胎起重机和履带起重机)多采用内燃机驱动。人力驱动适用于一些轻小起重设备,也用作某些设备的辅助、备用驱动和意外(或事故状态)的临时动力。

2.工作机构

工作机构包括:起升机构、运行机构、变幅机构和旋转机构,被称为起重机的四大机构。

1)起升机构

起升机构是用来实现物料的垂直升降的机构,是任何起重机不可缺少的部分,因而是起重机最主要、最基本的机构。

2）运行机构

运行机构是通过起重机或起重小车运行来实现水平搬运物料的机构,有无轨运行和有轨运行之分,按其驱动方式不同分为自行式和牵引式两种。

3）变幅机构

变幅机构是臂架起重机特有的工作机构。变幅机构通过改变臂架的长度和仰角来改变作业幅度。

4）旋转机构

旋转机构是使臂架绕着起重机的垂直轴线做回转运动,在环形空间移动物料。

3. 取物装置

取物装置是通过吊、抓、吸、夹、托或其他方式,将物料与起重机联系起来进行物料吊运的装置。防止吊物坠落,保证作业人员的安全和吊物不受损伤是对取物装置安全的基本要求。

4. 金属结构

金属结构是以金属材料轧制的型钢(如角钢、槽钢、工字钢、钢管等)和钢板作为基本构件,通过焊接、铆接、螺栓连接等方法,按一定的组成规则连接,承受起重机的自重和载荷的钢结构。金属结构是起重机的重要组成部分,它是整台起重机的骨架,将起重机的机械、电气设备连接组合成一个有机的整体。

5. 控制操纵系统

通过电气、液压系统控制操纵起重机各机构及整机的运动,进行各种起重作业。控制操纵系统包括各种操纵器、显示器及相关线路。

12.3.2 起重机械的安全装置

安全装置对起重机正常工作起安全保护作用。主要有超载限制器、起重力矩限制器、行程限位器、缓冲器等。

1. 超载限制器

防止起重机超负荷作业。在起重作业过程中,当起重量超过起重机额定起重量的 10% 时,超载限制器将起作用,自动切断起升动力源,停止工作,从而起到超载限制的作用(图12.5)。

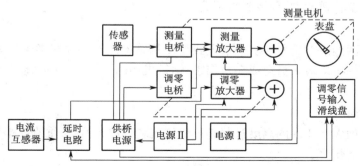

图 12.5　电子超载限制器框图

2. 起重力矩限制器

起重力矩限制器就是一种综合起重量和起重机运行幅度两方面因素,以保证起重力矩始终在允许范围内的安全装置(图 12.6)。

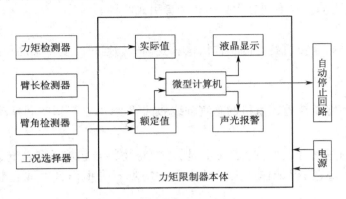

图 12.6 电子式起重力矩限制器框图

3. 行程限位器

行程限位器是防止起重机驶近轨道末端而发生撞击事故,或两台起重机在同一条轨道上发生碰撞事故,所采取的安全装置。

4. 缓冲器

缓冲器是一种吸收起重机与物体相碰时的能量的安全装置,在起重机的制动器和终点开关失灵后起作用。

12.3.3 起重机械事故

1. 重物坠落

吊具或吊装容器损坏、物件捆绑不牢、挂钩不当、电磁吸盘突然失电、起升装置的零件故障(特别是制动器失灵、钢丝绳断裂)等都会引发重物坠落。

2. 起重机失稳倾翻

起重机失稳有两种类型:一是由于操作不当(例如超载、臂架变幅或旋转过快等)、支腿未找齐或地基沉陷等原因使倾翻力矩增大,导致起重机倾翻;二是由于坡度或风载荷作用,使起重机沿路面或轨道滑动,导致脱轨翻倒。

3. 挤压

起重机轨道两侧缺乏良好的安全通道或与建筑结构之间缺少足够的安全距离,使运行或回转的金属结构机体对人员造成夹挤伤害;运行机构的操作失误或制动器失灵引起溜车,造成碾轧伤害等。

4. 高处跌落

人员在离地面大于 2 m 的高度进行起重机的安装、拆卸、检查、维修或操作等作业时,从高处跌落造成跌落伤害。

5. 触电

起重机在输电线附近作业时,其任何组成部分或吊物与高压带电体距离过近,感应带电或触碰带电物体,都可以引发触电伤害。

6. 其他伤害

其他伤害是指人体与运动零部件接触引起的绞、碾、戳等伤害;液压起重机的液压元件破坏造成高压液体的喷射伤害;飞出物件的打击伤害;装卸高温液体金属、易燃易爆、有毒、腐蚀等危险品,由于坠落或包装捆绑不牢破损引起的伤害等。

12.4　电梯的使用安全

12.4.1　电梯的基本构造

电梯并非是独立的整体设备,它是由机械、电气和安全装置共同组成的一个机电组合体(图 12.7)。

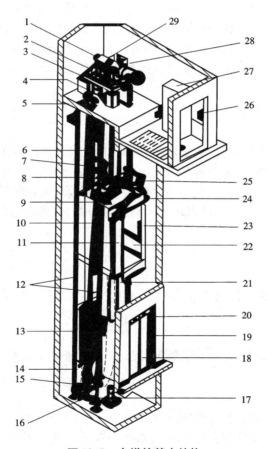

图 12.7　电梯的基本结构

1—有齿轮曳引机;2—曳引轮;3—机器底盘;4—导向轮;5—限速器;6—曳引钢丝绳;7—限位开关终端打板;8—轿厢导靴;9—限位开关;10—轿厢框架;11—轿厢门;12—导轨;13—对重;14—补偿链;15—链条导向装置;16—限速器张紧装置;17—缓冲器;18—层门;19—呼梯按钮;20—楼层指示器;21—悬挂电缆;22—轿厢;23—轿内操纵箱;24—开门机;25—井道传感器;26—电源开关;27—控制柜;28—电机;29—电磁制动器

电梯机械部分由曳引系统、导向系统、轿厢与重量平衡系统及门系统四部分组成。曳引系统输出和传递动力,导向系统保证轿厢和对重在井道沿着固定滑道运行,轿厢系统承受重量拉人载物,门系统实现轿门厅门的自动开关。

电梯的电气系统主要是电梯的控制系统,实现对电梯的有效控制,使其按照人们的意图进行运行和变速,做到电梯的平稳运行。

电梯的安全装置主要是保护电梯运行安全的。

12.4.2 电梯的安全保护装置

电梯的安全性除了在结构的合理性、电气控制和拖动的可靠性方面充分考虑外,还针对各种可能发生的危险,设置了各种专门的安全装置,以防止电梯可能发生的挤压、撞击、剪切、坠落、电击等潜在危险。

电梯的安全保护装置包括限速器、安全钳、缓冲器、门锁等各种保护开关。限速器是电梯轿厢的运行速度达到限定值时,发出电信号并产生机械动作切断控制电路或迫使安全钳动作的安全装置。安全钳是由限速器作用而引起动作,迫使轿厢或对重装置滞停在导轨上,同时切断控制回路的安全装置。缓冲器是用来吸收轿厢动能的一种弹性缓冲安全装置。门锁系统是用于防止厅、轿门不正常开关造成的伤害事故的装置。

12.4.3 电梯事故

1. 困人事故

在电梯发生的意外事故中,困人是最常见的一种。电梯困人对乘客其实没有什么危险,因为轿厢内有良好的通风,有求救警铃或者电话,有应急照明。只要乘客放松心情,保持冷静,采取正当措施,就不会受到伤害。只要维修人员正确操作,及时解困,就不会发生人身伤害事故。在现实中就是因为乘客被困未能得到及时解救,或施救方法不当才引发人身伤害事故。

2. 人身伤害事故

1)坠落

比如因层门未关闭或从外面将层门打开,轿厢又不在此层,造成受害人失足从层门坠入井道。

2)剪切

比如当乘客踏入或踏出轿门瞬间,轿厢突然启动,使受害人在轿门与层门之间的上下门槛处被剪切。

3)挤压

常见的挤压事故,一是受害人被挤压在轿厢围板与井道壁之间;二是受害人被挤压在底坑的缓冲器上,或是人的肢体部分(比如手)被挤压在转动的轮槽中。

4)撞击

常发生在轿厢冲顶或蹾底时,使受害人身体撞击到建筑物或电梯部件上。

5)触电

受害人的身体接触到控制柜的带电部分或施工过程中人体触及设备的带电部分及漏电设备的金属外壳。

6）烧伤

一般发生在火灾事故中,受害人被火烧伤。

12.4.4　电梯的乘坐安全

（1）禁止携带易燃、易爆或带腐蚀性的危险品乘坐电梯。

（2）勿在轿门和层门之间逗留,严禁倚靠在电梯的轿门或层门上;严禁撞击、踢打、撬动或以其他方式企图打开电梯的轿门和层门。

（3）在电梯开关门时,请不要直接用手或身体阻碍门的运动,这样可能导致撞击的危险。正确的方法是按压与轿厢运行方向一致的层站召唤按钮或轿厢操纵箱开门按钮。

（4）发生火警时,切勿搭乘电梯。

（5）进入电梯前一定要看清脚下是真实的地板,防止发生高空坠落事故。

（6）离开电梯时一定要确保电梯正常停靠在平层位置上。乘客被困在轿厢内时,严禁强行扒开轿门以防发生人身剪切或坠落伤亡事故。

（7）电梯因停电、故障等原因发生乘客被困在轿厢内时,乘客应保持镇静,及时与电梯管理人员取得联络。

（8）乘客发现电梯运行异常,应立即停止乘用并及时通知维保人员前来检查修理。

（9）乘坐客梯注意载荷,如发生超载请自动减员,以免因超载发生危险。

（10）当电梯门快要关上时,不要强行冲进电梯,不要背靠厅轿门站立,以防门打开时摔倒,并且不要退步出电梯。

（11）七岁以下儿童、精神病患者及其他无民事行为能力者搭乘电梯时,应当有健康成年人陪同。

（12）注意电梯安全警示（图 12.8）,文明乘坐电梯。

图 12.8　电梯安全警示

12.5　特种设备安全监察

国家十分重视特种设备的安全监察与管理工作,对于特种设备的安全监察由各级质量技术监督部门完成,安全监察依据 2003 年 3 月国务院颁布的《特种设备安全监察条例》和 2009 年 3 月《国务院关于修改〈特种设备安全监察条例〉的决定》进行,特种设备的安全监察内容包括特种设备的生产(含设计、制造、安装、改造、维修)、使用、检验及报废的全过程。

特种设备安全监察的总体要求是应使用符合安全技术规范要求的特种设备,按要求及时办理特种设备的注册登记;不得使用非法制造的、报废的、经检验检测不合格的、安全附件和安全装置不全或者失灵的、有明显故障或者有异常情况等事故隐患的特种设备。

特种设备生产(购买、转让、安装、改造、维修)要有许可。新特种设备的购置,要选择具有相应制造许可的单位生产的合格产品,并要详细核对产品质量合格证明、监检证书等相关技术文件。二手特种设备的购买,应索取相关技术文件,并经特种设备监督检验机构检验合格并符合安全使用要求方可购买。特种设备转让时原使用单位持"注册登记表"和"使用合格证"到特种设备监督检验机构办理转让手续,并将特种设备相关技术资料转交给新使用单位,新接收单位重新按注册登记办理程序申请注册登记。特种设备安装、改造、维修,要选择具有相关施工资质的单位,并报当地质量技术监督管理部门,完工后经特种设备监督检验机构检验合格方可投入使用。

特种设备使用要注册登记,并进行定期保养和检验。特种设备在投入使用前或者投入使用后 30 日内,使用单位应携带相关资料到当地质量技术监督管理部门注册登记,未经注册登记的特种设备不准投入使用。特种设备使用单位要对在用特种设备、特种设备的安全附件、安全保护装置、测量调控装置及相关附属仪器仪表进行定期检查和日常维护保养;在进行自行检查和日常维护保养时发现异常情况,应当及时处理;特种设备出现故障或者发生异常情况,使用单位应当对其进行全面检查,消除事故隐患后,方可重新投入使用;在用特种设备要定期进行检验,检验的周期为一年或两年,检验由特种设备监督检验机构完成,使用单位要在特种设备检验到期前一个月内向检验部门提出申请,经检验合格的特种设备由检验机构发放检验合格证,只有经检验合格的特种设备才能继续使用。

特种设备停用要申请、报废要注销。特种设备需要停止使用的,使用单位要自行封存设备,并在封存的 30 日内向当地质量技术监督部门提出书面申请,经批复后正式停用;未办理停用手续的,仍需进行定期检验;重新启用停用的特种设备,应当申请检验,经检验合格并取得检验合格证后,凭相关资料到质量技术监督部门申请重新启用。特种设备报废时,使用单位要将特种设备注册登记表交回质量技术监督部门,办理注销手续,并将特种设备解体后报废。

主要参考文献及资料

［1］ 北京大学化学与分子工程学院实验室安全技术教学组. 化学实验室安全知识教程［M］. 北京:北京大学出版社,2012.

［2］ 黄凯,张志强,李恩敬. 大学实验室安全基础［M］. 北京:北京大学出版社,2012.

［3］ 李五一. 高等学校实验室安全概论［M］. 杭州:浙江摄影出版社,2007.

［4］ 金龙哲,宋存义. 安全科学技术［M］. 北京:化学工业出版社,2004.

［5］ 王明明,蔡仰华,徐桂容. 压力容器安全技术［M］. 北京:化学工业出版社,2004.

［6］ 国家质量技术监督局. 压力容器安全技术监察规程［S］. 北京:中国劳动社会保障出版社,1999.

［7］ 王还枝. 起重安全技术［M］. 北京:化学工业出版社,2004.

第13章 实验室信息安全

目前,信息安全已经发展为一个综合、交叉的学科领域,它是综合利用计算机技术、网络技术、通信技术、微电子技术、数学等多学科长期知识积累的最新成果,信息安全是一个复杂的系统工程,涉及信息基础建设、网络系统构造、信息系统、信息安全法律法规,安全管理体系等。

为了更好地对实验室进行开发开放,以充分达到实验室资源共享目的,高等学校大部分实验室建设和使用的过程中均使用了信息化管理,并通过网络手段,对实验室的信息进行了共享,在开发开放以及资源共享的同时,信息的安全将会是实验室建设过程中最关键的一部分。本章内容主要介绍实验室信息安全建设总体思路。

13.1 实验室信息安全建设思路

1. 加强对关键信息的安全调研

通过文档审阅、脆弱性扫描、本地审计、现场观测等形式,搜集安全现状信息,准确评估安全风险。同时,从信息安全管理组织、信息安全风险管理、信息安全制度体系、信息安全审计监督、人员信息安全控制、网络安全控制等方面来调查和了解实验室的安全状况,并根据实验室信息化程度的不同以及信息安全保障能力的高低,鼓励和支持实验室制定差异化、针对性和可操作性较强的信息安全解决方案。

2. 推进关键性信息系统的安全评估测试

在实验室的安全评估方面,针对主机安全保密检查与信息监管,采取文件内容检索、恶意代码检查、数据恢复技术、网络漏洞扫描、互联网网站检测、关键语义分析、核心代码自保护等技术,评估分析重要信息是否发生泄漏,并找出泄漏的原因和渠道。在实验室安全测试方面,针对关键性信息系统的特征和需求,研究信息安全测评技术,提高信息安全缺陷发现率,重点加强测试环境的构造与仿真、有效性测试、负荷与性能测试等工作。同时,还要完善安全测评服务体系,不断提升信息安全服务质量。

3. 制定信息安全重点技术和重点产品研发计划

针对当前制约信息安全产业发展的重点技术和重点产品,汇聚重要资源,制定信息安全重点技术和重点产品目录,并引导用户使用并扩大应用规模。建立和推广自主知识产权的标准规范,构建完整的信息安全产品体系和产业链。

4. 加强实验室信息基础设施和重要信息系统建设,建设面向实验室的信息安全专业服务平台

重点开展等级保护设计咨询、风险评估、安全咨询、安全测评、快速预警响应、第三方资源共享的容灾备份、标准验证等服务;建设实验室信息安全数据库,为广大用户提供快速、高效的信息安全咨询、预警、应急处理等服务,实现实验室信息安全公共资源的共享共用,提高信息安全保障能力。

5. 建立实验室标准化认证机制

通过相关权威的标准化认证机制的评价措施,促进实验室信息安全建设,用标准化认证约束实验室软件、网络的信息化安全。

13.2 实验室软件安全及防护

实验室常用的软件主要包括两个方面:一是基于 C/S 结构的客户机/服务器模式软件,二是基于 B/S 结构的 WEB 软件,这两种结构软件在安全方面均存在一定的缺陷,本节内容主要介绍 C/S、B/S 结构两种模式软件在开发及使用过程中可能出现的安全问题及防护措施。

1. SQL 注入

SQL 注入是软件开发和使用的过程中最危险的漏洞,入侵者找到漏洞后,可以直接使用命令对服务器及数据库进行修改。不拼字符串以及过滤关键字都可以防止 SQL 注入,需要注意的是,Cookie 提交的参数也是可以导致注入漏洞的。

2. 旁注

在保证自己程序没有问题的同时,必须保证服务器端其他的应用也不存在任何问题,至少应该设置好系统权限,即使服务器其他应用存在问题,也不能够影响到自己的应用。

3. 上传功能

尽量不要使用上传功能,如果必须使用,必须做到不能让用户自定义文件路径以及文件名,同时必须限制上传的文件类型,并做好限制规则。原则上,执行权限和写入权限是互斥的,即如果具有写入权限就不能存在执行权限,如果存在执行权限就不能存在写入权限。

4. 口令强度

在设置密码之类的功能上,应该添加强度要求,原则上应该是字母、数字、符号三种相结合的方式进行,并添加验证码等功能,以防止用户穷举。软件上线部署应当清空默认用户名和密码。

5. 第三方插件

在使用第三方插件时,一定要保证插件安全,非官方下载和其他无关人员破解的第三方插件建议不要使用,建议使用开源插件,从而可以保证所有源代码均安全。

6. 目录安全

尽量使用非常规目录,这样即使用户得到相关用户名和密码,找不到相关应用的入口,也可以保证应用的相对安全。

7. 数据库安全

部分数据库存在默认的管理员用户名和密码,在应用发布后,必须修改所有默认密码。对于所有的应用,在部署后,必须保证数据库的最小访问范围,例如:数据库仅允许局域网访问或者仅允许应用服务器访问,其他访问自动拒绝。大部分数据库安装完成后,存在默认的访问端口,例如 Oracle 的 1521 端口,Mysql 的 3306 端口,SqlServer 的 1433 端口等,建议修改其默认端口,从而更好地保证数据访问安全。

8. 代码安全

目前存在大量的反编译软件,入侵者可以下载程序后,对所有代码进行反编译,这样所有的代码将暴露无疑,建议在软件开发的过程中对核心代码(例如 JS 代码、数据库连接代码等)进行不可逆加密处理,这样,即使别人得到源代码后,也不可能分析出核心代码。

当然,对于软件而言,所有的防护工作都是相对而言,在软件的安全方面不可能存在百分之百的安全,总之开发过程中,不要相信用户提交的任何数据,规划好目录,做到权限最小化,关闭、删除不必要的东西,就相对会安全很多。

13.3　实验室网络安全及防护

随着计算机网络的发展,实验室网络中的安全问题也日趋严重,特别是 Internet 出现,将实验室的资源完全暴露在网络中。当网络用户来自社会上的各个阶层和部门时,大量数据资源就需要响应的保护,由于计算机网络安全是另一门学科,所以在本小节中仅作初步介绍。

1. 实验室网络存在的主要安全问题

1)系统漏洞

主要包括普遍存在的操作系统漏洞,例如 Windows、Linux、Unix 系统漏洞等,它们对信息安全、系统使用、网络运行构成严重的威胁,除了操作系统存在的漏洞外,还存在浏览器漏洞、应用服务器漏洞等。

2)网络病毒危害

通过网络传播的病毒在传播速度、传播范围、破坏性等方面是单机病毒无法比拟的,特别是在实验室网络接入 Internet 以后,外部病毒为进入实验室网络打开了大门,病毒可以窃取用户数据、破坏系统资源等,用户下载的电子程序、文件、电子邮件等均可能存在病毒。

3)实验室外系统入侵、攻击等恶意破坏行为

实验室中有的计算机已经被攻破,那么这些计算机将成为黑客攻击其他计算机甚至服务器的工具,主要表现在以下几个方面:对实验室的主页进行修改,从而破坏实验室形象;窃取用户服务器的大量数据,从而导致数据泄露;通过实验室对学校的其他网络进行攻击,导致校园网陷于瘫痪等。

4)实验室内部用户对网络资源的滥用

由于目前实验室内的网络计算机基本都依附于学校校园网络,由于校园网络中存在大量的可用资源(软件、视频、音乐等),实验室内部人员通过 P2P 等技术下载资源,大量占用网络带宽,从而将影响实验室其他人员对网络的使用,甚至影响到校园网的性能。

2. 实验室网络问题安全性分析

(1)实验室中只考虑了对外服务器的安全性,对内服务器则是暴露在内部交换机上,随时可能受到来自内部用户的扫描、窥探和攻击;如果内部某一个计算机受攻击后,可能进一步攻击内部服务器。

(2)实验室中的内部网络没有采取集中防病毒措施,如果病毒扩散,将会迅速蔓延到整个实验室网络,后果不堪设想。

（3）在目前只有一个教育网出口的情况下，所有的计算机都接到一个小的家庭式路由器上，从系统效率看，这样是不合适的，很容易受到外部的统一入侵。

（4）如果实验室内的网络的结构复杂，服务器繁多，网络管理员没有合适的工具及时对整个网络的安全状况及时做出评估，无法防患于未然。

（5）大部分实验室存在对外服务的服务器，但是管理人员对于服务器的管理不是特别专业，又没有相应的硬件防火墙，如果有些服务器打开了多余的服务，攻击者可以通过它们威胁服务器的安全。

（6）有些服务程序本身存在漏洞，这些漏洞可以通过升级服务程序或者对服务器进行设置进行弥补，如果使用者没有及时进行修复，很可能随时影响到实验室网络的安全。

3．实验室网络安全的解决方案

（1）建立可行的网络安全，网络管理策略以及技术组织措施，与学校网络中心建立良好的沟通，如出现突发状况，建议由学校网络中心专业工程师协助解决。

（2）利用物理防火墙将内部网络、对外服务器网络和外网进行有效隔离，避免与外部网络直接通信；建立网络各主机和对外服务器的安全保护措施，保证系统安全；对网上服务请求内容进行控制，使非法访问在到达主机前被拒绝；利用防火墙加强合法用户的访问认证，同时在不影响用户正常访问的基础上将用户的访问权限控制在最低限度内；全面监视对公开服务器的访问，及时发现和阻止非法操作。

（3）利用入侵检测系统监测对服务器的访问；对服务请求内容进行控制，使非法访问在到达主机前被阻断；检测系统的控制台，对探测器进行统一管理。

（4）使用安全加固手段对现有服务器进行安全配置，保障服务器本身的安全性；

（5）加强网络安全管理，提高校园网系统全体人员的网络安全意识和防范技术。

主要参考文献及资料

李建华，张爱新，薛质，等．信息安全实验室的建设方案[J]．实验室研究与探索，2009（3）：28－31．

第14章　实验室安全管理

14.1　实验室管理体系、安全管理体系及职能

高校实验室的建设和管理,根据教育部的相关要求,高校需要制定实验室管理办法及实验室安全管理办法等相关文件及规定,确定高校实验室的管理体系、安全管理体系及相关职能。

14.1.1　实验室管理体系及职能

1. 实验室管理体系构成

实验室按照管理级别可分为国家级、省部级、校级、院级、系(所)级实验室。

实验室按类型可分为教学实验室、专业实验室、科研实验室、综合实验室。教学实验室是指以实验教学为主的实验室、中心、平台等;专业实验室是指实验教学和科学研究并重的实验室、中心、平台、研究所等;科研实验室指上级主管部门或学校批准或备案的以科学研究为主的实验室、中心、研究所等及从事科研活动的实验场所;综合实验室是指多方兼顾,以服务为主的实验室。高等学校实验室可实行统一领导,由校、院、实验室组成的三级管理体系,可设立实验室工作委员会,由主管科技、教务、资产的校领导、相关职能部门负责人和专家组成。实验室工作委员会下设具体工作办公室。

2. 实验室管理体系分工及职责

1)实验室工作委员会主要职责

(1)审定学校实验室发展和建设规划,指导全校实验室管理工作。

(2)审定学校实验室管理规章制度。

(3)听取学校实验室建设与管理工作的考核和评估的汇报。

(4)研究学校实验室建设和发展中出现的重大问题。

2)实验室工作归口管理机构主要职责

(1)组织制定和实施全校实验室建设整体规划。

(2)负责落实实验室管理规章制度制定,对实验室进行标准化管理。

(3)负责实验室队伍建设和管理,协助人事处做好实验室工作人员的定编、定岗、职务聘任及考核等工作。

(4)负责实验室的开放、共享和评估工作。

(5)负责实验室建设项目经费及设备经费的分配、监管及使用效益评价。

(6)负责实验室管理信息系统的建设、运行和维护。

(7)负责实验室改建和维修计划的审定。

(8)负责实验室综合信息的归档及数据统计。

(9)负责实验室工作环境管理和劳动保护工作。

3）院级教学单位主要职责

（1）贯彻执行学校主管部门有关实验室建设与管理的任务。

（2）组织制定学院实验室建设发展规划。

（3）落实实验室管理制度和管理责任，根据国家、学校的有关管理规定制定学院实验室建设与管理细则。

（4）负责组织实验室工作人员的业务培训、技术考核及其晋升、奖惩等工作。

（5）落实学校各项安全环保要求，做好本单位安全环保工作，督促检查实验室日常安全环保措施。

（6）负责开展实验室检查、考核和评估工作。

（7）负责学院实验室信息的统计上报工作。

（8）配合学校落实实验室人员岗位设置，开展实验技术队伍岗位培训、考核、晋升、奖惩等各项工作。

4）实验室主任主要职责

（1）负责编制实验室建设规划和工作计划，并组织实施和检查执行情况。

（2）领导和组织实验室人员完成实验教学、科研和对外服务等工作。

（3）做好仪器设备的管理、维护和开放服务。

（4）制定、实施实验室各项规章制度，落实安全责任，定期进行安全检查，对学校、学院检查出的安全隐患负责督促整改，并将整改情况签字后报学校、学院存档，保障实验室工作的顺利开展。

（5）制定实验室岗位责任制，负责本实验室工作人员的培训及考核工作。

（6）定期检查、总结实验室工作，开展评比活动等。

14.1.2　实验室安全管理体系、职能及策略

1. 实验室安全管理体系及构成

高等学校实验室安全工作需要坚持"安全第一，预防为主"的方针，贯彻"谁主管、谁负责"，"谁使用、谁负责"的原则，实行分管校长统一领导下的分级负责制，建立校、院（部、所、中心）、实验室三级管理体系。

2. 实验室安全管理体系分工及职责

1）校级实验室安全管理部门主要职责

（1）负责全校性实验室安全管理制度的制定，并监督检查各院（部、所、中心）、各单位的实验室技术安全（危险化学品安全、辐射安全、特种设备安全和生物安全）工作，行使奖励和处罚的职能。

（2）及时发布或传达上级主管部门的有关通知和文件，落实相关要求；组织实施技术安全教育培训，积极推进实验室安全准入制度。

（3）加强涉化、辐射、生物等实验室的安全管理；组织实验室安全的定期、不定期检查，并将发现的问题及时通知相关单位，或通报有关职能部门，督促安全隐患的整改。

2）院级教学单位实验室安全管理主要职责

各院级单位行政主要负责人是本单位实验室安全工作的第一责任人，代表学院与学校签订"实验室安全管理责任书"；组建由主管各类实验室工作相关院领导具体负责的实验室

安全管理队伍。

学院主管实验室工作的相关院领导与学院行政主要负责人签订"实验室安全管理责任书";根据学院的具体情况安排专职或兼职实验室安全管理人员,协助主管实验室工作的相关院领导做好本单位实验室安全的日常管理工作,在日常工作中履行以下管理职责。

(1)建立、健全本单位实验室安全责任体系和规章制度。

(2)制定实验室安全事故应急预案。

(3)督促各下属单位做好实验室安全工作。

(4)进行实验室安全的定期、不定期检查,落实安全隐患整改。

(5)组织本单位实验室安全教育培训,配合学校职能部门落实本单位实验室安全教育培训与考试,严格执行实验室安全准入制度。

(6)其他实验室安全相关工作。

3)实验室主任主要职责

实验室主任或实验室负责人是本实验室安全的责任人,代表本实验室与学院主管实验室工作的相关院领导签订"实验室安全管理责任书"。在日常工作中履行以下管理职责。

(1)分解实验室安全管理责任,做到责任落实到人,并督促执行;根据实验室的特点制定本实验室相关规章制度(包括操作规程、仪器操作说明、应急预案、值班制度等),并张贴在实验室显著位置。

(2)落实实验室日常安全检查工作,及时整改安全隐患。

(3)结合科研实验项目的安全与环保要求,做好本室安全设施的建设和管理,并建立本室内危险性物品台账(包括特种设备、危险化学品、剧毒品、易制毒品、危险性气瓶、病原微生物台账等)。

(4)加强实验人员管理,对所有进入实验室的工作学习的人员进行安全基本常识、仪器设备操作、实验流程及防护、意外事故处理等方面的安全教育培训,指导危险性实验的开展。

4)实验室工作人员安全职责

所有在实验室工作、学习的人员,均对实验室及自身安全负有责任。要牢固树立"安全第一,以人为本"的观念,遵守实验室各项安全管理制度,严格按照实验安全操作规程或实验指导书开展实验。

危险性实验需佩戴相应的防护用品;要配合各级实验室安全管理人员做好安全防范工作,排查安全隐患,避免安全事故的发生。学生和新入职人员需参加学校及院(部、所、中心)组织的实验室安全教育培训并通过安全考试后方可进入实验室工作学习;进入实验室后必须掌握安全应急程序,知道应急电话号码,掌握基本救助知识,参加突发事件应急处理等演练活动,熟悉应急设施和用品的位置并会正确使用。

3. 实验室安全管理策略

1)建立安全培训及准入制度

(1)建立分级培训制度:①学校实验室处、保卫处、各院(部、所、中心)、各实验室根据新进入实验室学生的具体情况分别组织安全教育培训;②各院级单位负责组织本单位实验室安全管理人员岗前安全教育培训;③各实验室负责组织本实验室所有工作人员和临时来访人员岗前安全人员教育培训。

(2)建立实验室安全准入制度。各级各类人员需按要求进行相应的安全教育培训、考核方能进入实验室工作学习。

（3）实验室处组织安排实验室技术安全网上培训和考试,学院应安排专人负责安全准入制度的落实,协助资产处安排准入培训和考试;实验室要严格准入制度,严格限制未参加或未通过考试的学生进入实验室开展实验。

2）建立安全检查制度

（1）建立校、院（部、所、中心）、实验室三级安全检查制度,进行定期或不定期的安全检查和抽查。每次检查要有检查记录,对发现的问题和隐患进行梳理,分清责任并积极整改。

（2）每学期组织一次全面的实验室安全检查,此外还将不定期地进行专项抽查。一般性检查工作由资产处会同相关部处、相关院（部、所、中心）实验室安全管理人员进行。

（3）各院（部、所、中心）应定期组织本单位的实验室安全检查,并做好检查记录备查。

（4）实验室负责人要落实实验室安全日查制度,做到每日对实验室安全和卫生状况进行巡视检查,及时处置安全隐患。

（5）在检查中发现安全隐患,要及时通知实验室负责人或安全管理人员采取措施进行整改。如发现严重安全隐患或一时无法解决的安全隐患,须以书面形式向所在院（部、所、中心）、保卫处、资产处报告,并采取措施积极进行整改。对于安全隐患,任何单位和个人不得隐瞒不报或拖延上报。

3）建立事故处理与责任追究机制

（1）发生意外事故,应立即启动应急预案,采取积极有效的应急措施,做好应急处置工作,防止事态扩大和蔓延。

（2）发生了被盗、火灾、中毒、人身重大伤害、污染、精密贵重仪器和大型设备损坏等重大事故,实验室工作人员要保护好现场,并立即逐级报告院（部、所、中心）、保卫处、实验室处等有关部门和学校主管领导,并积极配合调查和处理。

（3）学校保卫处、资产处等有关部门对安全事故应及时查明原因,分清责任,做出处理意见。对造成严重后果和社会影响的,追究肇事者、主管人员和主管领导责任;根据情节轻重及责任人对错误的认识态度,给予批评教育、经济赔偿、行政处分;触犯法律的交由司法机关依法处理。

（4）对违反本规定的实验室或个人,学校管理部门有权追究相关人员责任,根据情节轻重,给予通报批评、纪律处分,情节严重的移交司法机关依法处理,如学院责任不明确,将追究学院第一责任人责任,并令其限期整改。凡被责令整改的实验室,要采取相应的整改措施,经各有关部门检查合格后,方可恢复工作。

（5）学生无视生命和财产安全,违反实验室安全相关规定,造成严重后果的,学校要按照学生违纪处分规定给予相应的纪律处分,属于严重违法行为的,交由司法部门依法处理。

（6）对于在实验室安全管理方面有如下突出贡献的单位和个人,学校将给予表彰和奖励:认真履行职责,未出现重大安全事故的;发现重大事故隐患,积极采取措施补救、排除险情,避免伤亡事故发生或使国家财产免遭重大损失的;事故发生时,奋力抢救生命和国家财产的。

（7）上述事故处理及责任追究机制仅做出基本阐述,具体机制,各高等学校应根据学校具体情况建立相关管理制度。

14.2　涉化类实验室特点及安全管理

14.2.1　涉化类实验室安全特点

涉化类实验室主要是指:涉及化学、化工、材料、农学等相关学科的实验室,大部分涉化类实验室使用危险化学品(包括麻醉品、易燃易爆品、剧毒品、易制毒品等)、特种设备(压力容器等)、病原微生物、辐射品等,其在使用过程中主要呈现如下安全特点。

1.易中毒

大部分涉化类实验室存有化学品、剧毒品等,且实验后还可能有毒品排放问题。表现为对实验人员的呼吸道、消化道、血液、皮肤等造成严重伤害。

人的呼吸道很容易吸收实验室挥发性液体和固体粉尘。如果接触时间过长,容易引起呼吸中毒,例如:氢氰酸(HCN)、溴甲烷(CH_3Br)、苯胺($C_6H_5NH_2$)等。

如果实验完成后,未能保证身体其他部位的清洁(手、脸等),误将实验废弃物进入消化系统,可能会引起消化道中毒。如果是氰化物血液中毒可能迅速导致死亡。

实验过程中,一些能够溶于水的剧毒化学品接触皮肤后,易侵入皮肤引起中毒,例如:芳香族硝基苯($C_6H_5NO_2$)、苯胺、有机磷、有机汞等可溶于水后侵入人体皮肤导致中毒。

2.易火灾

火灾是涉化类实验室事故的最常见特点,部分化学实验的操作不当可直接引起火灾,或者实验室内存放大量的易燃物、加热设备、压力容器等,如果稍有不慎,也可能直接引起火灾。另外在实验室内不注意消防安全,在实验室内乱用明火、生活性加热设备也将引起火灾。

3.易爆炸

很多化学实验室属于易燃易爆实验室,在实验过程中如果操作不当,可能引起实验爆炸,常见的实验爆炸可分为可燃气体爆炸、化学药品爆炸、活性金属反应爆炸等。易爆炸化学品在受到外界能量的作用下,可能会以极快的速度发生反应,导致发生爆炸。

4.易辐射

少部分实验室含有辐射品及引起辐射的大型仪器,由于管理、操作不当,可能会导致实验室辐射泄漏,给实验室及周边的人员、环境造成巨大伤害。

5.易药品流失

大部分化类实验室可能存放危险化学品,包括麻醉品、剧毒品、易制毒品、易燃易爆品,如果实验室工作人员对化学品的管理疏漏,可能会造成相关化学品流失。受管制药品的丢失将会触犯国家法律法规,甚至对社会造成巨大危害。

14.2.2　涉化类实验室安全管理

1.人员管理

(1)使用危险化学品的实验室,要配备必要的安全防护用品。相关工作人员要负责制定使用操作规程,明确安全使用注意事项;要经常对本室使用危险化学品的教职员工、学生进行安全教育。学生使用危险化学品时,指导教师应详细指导监督,并采取必要的安全防护措施。

(2)特种设备使用人员应通过所在地质量技术监督局认可的培训、考核,取得特种设备作业人员资格证书和安全管理人员证书后方可从事相应的工作。

(3)放射性实验室要设专职安全管理人员,负责本实验室的放射性安全工作。放射性工作场所应制定严格的管理制度和详细的仪器设备操作规程,并严格按照操作规程对仪器设备进行操作。

(4)实验室人员应按照规定配备必需的劳保、防护用品,以保证实验人员的安全和健康。危险性实验必须两人以上进行,实验人员必须采取护目、护身等防护措施,实验中必须佩戴相应的防护用品。

2. 物品、仪器管理

(1)危险化学品的购买、使用、储存工作应由专人负责。爆炸品、剧毒品、易制毒品购买前要经过所有主管部门的审批,到相关监管部门办理备案和准购手续后,到指定的厂商处购买,不得随意购买。

(2)危险化学品应分类、分项存放,严格管理,消除安全隐患。每个实验室应对本室存放中的危险化学品经常检查,防止因变质分解造成自燃、爆炸等事故的发生。

(3)剧毒、爆炸、易制毒类及强酸类危险化学品,要严防丢失、被盗和其他事故,应严格执行"五双"管理制度,存放地点应安装防盗报警设施。

(4)各实验室不允许随意倾倒有毒、有害化学废液,不得随意掩埋、丢弃固体化学废弃物,需按照国家规定的"分类收集、集中处理"的工作原则执行,由高等学校主管部门统一处理实验室产生的废旧试剂和实验废弃物。

(5)特种设备购置时必须选择具有特种设备生产资质的厂商。使用单位不得自行设计、制造和使用自制的特种设备,也不得对原有的特种设备擅自进行改造或维修。

(6)特种设备购置安装后必须经国家特种设备检验部门检验,办理注册登记手续并取得特种设备使用登记证后方可正式使用。在使用中应严格执行相关规定,定期检验。

(7)辐射品使用单位必须按照国家法规标准使用,在购买放射性同位素、放射源或含源仪表、射线装置前必须申报,并进行环境影响评价,在取得环保部门颁发的《辐射安全许可证》后方能购买和使用。在使用过程中接受相关部门的监管。

14.2.3 实验室化学品管理疏漏案例及分析

1. 实验室化学品管理疏漏案例

案例1:某高等学校学生年仅27岁,不久前刚获得直升博士生机会,在考博过程中成绩位于所在学科的第一名,有着光明的前途。几天前因饮用水感觉味道有问题,马上吐出。之后就高热、血象异常、进而发展成为DIC,这是一种凝血功能紊乱综合征,先是出血,而后出现血栓,最后死亡。这个小伙子身体已经有血栓形成,出现缺血性肝损伤。导致该生中毒的物质为N-二甲基亚硝胺(别名:二甲基亚硝基代胺;N-亚硝基二甲胺)。该物质毒性强,常用于医药及食品分析研究,可在实验动物中人为制造肝损伤的模型。较小剂量的长期暴露都有可能增加肝癌风险。

案例2:某大学女生离奇发病并急剧恶化,当时医院在一筹莫展之际,该生的同学通过当时在中国还不发达的互联网向全世界发出求援电邮几千封,其中三分之一的回复是,该生可能是铊中毒。截止到现在,该生都没有治好,唯一庆幸的是保留住了生命,但留下严重后遗症,生活无法自理,只能由年迈父母照顾。

经警方调查上述两个事件均是属于明显的实验室化学品中毒事件。

2. 实验室化学品管理疏漏将产生的影响

化学品管理疏漏,特别是受管制的化学品如果因管理疏漏而丢失,将产生极其严重的影响。例如:麻醉品、剧毒品、易制毒品、辐射品等一般在实验、工厂、医药等方面使用,如果丢失,产生极其严重的后果,因犯罪分子从正常途径很难获取到受管制类化学品,一旦被犯罪分子获取到麻醉品、剧毒品等,例如:乙醚、氰化物,犯罪分子可以使用这些化学品直接将人迷倒,甚至使用微量氰化物即可将人毒死。

现在社会上出现的冰毒、K 粉、摇头丸等毒品,其制造技术对于一名大学教师甚至是化工类的大学生而言相对比较简单,如果易制毒品管理上存在疏漏,将给犯罪分子创造犯罪可乘之机,利用实验室存在的易制毒品并通过实验室自身条件直接制造出毒品,对社会造成严重影响。辐射品由于其自身巨大伤害的特点,如果在管理上出现疏漏,如没有做好防辐射屏蔽或者丢失等,也将会对社会造成巨大危害。

3. 加强实验室化学品管理的有效方法

上述案例,看似与实验室没有关系,事件发生地也不是在实验室,但是这些案件的发生,都与实验室危险化学品管理疏漏有着密切的联系。高等学校实验室危险化学品安全管理工作直接关系到广大师生的身体健康和生命安全,甚至严重影响社会安全。因此,规范管理实验室危险化学品对高等学校的安全至关重要。其有效方法建议如下。

(1)增强高等学校师生的安全意识,进一步做好宣传教育工作。组织开展对全校师生的安全教育与培训,增强学生的安全意识和自我防范能力,确保相关人员全面掌握危险品管理知识、实验技术规范、操作规程和安全防护知识。

(2)高度重视实验室危险化学品管理工作。工作人员应全面了解实验室内危险化学品的种类和使用、管理等具体情况,严格按照国家相关规定,进一步加大监管力度,切实落实各项管理要求,对涉及实验室危险化学品管理的重点部位和薄弱环节进行重点排查,堵塞漏洞,排除隐患,确保安全,并要有针对性地建立事故应急预案。

(3)严格管理实验室危险化学品。健全实验室危险化学品管理制度,制定并完善实验室危险化学品保管、使用、处置等各个环节的规章制度。严格分库、分类存放,严禁混放、混装,做到规范操作、相互监督。要建立购置管理的规范,对使用情况和存量情况进行检查监督,使各类危险化学品在整个使用周期中处于受控状态,建立从请购、领用、使用、回收、销毁的全过程的记录和控制制度,确保物品台账与使用登记账、库存物资之间的账账相符、账实相符。

(4)明确实验室危险化学品的安全管理责任。危险化学品管理必须做到“四无一保”,即无被盗、无事故、无丢失、无违章、保安全。对于危险化学品中的毒害品,要参照对剧毒、易制毒化学品的管理要求,落实“五双”管理制度。将实验室危险化学品安全管理纳入工作业绩考核,确保实验室安全责任层层落实到位。

（5）加大对废弃实验室处理的审批、监管力度。对于搬迁或废弃的实验室，要彻底清查废弃实验室存在的易燃易爆等危险品，严格按照国家相关要求及时处理，消除各种安全隐患。在确认实验室不存在危险品之后，按照相关实验室废弃程序，选择具有资质的施工单位对废弃实验室进行拆迁施工。

附　录

附录 I　与实验室安全相关的法律、法规、规章一览表

法律、法规或规章名称及颁布时间
《中华人民共和国安全生产法》(2002)
《生产安全事故报告和调查处理条例》(2007)
《高等学校实验室工作规程》(1992)
《中华人民共和国消防法》(1998 年通过,2008 年修订)
《高等学校消防安全管理规定》中华人民共和国教育部、公安部第 28 号令(2010)
《天津市消防条例》(2009)
《危险化学品管理条例》中华人民共和国国务院第 344 号令(2002 年通过,2011 年修订)
《天津市危险化学品安全管理办法》(2008)
《剧毒品购买和公路运输许可证件管理办法》(2005)
《易制毒化学品管理条例》中华人民共和国国务院第 445 号令(2005)
《易制毒化学品购销和运输管理办法》公安部 87 号令(2006)
《中华人民共和国禁毒法》(2007)
《中华人民共和国环境保护法》(1989)
《中华人民共和国固体物废物污染环境防治法》(1995 年通过,2004 年修订)
《特种设备安全监察条例》中华人民共和国国务院 373 号令(2003)
《国务院关于修改《特种设备安全监察条例》的决定》中华人民共和国国务院 549 号令(2009)
《实验室生物安全通用要求 GB 19489—2008》(2008)
《病原微生物实验室生物安全管理条例》(2004)
《实验动物管理条例》(1988 年通过,2011 年修订)
《中华人民共和国放射性污染防治法》(2003)
《电离辐射防护与辐射源安全基本标准(GB 18871—2002)》(2002)
《放射工作人员健康标准(GBZ 98—2002)》
《放射工作人员职业健康管理办法》(2007)
《放射性同位素与射线装置安全和防护条例》(2005)
《放射性同位素与射线装置安全许可管理办法》(2005)

附录 II 常用化学试剂及与之不相容化学品表

化学物质	与之不相容的化学品
乙酸	碳酸盐 铬酸 乙二醇 羟基化合物 硝酸 氧化物 氧化剂 高氯酸 高锰酸盐 三氯化磷 强碱
丙酮	溴 氯化物 三氯甲烷 浓硝酸和硫酸的混合物 氧化剂
乙腈	氯磺酸 锂 N–氟化物 硝化剂 氧化剂 高氯酸盐 硫酸
丙烯酰胺	酸 碱 氧化剂 含氨基 羟基和巯基的化合物
碱和碱土金属	二氧化碳 氯代烃类 卤素 水
氨(无水)	溴 次氯酸钙 氯 氢氟酸(无水) 汞 银
硝酸铵	酸 氯酸盐 氯化物 有机或可燃物粉末 易燃液体 金属粉末 硫 锌
苯胺	过氧化氢 硝酸
硫酸钡	铝 磷
硼酸	乙酸酐 碱 碳酸盐 氢氧化物
溴	丙酮 乙炔 氨 苯 丁二烯 金属粉末 氢 甲烷 丙烷(及其他石油气体) 碳化钠 松节油
碳酸钙	酸 氟
次氯酸钙	氨或碳
氧化钙	水
活性炭	次氯酸钙及所有氧化剂
四氯化碳	化学活性金属(钠 钾 镁等) 金属粉末 氧化剂(如过氧化物 高锰酸盐 氯酸盐和硝酸盐)
氯	丙酮 乙炔 氨 苯 丁二烯 金属粉末 氢 甲烷 丙烷(及其他石油气体) 碳化钠 松节油
盐酸	胺类 碳酸盐 氰化物 甲醛 氢氧化物 金属 金属氧化物 强碱 硫化物 亚硫酸盐
过氧化氢	乙酸 苯胺 铬 可燃物 铜 易燃液体 铁 大多数金属及其盐类 硝基甲烷 有机物
硫化氢	硝酸的烟气 氧化气体
次氯酸盐	酸 活性炭
碘	乙炔 氨(无水或水合的)
硝酸盐	可燃物 酯 磷 乙酸钠 氧化亚锡 水 锌粉
硝酸	酒精 碱金属 铝 胺类 黄铜 碳化物 紫铜 铜合金 镀锌铁 硫化氢 金属粉末 氧化剂 还原剂 强碱 有机物
亚硝酸盐	氰化钾 氰化钠 铵盐
草酸	酸性氯化物 碱金属 次氯酸钠 金属 氧化剂 银化合物 强碱
氧气	可燃物 易燃气体 易燃液体 易燃固体 油脂 氢 磷
苯酚(液态)	氯化铝 丁二烯 次氯酸钙 甲醛 卤素 异氰酸盐 矿物质氧化酸 氧化剂 硝基苯 亚硝酸钠
磷酸	乙醛 铵盐 氨基化合物 偶氮化合物 氯化物 氰化物 环氧化物 酯 卤代有机物 硝基甲烷 有机过氧化物 有机磷酸盐 苯酚 硫化物 不饱和卤化物 腐蚀剂 可燃物 爆炸物
碘化钾	溴合三氟化氯 重氮盐 高氯酸氟 氯化亚汞 金属盐 氯酸钾 酒石酸和其他酸类
硝酸钾	化学活性金属 三氯乙烯
高锰酸钾	乙醛 铵盐 乙二醇 金属粉末 过氧化物 强酸 亚砜

化学物质	与之不相容的化学品
丙烷	氧化剂
硝酸银	乙醛 乙炔 酒精 炔 铝 胺类 氨 氯磺酸 杂酚油 铁盐 镁 还原剂 强碱
氯酸钠	酸 铵盐 可氧化物 硫
硫	氧化物
硫酸	碱 卤素 锂 乙炔基金属 有机物 氧化物 氯酸钾 高氯酸钾 高锰酸钾 还原剂 钠和强氧化剂
酒石酸	银和银化合物
四氯乙烯	金属粉末 强酸 强碱 尤其是 NaOH 和 KOH 强氧化剂
三氟乙酸	碱 氧化剂 还原剂
尿素	次氯酸钙 五氯化磷 次氯酸钠 亚硝酸钠 强氧化剂 四氯化钛
水	酸性氯化物 碳化物 氰化物 三氯氧化磷 五氯化磷 三氯化磷 强还原剂
锌	酸和水
硝酸锌	氰化物 金属粉末 金属硫化物 有机物 磷 还原剂 氯化亚锡 硫
氧化锌	镁
氢氟酸(无水)	氨(无水或水合的)
过氧化物	酸(有机或无机的)
易燃液体	硝酸铵 溴 氯 铬酸 氟 卤素 过氧化氢 硝酸 过氧化钠

附录Ⅲ　常见化学品中毒急救方法

1. 无机化学药品中毒的应急处理

1)强酸类中毒

吞服时的处理方法:立刻饮服 200 ml 氧化镁悬浮液,或者氢氧化铝凝胶、牛奶及水等东西,迅速把毒物稀释、中和。然后至少再食 10 多个打溶的蛋作缓和剂。禁催吐、洗胃。且勿使用碳酸钠或碳酸氢钠,产生二氧化碳气体容易造成胃穿孔。

沾着皮肤时的处理方法:用大量水冲洗 15 min。如果立刻进行中和,因会产生中和热,而有进一步扩大伤害的危险。因此,需经充分水洗后,再用碳酸氢钠之类稀碱液或肥皂液进行洗涤。当沾着草酸时,不能使用碳酸氢钠中和,因为会产生很强的刺激物。此外,也可以用镁盐和钙盐中和。

溅入眼内的处理方法:撑开眼睑,用水洗涤 15 min,再涂以抗菌眼膏。

2)强碱类中毒

吞服时的处理方法:迅速饮服 500 ml 稀的食用醋(1 份食用醋加 4 份水)或鲜橘子汁将其稀释,碳酸盐中毒时忌用。然后给予润滑剂和柔软食品,如橄榄油、生鸡蛋清、稀饭或牛奶(均为冷食)。急救时忌催吐、洗胃。

沾着皮肤时的处理方法:立刻小心脱去衣服,尽快用水冲洗至皮肤不滑。接着用经水稀释的醋酸或柠檬汁等进行中和。若沾着生石灰时,则需先用油之类东西擦去生石灰,再用水冲洗。

溅入眼内的处理方法：立刻撑开眼睑，用水连续洗涤，再涂以抗菌眼膏。

3）氰化物中毒

不管怎样要立刻处理！

吸入时把患者移到空气新鲜的地方，使其横卧着。然后脱去沾有氰化物的衣服。若出现休克，则需马上进行人工呼吸。人工呼吸时要注意保护救护者，避免救护者中毒。最好使用有单向阀门的透明面罩，避免与患者口唇直接接触，急救者可将气体吹入患者肺内，同时避免吸入患者呼出的气体。

吞食时立刻催吐。决不要等待洗胃用具到来才处理。因为患者在数分钟内，即有死亡的危险。

每隔两分钟，给患者吸入亚硝酸异戊酯 15～30 s，使氰基与高铁血红蛋白结合，生成无毒的氰络高铁血红蛋白。接着给其饮服硫代硫酸盐溶液。使其与氰络高铁血红蛋白解离的氰化物相结合，生成硫氰酸盐。或静脉注射亚硝酸钠和硫代硫酸钠、胱氨酸、羟钴铵进行急救。

4）重金属中毒

误服可溶性重金属盐会使人体内组织中的蛋白质变性而中毒，如果立即服用大量鲜牛奶或蛋清和豆浆，可使重金属跟牛奶、蛋清、豆浆中的蛋白质发生变性作用，从而减轻重金属对机体的危害。也可喝一杯含有几克硫酸镁的水溶液，沉淀重金属离子。不要服催吐药，以免引起危险或使病情复杂化。无论如何在采取应急措施后应立即就医。

5）氢氟酸中毒

皮肤接触后立即用大量流水作长时间彻底冲洗，尽快地稀释和冲去氢氟酸。然后使用一些可溶性钙、镁盐类制剂，使其与氟离子结合形成不溶性氟化钙或氟化镁，从而使氟离子灭活。切忌使用氨水中和，因氨水与氢氟酸作用会形成具有腐蚀性的二氟化胺。

氢氟酸溅入眼内，立即分开眼睑，用大量清水连续冲洗 15 min 左右。滴入 2～3 滴局部麻醉眼药，可减轻疼痛。同时送眼科诊治。

氢氟酸污染的现场应用石灰水浸泡或湿敷。

2. 有机化学药品中毒的应急处理

1）甲醇中毒

用 1%～2% 的碳酸氢钠溶液充分洗胃。为了防止酸中毒，每隔 2～3 h，经口每次吞服 5～15 g 碳酸氢钠。

2）甲醛中毒

吞食时，立刻饮食大量牛奶，接着用洗胃或催吐等方法，使吞食的甲醛排出体外，然后服下泻药。有可能的话，可服用 1% 的碳酸铵水溶液。

3）苯胺中毒

如果苯胺沾到皮肤时，用肥皂和水把其洗擦除净。若吞食时，用催吐剂、洗胃及服泻药等方法把它除去。

4）草酸中毒

立刻饮服下列溶液，使其生成草酸钙沉淀：①在 200 ml 水中，溶解 30 g 丁酸钙或其他钙盐制成的溶液；②大量牛奶，可饮食用牛奶打溶的蛋白作镇痛剂。

5）三硝基甲苯中毒

沾到皮肤时,用肥皂和水,尽量把它彻底洗去。若吞食时,可进行洗胃或催吐,将其大部分排除之后,才可服泻药。

6）氯代烃中毒

把患者转移,远离药品处,并使其躺下、保暖。若吞食时,用自来水充分洗胃,然后饮服于 200 ml 水中溶解 30 g 硫酸钠制成的溶液。不要喝咖啡之类兴奋剂。吸入氯仿时,把患者的头降低,使其伸出舌头,以确保呼吸道畅通。

7）有机氯农药中毒

催吐、洗胃（1% ~5% 碳酸氢钠或温水洗胃）,然后灌入 50% 硫酸镁 60 ml,禁用油类泄剂。

8）有机磷中毒

使患者确保呼吸道畅通,并进行人工呼吸。用催吐剂催吐,或用自来水洗胃等方法将其除去,再服活性炭溶液或泄剂。沾在皮肤、头发或指甲等地方的有机磷,要彻底把它洗去。

9）酚类化合物中毒

吞食则马上给患者饮自来水、牛奶或活性炭,以减缓毒物被吸收的程度。接着反复洗胃或催吐。然后,再饮服 60 ml 蓖麻油及于 200 ml 水中溶解 30 g 硫酸钠制成的溶液。不可饮服矿物油或用乙醇洗胃。烧伤皮肤时先用乙醇擦去酚类物质,然后用肥皂水及水洗涤。脱去沾有酚类物质的衣服。

3. 常见气体中毒的应急处理

1）一氧化碳中毒

清除火源。将患者转移到空气新鲜的地方,使其躺下并保暖。保持其安静减少氧气的消耗量。若呕吐时,要及时清除呕吐物,以确保呼吸道畅通,同时进行输氧。

2）卤素气体中毒

把患者转移到空气新鲜的地方,保持安静。吸入氯气时,给患者嗅 1∶1 的乙醚与乙醇的混合蒸气;若吸入溴气时,则给其嗅稀氨水。吸入少量氯气或溴者,可用碳酸氢钠溶液漱口。

3）氨气中毒

立刻将患者转移到空气新鲜的地方,然后输氧。进入眼睛时,将患者躺下,用水洗涤角膜至少 5 min。其后,再用稀醋酸或稀硼酸溶液洗涤。

4）二氧化硫、二氧化氮、硫化氢气体中毒

把患者移到空气新鲜的地方,保持安静。进入眼睛时,用大量水洗涤,并要洗漱咽喉。

附录Ⅳ　天津大学实验室安全管理暂行办法（摘录）

第一章　总则

第一条　为保证实验室工作人员及实验学生的人身安全,创造良好的实验工作环境,防止实验事故发生,保证教学、科研工作的正常进行,形成本办法。

第二条　本办法中的"实验室"是指全校所有院（部、所、中心）等开展教学、科研的实验场所。

第二章 实验室安全工作管理体系和职责

第三条 学校实验室安全工作坚持"安全第一,预防为主"的方针,贯彻"谁主管、谁负责","谁使用、谁负责"的原则,实行分管校长统一领导下的分级负责制,建立校、院(部、所、中心)、实验室三级管理体系。

第四条 国有资产与设备管理处是负责学校实验室技术安全和综合管理的部门。

第五条 各院级单位行政主要负责人是本单位实验室安全工作的第一责任人,代表学院与学校签订"实验室安全管理责任书";组建由主管各类实验室工作相关院领导具体负责的实验室安全管理队伍。

第六条 各实验室主任或实验室负责人是本实验室安全的责任人,代表本实验室与学院主管实验室工作的相关院领导签订"实验室安全管理责任书"。

第七条 所有在实验室工作、学习的人员,均对实验室及自身安全负有责任。要牢固树立"安全第一,以人为本"的观念,遵守实验室各项安全管理制度,严格按照实验安全操作规程或实验指导书开展实验。

第三章 危险化学品和实验废弃物安全管理

第八条 危险化学品是指按照国家有关标准规定的爆炸品、压缩气体和液化气体、易燃液体、易燃固体、自燃物品和遇湿易燃物品、氧化剂和有机过氧化物、有毒品和腐蚀品等。

第九条 危险化学品的购买、使用、储存工作由各实验室负责。爆炸品、剧毒品、易制毒品购买前要经过学院、保卫处、资产处的审批,由资产处到相关监管部门办理备案和准购手续后,到指定的厂商处购买,不得随意购买。

第十条 危险化学品应分类、分项存放,严格管理,消除安全隐患。

第十一条 剧毒、爆炸、易制毒类及强酸类危险化学品,要严格执行双人领取、双人保管、双人使用、双本账和双把锁的"五双"管理制度,存放地点要安装防盗报警设施。

第十二条 使用危险化学品的实验室,要配备必要的安全防护用品。管理人员要负责制定使用操作规程;要对教职员工、学生进行安全教育。

第十三条 学校统一收集和处理实验室产生的废旧试剂和实验废弃物,并按照"分类收集、集中处理"的工作原则执行。

第十四条 剧毒、易制毒化学品的安全管理参照《天津大学关于剧毒、易制毒化学品管理办法》执行。

第十五条 实验室排污及危险废弃物管理参照《天津大学实验室排污和危险废弃物管理暂行办法》执行。

第四章 特种设备安全管理

第十六条 特种设备是国家以行政法规的形式认定的涉及生命安全、危险性较大的锅炉、压力容器(含气瓶)、压力管道、电梯、起重机械、厂内机车等仪器设备。

第十七条 购置特种设备时必须选择具有特种设备生产资质的厂商。使用单位不得自行设计、制造和使用自制的特种设备,也不得对原有的特种设备擅自进行改造或维修。

第十八条 特种设备购置安装后必须经国家特种设备检验部门检验,办理注册登记手续并取得特种设备使用登记证后方可正式使用。

第十九条 特种设备使用人员取得特种设备作业人员资格证书和安全管理人员证书后方可从事相应的工作。

第二十条 气瓶管理参照《天津大学气瓶安全管理办法》执行。

第五章 辐射安全管理

第二十一条 辐射安全主要包括放射性同位素(密封放射源和非密封放射性物质)和射线装置的安全。

第二十二条 放射源和射线装置使用单位必须按照国家法规和学校的相关规定,在购买放射性同位素、放射源或含源仪表、射线装置前必须向资产处申报。在使用过程中接受相关部门的监管。

第二十三条 放射性实验室要设专职安全管理人员,负责本实验室的放射性安全工作。

第二十四条 凡使用放射性同位素和射线装置的实验室,入口处必须张贴放射性危险标志或显示工作信号;放射源存放场所要安装相应的监控设备和报警装置。

第二十五条 放射性废弃物的处置,必须由资产处报天津市环保局进行统一处理。

第二十六条 放射性场所的工作人员需定期参加天津市环保局开展的辐射安全与防护知识培训考核,做到持证上岗。

第六章 生物安全管理

第二十七条 生物安全主要涉及病原微生物和实验动物,未经学校批准,不得在校内实验室进行相关实验。

第二十八条 严禁在不具备开展生物实验的普通实验室开展生物实验。

第二十九条 对实验用的微生物和菌类要妥善保管并做好记录;不允许乱扔乱放、随意倾倒或自行销毁处理。

第七章 水、电、气及消防安全管理

第三十条 实验室水、电、气等设施必须按有关规定规范安装,不得乱拉、乱接临时线路。定期对实验室的水源、电源、气源、火源进行检查。

第三十一条 新建、扩建或改造实验室要进行水、电、气及消防安全审批。

第三十二条 具有潜在危险的实验室,要根据潜在危险源配备消防器材、烟雾报警、监控系统、应急喷淋、洗眼装置、危险气体报警、通风系统、防护罩等安全设施。

第三十三条 实验室要有严格的用电管理制度,严禁超负荷用电,对电线老化等隐患要定期检查并及时排除。

第三十四条 实验室用电安全管理参照《天津大学关于加强用电管理的若干规定》执行。

第三十五条 各实验室必须配备足够的适用消防器材,保持消防通道的通畅。

第三十六条 实验室消防安全管理参照《天津大学实验室消防安全管理规定》执行。

第八章　仪器设备安全管理

第三十七条　实验室的仪器设备应有专人负责保管维护,仪器设备的维护保养和检修要有记录。

第三十八条　对于精密仪器、大功率仪器设备、使用强电的仪器设备要保证接地安全,并采取严密的安全防范措施;贵重仪器设备不准随意拆卸与改装,确需改装时,先书面请示学院批准,并报资产处备案。

第三十九条　对于冰箱、高温加热、高压、高辐射、高速运动等有潜在危险的仪器设备尤其要加强管理。

第四十条　对于自制设备应严格按照设计规范和国家相关标准进行设计和制造。

第四十一条　对于仪器设备的操作要完全按照安全操作规程进行。

第九章　实验室安全培训及准入制度

第四十二条　建立分级培训制度。

（1）学校资产处、保卫处、各院（部、所、中心）、各实验室根据新进入实验室学生的具体情况分别组织安全教育培训。

（2）各院级单位负责组织本单位人员岗前安全教育培训。

（3）各实验室负责组织本实验室人员和临时来访人员岗前安全人员教育培训。

第四十三条　建立实验室安全准入制度。各级各类人员需按要求进行相应的安全教育培训、考核方能进入实验室工作学习。

第四十四条　学校资产处组织安排实验室技术安全网上培训和考试;实验室要严格执行准入制度,严格限制未参加或未通过考试的学生进入实验室开展实验。

第十章　实验室安全检查制度

第四十五条　建立校、院（部、所、中心）、实验室三级安全检查制度。

第四十六条　资产处每学期组织一次全面的实验室安全检查,此外还将不定期地进行专项抽查。

第四十七条　各院（部、所、中心）应定期组织本单位的实验室安全检查,并做好检查记录备查。

第四十八条　实验室负责人要落实实验室安全日查制度,做到每日对实验室安全和卫生状况进行巡视检查,及时处置安全隐患。

第四十九条　在检查中发现安全隐患,要及时通知实验室负责人或安全管理人员采取措施进行整改。

第十一章　事故处理与责任追究

第五十条　事故处理和责任追究参照《天津大学实验室安全责任追究暂行办法》（天大校资产发〔2012〕06 号文件）执行。

附录Ⅴ　天津大学实验室安全守则

第一条　每个实验室房间必须落实安全责任人,各院(部、所、中心)必须将实验室名称、第一责任人、负责人、责任人等信息统一制牌贴于实验室门外显著位置上。

第二条　加强门禁管理,使用电子门禁的实验室,对各类人员设置相应的权限,人员调动或离校需办理门禁卡的移交手续。

第三条　按照规定配备必需的劳保、防护用品,以保证实验人员的安全和健康。危险性实验必须两人以上进行,实验人员必须采取护目、护身等防护措施,实验中必须佩戴相应的防护用品;一些危险性实验要按要求在通风橱中完成。指导教师要讲清操作规程和安全注意事项,实验人员不得擅离现场。

第四条　严禁在实验室吸烟、烹饪、饮酒、用膳,严禁无关人员进入实验室,非实验要求不得在实验室内留宿和进行娱乐活动,因工作需要进行过夜实验时,须安排 2 人以上操作,提前提出申请,由导师、学院批准后方可进行。

第五条　实验结束或离开实验室时,必须关闭仪器设备、电源(确因特殊需要不能关闭的必须做好安全防范)、水源、气源、门窗等。值班人员要负责检查。严禁在实验过程中脱岗。

第六条　建立卫生值日制度,保持清洁整齐,仪器设备布局合理,不得在实验室堆放杂物。处理好实验材料、实验剩余物和废弃物,及时清除室内外的垃圾。保持良好的环境卫生条件和通风条件,防止疾病传播。

第七条　实验室在承担校外教学科研等实验任务时应明确安全责任。